国家级技工教育规划教材
全国技工院校化工类专业教材

化妆品配方设计

邱星群　主编

中国劳动社会保障出版社

图书在版编目（CIP）数据

化妆品配方设计 / 邱星群主编． -- 北京：中国劳动社会保障出版社，2024． -- （全国技工院校化工类专业教材）． -- ISBN 978 - 7 - 5167 - 6314 - 8

Ⅰ．TQ658

中国国家版本馆 CIP 数据核字第 20249RG337 号

中国劳动社会保障出版社出版发行

（北京市惠新东街 1 号　邮政编码：100029）

*

北京市科星印刷有限责任公司印刷装订　　新华书店经销

787 毫米×1092 毫米　16 开本　19.75 印张　427 千字
2024 年 6 月第 1 版　　2024 年 6 月第 1 次印刷

定价：52.00 元

营销中心电话：400 - 606 - 6496

出版社网址：http://www.class.com.cn

版权专有　　侵权必究

如有印装差错，请与本社联系调换：（010）81211666
我社将与版权执法机关配合，大力打击盗印、销售和使用盗版图书活动，敬请广大读者协助举报，经查实将给予举报者奖励。

举报电话：（010）64954652

《化妆品配方设计》编审委员会

主　　编　邱星群

副 主 编　郭坚固　李丹莹

编　　者　（以姓氏笔画为序）

　　　　　王　瑜（广东省轻工业技师学院）

　　　　　李丹莹（广东省城市技师学院）

　　　　　邱星群（广东省粤东技师学院）

　　　　　陈键侨（汕头职业技术学院）

　　　　　郭坚固（广东省粤东技师学院）

　　　　　谢思跃（广东省轻工业技师学院）

主　　审　刘纲勇（广东省食品药品职业学院）

　　　　　李晓敏［完美（中国）有限公司］

总前言

为了深入贯彻党的二十大精神和习近平总书记关于大力发展技工教育的重要指示精神，落实中共中央办公厅、国务院办公厅印发的《关于推动现代职业教育高质量发展的意见》，推进技工教育高质量发展，全面推进技工院校工学一体化人才培养模式改革，适应技工院校教学模式改革创新，同时为更好地适应技工院校化工类专业的教学要求，全面提升教学质量，我们组织有关学校的一线教师和行业、企业专家，在充分调研企业生产和学校教学情况、广泛听取教师意见的基础上，吸收和借鉴各地技工院校教学改革的成功经验，组织编写了本套全国技工院校化工类专业教材。

总体来看，本套教材具有以下特色：

第一，坚持知识性、准确性、适用性、先进性，体现专业特点。教材编写过程中，努力做到以市场需求为导向，根据化工行业发展现状和趋势，合理选择教材内容，做到"适用、管用、够用"。同时，在严格执行国家有关技术标准的基础上，尽可能多地在教材中介绍化工行业的新知识、新技术、新工艺和新设备，突出教材的先进性。

第二，突出职业教育特色，重视实践能力的培养。以职业能力为本位，根据化工专业毕业生所从事职业的实际需要，适当调整专业知识的深度和难度，合理确定学生应具备的知识结构和能力结构。同时，进一步加强实践性教学的内容，以满足企业对技能型人才的要求。

第三，创新教材编写模式，激发学生学习兴趣。按照教学规律和学生的认知规律，合理安排教材内容，并注重利用图表、实物照片辅助讲解知识点和技能点，为学生营造生动、直观的学习环境。部分教材采用工作手册式、新型活页式，全流程体现产教融合、校企合作，实现理论知识与企业岗位标准、技能要求的高度融合。部分教材在印刷工艺上采用了四色印刷，增强了教材的表现力。

本套教材配有习题册和多媒体电子课件等教学资源，方便教师上课使用，可以通过技工教育网（http://jg.class.com.cn）下载。另外，在部分教材中针对教学重点和难点制作了演示视频、音频等多媒体素材，学生可扫描二维码在线观看或收听相应内容。

本套教材的编写工作得到了北京、河南、山东、云南、江苏、江西、四川、广西、广东等省（自治区）人力资源社会保障厅及有关学校的大力支持，教材编审人员做了大量的工作，在此我们表示诚挚的谢意。同时，恳切希望广大读者对教材提出宝贵的意见和建议。

本书前言

《化妆品配方设计》是高级技工层次化妆品制造与营销、美容专业与检验类专业通用教材。本教材涵盖了初中起点和高中起点化妆品制造与营销、中药美容、美容美发、化妆品检验等专业的课程内容，教材中相关技术内容及符号等都采用最新国家标准。

本教材主要内容包括化妆品基础知识、护肤类化妆品技术、香水类化妆品技术、护发类化妆品技术、美容类化妆品技术、清洁类化妆品技术、特殊化妆品类化妆品技术、化妆品质量安全与功效评价。其中，化妆品基础知识分为皮肤、毛发基础知识，化妆品常用原料，主要法律法规；护肤类化妆品技术分为润肤乳液配方设计、爽肤水配方设计、护肤精华液配方设计、眼部啫喱配方设计；香水类化妆品技术分为低醇香水配方设计、花露水配方设计、宝宝金水配方设计；护发类化妆品技术主要为焗油膏配方设计；美容类化妆品技术分为唇膏配方设计、粉饼配方设计、BB霜配方设计；清洁类化妆品技术分为氨基酸沐浴露配方设计、卸妆油配方设计、皂基洗面奶配方设计、透明洗发水配方设计；特殊化妆品类化妆品技术分为防晒乳配方设计、美白霜配方设计、染发膏配方设计；化妆品质量安全与功效评价分为抗坏血酸的安全评估实战、某品牌化妆水的安全评估实战、某品牌身体乳的功效评价实战。全书各模块均融入素养目标元素，促进学生的全面发展，达到课程育人的目的，为化妆品行业发展输送致力于民族品牌振兴的高技能型人才。

本书在编写过程中，胡少妹、余晓鸿对资料搜集给予了很大帮助，完美（中国）有限公司、广东真丽斯化妆品有限公司、汕头利美化工科技有限公司公司、汕头德高生物有限公司等多家企业的技术人员也提供了技术支持，在此谨向所有给予支持的朋友表示衷心的感谢。

由于编者水平有限，书中错漏难免，恳请读者批评指正。

编者
2024年6月

目 录

模块一　化妆品基础知识 ··· 1
　【课程思政小学堂】 ·· 1
　课题一　皮肤、毛发基础知识 ·· 2
　课题二　化妆品常用原料 ··· 11
　课题三　主要法律法规 ·· 15

模块二　护肤类化妆品技术 ·· 21
　【课程思政小学堂】 ··· 21
　课题一　润肤乳液配方设计 ·· 23
　课题二　爽肤水配方设计 ··· 50
　课题三　护肤精华液配方设计 ··· 64
　课题四　眼部啫喱配方设计 ·· 76

模块三　香水类化妆品技术 ·· 87
　【课程思政小学堂】 ··· 87
　课题一　低醇香水配方设计 ·· 88
　课题二　花露水配方设计 ··· 100
　课题三　宝宝金水配方设计 ·· 108

模块四　护发类化妆品技术 ·· 117
　【课程思政小学堂】 ··· 117
　课题　　焗油膏配方设计 ··· 118

模块五　美容类化妆品技术 ·· 131
　【课程思政小学堂】 ··· 131

课题一	唇膏配方设计	132
课题二	粉饼配方设计	147
课题三	BB霜配方设计	159

模块六　清洁类化妆品技术　171

【课程思政小学堂】　171
课题一　氨基酸沐浴露配方设计　172
课题二　卸妆油配方设计　188
课题三　皂基洗面奶配方设计　197
课题四　透明洗发水配方设计　210

模块七　特殊化妆品类化妆品技术　222

【课程思政小学堂】　222
课题一　防晒乳配方设计　223
课题二　美白霜配方设计　241
课题三　染发膏配方设计　254

模块八　化妆品质量安全与功效评价　266

【课程思政小学堂】　266
课题一　抗坏血酸的安全评估实战　267
课题二　某品牌化妆水的安全评估实战　279
课题三　某品牌身体乳的功效评价实战　293

附录　300

附表1　任务分析评价报告　300
附表2　打版工作流程　301
附表3　配方设计记录表　302
附表4　打样记录表　303

参考文献　304

模块一

化妆品基础知识

要做好化妆品配方设计，首先要掌握一定的化妆品基础知识，包括皮肤、毛发基础知识，化妆品常用原料和我国现行化妆品主要法律法规。

课程思政小学堂

中等职业学校化妆品专业学生必备的素养能力知多少

在中国宏观经济快速发展的环境下，中国的化妆品和美容行业保持着快速增长，并得到迅速发展。研究结果显示，我国化妆品行业未来发展的关键就在于拥有一批能够胜任化妆品生产、销售、监督和管理的一线高级技术应用型人才。这些人才能够从事化妆品生产、检验、质量控制、销售、产品宣传工作，并且熟悉化妆品的安全与有效性评价，因此全面提升该行业从业人员的素质尤为重要。

中等职业学校化妆品专业是为化妆品行业培养适合市场人才需求的从业人员，素养能力的提升对该类从业人员未来的职业发展尤为重要，那么中等职业学校化妆品专业学生需要具备哪些方面的素养能力呢？

素质一：政治素养

化妆品专业培养的高级技术应用型人才，应该坚决拥护中国共产党的领导，努力使自己成为社会主义事业的建设者与接班人。因此，同学们必须遵纪守法，树立正确的世界观、人生观和价值观，具备良好的社会公德、思想品德，形成团结合作的精神，具有大局意识、服务意识，并形成创新思维，努力培养自己的创新能力和创业能力。

素质二：职业素养

化妆品专业的学生应该具有能够从事化妆品各职业岗位实际工作的能力；应该具备化妆品领域扎实的专业知识和较为精湛的专业技能，树立精益求精的理念，努力成为新时代的能工巧匠；应该具备爱岗敬业、勇于创新、诚实守信、自信自律、开拓进取的良好品质；应该具有强烈的社会责任感、事业心与责任心；应该具有良好的团队精神，较强的组织能力、协调能力和沟通能力；应该具有较强的竞争意识与自我挑战意识，能够较好地适应环境、适应社会。

素质三：人文素养

化妆品的使用是一个追求美感的过程，作为从业人员，同学们应该形成发现美、追求美、创造美的意识，努力提升自己的艺术修养和人文素养，丰富自身的文学知识；应该努力培养自己的兴趣爱好，能够做到与时俱进，形成较强的信息意识，紧跟化妆品行业的发展潮流与趋势，培养自己的艺术鉴赏水平和健康的审美情趣。

素质四：健康素养

具备健康良好的身体素质和心理素质是做好一切工作最基本的条件。同学们应该加强身体锻炼，增强体魄，积极参加体育训练；应该学会自我心理调适，提升自身的抗压能力，做一个充满正能量的新时代青年。

素质五：专业素养

根据我国关于日用化妆品生产人员的职业岗位分类及化妆品配制员岗位职责要求，中等职业学校化妆品专业在人才培养中应该注重培养学生具备在化妆品原料生产经营企业、化妆品生产企业［含原始设备制造商（OEM）生产企业］、化妆品流通企业、美容机构、香精、香料公司等岗位工作所需具备的从业能力。具体包括：

1. 初步的化学实验室工作能力。
2. 能够进行一般的化妆品配方设计，并利用化妆品基础知识进行问题分析和问题解决的能力。
3. 对化妆品生产过程中产生的工艺问题进行初步的分析、判断与处理的能力。
4. 调香和品香的能力。
5. 检验各种化妆品的能力。
6. 美容化妆的能力。

课题一　皮肤、毛发基础知识

任务一　皮肤基础知识

▶▶ 学习目标

【知识目标】了解皮肤结构与生理功能。

【技能目标】能对皮肤进行护理。

【素养目标】通过学习皮肤的基础知识，引导学生树立热爱生命、健康生活的理念，提升自身的健康素养与专业素养。

任务引入

××化妆品有限公司技术开发部对新员工进行皮肤基础知识培训。

任务分析

化妆品是对皮肤、毛发、指甲、口唇等人体表面具有清洁、护肤、美容和修饰作用的日用品，在学习化妆品的配方设计、制作和使用时，只有了解皮肤基础知识，才能深入学习化妆品的作用机理。

相关知识

一、皮肤的结构与生理功能

皮肤是人体的最大器官，覆盖在个体表面，是人体抵御外部侵袭的第一防线。皮肤的结构由以下三部分组成，如图1-1所示。

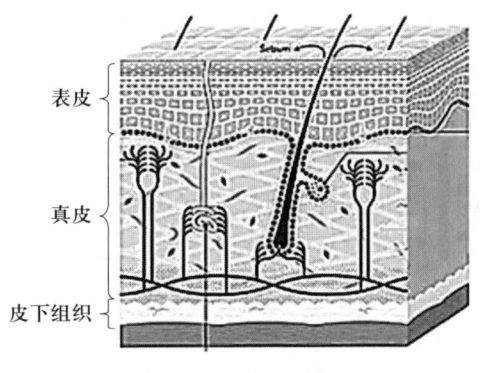

图1-1 皮肤的结构

（一）表皮

表皮是皮肤的浅层，由角质化的复层扁平上皮构成。人体各部位的表皮厚薄不等，一般厚度为0.07~0.12 mm，手掌和足跖最厚，为0.8~1.5 mm。

表皮具有保护作用，也是化妆品发挥功效的主要部位。

表皮由两类细胞组成：一类是角朊细胞，是表皮细胞的主要成分，它们在分化中合成大量角蛋白，使细胞角质化并脱落；另一类是树枝状细胞，数量少，分散存在于角蛋白形成细胞之间。

1. 表皮细胞之间的分层和角质化

根据角朊细胞的不同分化过程及细胞形态，表皮从表面到基底表面可分为五层，即角质层、透明层、颗粒层、棘层及基底层。薄表皮与厚表皮的分层略有差别：角质层薄，只有几层细胞；没有透明层；颗粒层只有 2~3 层细胞；棘层的细胞层数少；基底层与厚表皮的相同。表皮各层结构组成与功能见表 1-1。

表 1-1　　　　　　　　　　表皮各层结构组成与功能

项目	结构	功能	备注
角质层	由多层扁平、无核的角质化细胞组成	皮肤屏障"卫士"，坚韧有耐受性，具有保护、防晒、吸收、保湿和美学功能	化妆品作用的初始部位，也是物质渗透的主要限速部位
透明层	含有丰富的角蛋白和磷脂类物质；由扁平、境界不清、无核、嗜酸性、紧密连接的细胞构成	控制皮肤水分，防止水分流失或过量进入；无色透明，可透光	—
颗粒层	由梭形或菱形细胞组成，含有大量嗜碱性透明角质颗粒	防止异物侵入，折射光线和过滤紫外线；有合成、分解代谢的作用	合成透明角质颗粒，开始形成天然保湿因子和结构脂质
棘层	表皮中最厚的一层；由多形细胞组成，细胞棘突特别明显	具有细胞分裂增殖的能力；细胞间富含大量水分和营养成分，对于维持表皮层的饱满和弹性很重要	—
基底层	表皮最底层，由单一层呈栅栏状排列的立方形或圆柱状细胞组成	10% 具有干细胞的特性，不断分裂，复制产生新细胞，与皮肤新陈代谢、自我修复有关	—

2. 树枝状细胞

（1）黑素细胞是生成黑色素的细胞，由胚胎早期的神经嵴发生，然后迁移到皮肤中，具有合成黑色素的作用。它们大多分散于表皮基底细胞之间，8~10 个基底细胞间有一个黑素细胞，只有少数分散于真皮中。它们在身体各部的数目有明显差别，如前额每平方毫米约有 2 000 个，四肢每平方毫米约有 1 000 个。这种细胞的主要特点是胞质中有多个长圆形的小体，长 0.6 μm，宽 0.2 μm，称黑素体。这种黑素体有界膜包被，内含酪氨酸酶，能将酪氨酸转化为黑色素。黑素体充满色素后成为黑素颗粒。黑素颗粒移入突起末端，然后被输送到邻近的基底细胞内，因而基底细胞内常含许多黑素颗粒，而黑素细胞本身含黑素颗粒少。黑色素为棕黑色物质，是决定皮肤颜色的一个重要因素。

黑素颗粒不仅决定着皮肤颜色的深浅，还是人类因紫外线辐射而引起的皮肤损伤的天然屏障，它能良好地吸收各种波长的紫外线和红外线，起着滤光片和自由基清除剂的作用，防止真皮弹力纤维变性老化，保护 DNA 免受紫外线致突变反应，从而降低皮肤癌的发生率。

（2）其他树枝状细胞见表 1-2。

表 1-2　　　　　　　　　　其他树枝状细胞

类型	位置	特点	功能
朗格汉斯细胞	大多位于棘层中上层	胞浆透明	来源于骨髓，具有吞噬细胞功能，与机体免疫功能有关

续表

类型	位置	特点	功能
未定型细胞	常位于表皮下层	没有黑素体及朗格汉斯颗粒	可能分化为朗格汉斯细胞，也可能是黑素细胞前身
梅克尔细胞	见于掌跖、口腔与生殖器黏膜、甲床及毛囊漏斗的基底层	数量很少	目前认为很可能是一个触觉感受器

3. 角质层"砖墙结构"

角质层是由完全角质化无细胞器的角质形成细胞组成，4~8层细胞排列成"砖墙"，之间充满着由层状颗粒所释放的脂质及蛋白质等物质，犹如"灰浆"，因此形象地称为"砖墙灰浆"样结构。

角质形成细胞与其细胞间脂质组成的这道致密牢固的天然保护屏障，能抵抗化学物质和机械的摩擦、牵拉，能有效地防止细菌、有害物质、射线等外界因素入侵，共同保护皮肤内部组织，维持皮肤生理功能。

（二）真皮

真皮位于表皮和皮下组织之间，厚度为表皮的10~40倍，依靠基底膜带与表皮呈波浪状牢固相连，两者之间没有清楚的界限。真皮由大量致密结缔组织及基质构成，内含血管、淋巴管、神经、肌肉和皮肤附属器（如毛囊毛发、皮脂腺、大小汗腺等）。

真皮层可分为上下两层，上层为乳头层，下层为网状层。

真皮结缔组织中的主要成分为胶原纤维、网状纤维和弹力纤维，这些纤维的存在对维持正常皮肤的韧性、坚实度、弹性和饱满程度具有关键作用。

（三）皮下组织

皮下组织由疏松结缔组织和脂肪组织组成，包括皮下脂肪、淋巴管、肌肉。

皮下脂肪又称皮下脂肪层或脂膜，位于真皮的下部，由脂肪小叶和小叶间隔所组成，其下紧邻肌膜，是疏松结缔组织，主要功能是储存能量和供给能量、保暖、抵御外来机械性冲击，保护血管神经和支撑皮肤。皮下脂肪影响人体的体态曲线。

（四）皮肤下附属器官

皮肤下附属器官包括毛发与毛囊、皮脂腺、汗腺、指（趾）甲、皮肤的血管、淋巴、神经与肌肉等。

二、皮肤的类型

正常人的皮肤可分为四种类型和敏感性皮肤，这五种类型皮肤的特征见表1-3。

表1-3　　　　　　　　　　五种类型皮肤的特征

类型	中性皮肤	干性皮肤	油性皮肤	混合性皮肤	敏感性皮肤
典型特征	完美肌肤，不多见	缺水缺油，易衰老，易敏感	毛孔粗大，有油光；易有黑头、粉刺	额头、鼻子（T区）油，两边脸颊和下巴（U区）干	反复出现红痒、发炎、斑疹情况

三、皮肤的护理

常见皮肤问题大多与外界因素有关。日常可通过清洁、防晒、生活美容与预防性皮肤护理来保护皮肤。应针对中性皮肤、油性皮肤、干性皮肤、混合性皮肤和敏感性肌肤等不同类型制定不同的护理方案。

任务实施

1. 查找并通读有关资料。
2. 评价皮肤的类型,并提出护理方案。

任务测评

任务结束后填写任务测评表,见表1-4。

表1-4　　　　　　　　　　任务测评表

序号	考核内容	考核标准	配分	得分
1	素质考核	课堂出勤率、学习态度、行为规范	30	
2	课堂表现	课堂互动、团队协作、创新建议	30	
3	专业知识	皮肤的结构与生理功能、类型、护理	40	
		合计	100	

思考与练习

一、单项选择题

1. 皮肤的结构不包括(　　　)。
   A. 表皮　　　　　B. 毛囊　　　　　C. 真皮　　　　　D. 皮下组织
2. 表皮各层中具有复制产生新细胞功能的是(　　　)。
   A. 颗粒层　　　　B. 透明层　　　　C. 基底层　　　　D. 角质层
3. (　　　)不是真皮结缔组织中的主要成分。
   A. 胶原纤维　　　B. 网状纤维　　　C. 鳞片纤维　　　D. 弹力纤维

二、简答题

1. 皮肤附属器包括哪些器官?
2. 皮肤通常可通过哪些方式进行护理?

任务二　毛发基础知识

学习目标

【知识目标】了解毛发结构与生理功能。
【技能目标】懂得对毛发的护理方法。
【素养目标】在学习毛发基础知识的过程中，培养学生运用科学的思维方式认识事物、解决问题、指导行为的能力；培养学生形成探究精神，正确地思考与分析问题。

任务引入

××化妆品有限公司技术开发部对新员工进行毛发基础知识培训。

任务分析

化妆品是对皮肤、毛发、指甲、口唇等人体表面具有清洁、护肤、美容和修饰作用的日用品，在学习化妆品的配方设计、制作和使用时，只有了解毛发肤基础知识，才能深入学习化妆品的作用机理。

相关知识

毛发是哺乳类动物的特征之一，除掌、指末节背面、唇红、乳头、女性生殖器外，人体全身几乎都有毛发。对动物而言，毛发可起到保暖御寒、减缓摩擦等保护肌体的作用；对人类而言，毛发起着物理性保护、调节体温、防止紫外线等。

一、毛发的结构

毛发与皮肤的纵横切面从上到下分别是毛干、毛根、毛囊、毛乳头，如图1-2所示。

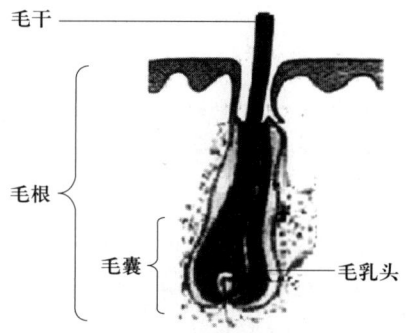

图1-2　毛发与皮肤的纵切面图

毛发露出皮肤表面以上的部分称为毛干，在皮肤下面处于毛囊内的部分称为毛根，毛根下端与毛囊下部相连的部分称为毛球,毛球下端向内凹入部分称为毛乳头。毛乳头中有结缔组织、神经末梢及毛细血管等,对毛发的生长起着至关重要的作用,并使毛发具有感觉功能。

毛干的横切面由三个部分组成,由外到内分别为毛小皮、毛皮质和毛髓质,如图1-3所示。

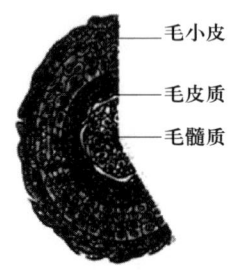

图1-3 毛发的结构图

毛小皮是毛发的外表层,其作用是保护毛皮质,赋予头发光泽及弹性。

毛皮质是毛发最主要的构成部分,由螺旋状的纤维体组成,是头发纤维的核心,它控制着毛发的水分,决定毛发的韧性、弹性和强度。

毛髓质是毛发的中心部分,为皮质细胞所围绕。毛髓质中间有色素颗粒存在,毛髓质的作用是提高毛发结构强度和韧性。另外,不是所有的头发都有毛髓质,约有10%的头发没有毛髓质。

二、毛发的种类

(一) 毛发的长度与质地

毛发由角质化的角质形成细胞构成,根据其长度与质地分为胎毛、毳毛和终毛。

胎毛是婴儿没剃过的头发。

毳毛细软,颜色淡,主要见于面部、四肢和躯干。

终毛又分为长毛和短毛。长毛包括头发、胡须、腋毛和阴毛,短毛包括眉毛、睫毛、鼻毛和耳毛等,短毛中的眉毛和睫毛这样的硬毛是美容加工修饰的对象。

(二) 毛发的色泽

毛球是毛发的发端,毛球的上半球含有黑素细胞,黑素细胞会产生黑素颗粒。黑素颗粒沿着蛋白质中氨基酸链排列,故在电子显微镜下观察像一串珍珠,其中大多数分布在毛皮质的外缘。

毛皮质中黑素颗粒的种类和数量决定了毛发的颜色。颜色深的优黑素多见于黑发及白种人的浅黑色头发中;色泽淡的褐黑素多见于红发及黄发中,红发中几乎全部为褐黑素。在许多人的毛发中常混有这两种色素颗粒,但人与人毛发之间这两种色素颗粒的比例是不同的,甚至在一个人身上每根头发之间也不一样,这与人种、性别、年龄、遗传、生活环境及营养情况等有关。所以,毛发也呈现出黑色、白色、黄色、灰色、棕色及红色等多种颜色。

（三）毛发的形态与直径

毛发的形态有直状、波状和卷状。角蛋白在形成过程中受到毛囊的压迫而影响其内部的化学结构，产生不同的毛发外形。人种不同，头发的直径和形态均有区别，毛囊的形状及其开口决定了毛发的形态与直径。黄种人头发是直的圆柱形，黑色，较粗；白种人头发的形态变化较大，可以是直的或波浪状，直径变化也大（直径 50～90 μm），横切面呈卵圆形，颜色从黑色到浅黄甚至几乎为白色；黑种人头发外形细密卷曲，黑色，横切面也为卵圆形。

三、毛发的化学组成

（一）主要成分

毛发的主要成分是角蛋白，角蛋白由多种氨基酸组成，其中胱氨酸的含量最高。头发的角蛋白结构特别精细，使头发既有硬度，又富有弹性；既牢固，又能做成各种形状。此外，毛发内还含有水、脂质、色素和一些与角蛋白结合的微量元素（如硅、磷、铜、锌、铁、锰、钙、镁等）。

（二）化学键

毛发结构的稳定性是由多肽链之间各种化学键作用力所决定的，如共价多肽键、二硫键、盐键、氢键、酯键和范德华力等。

二硫键是多肽链上两个半胱氨酸之间形成的一种比较稳定的化学键，可使多肽链的两个不同区域之间紧密地靠拢起来，对头发结构稳定起着十分重要的作用，二硫键数目越多，毛发的韧性越强。

四、毛发的护理方法

毛发类型的特征、损伤及护理建议分别见表 1-5 和表 1-6。

表 1-5　　　　　　　　　　　五种类型毛发的特征

类型	中性头发	干性头发	油性头发	其他类型
典型特征	头发健康正常，有自然的头发亮泽、柔顺，软硬适度、丰润柔软；既不油腻也不干燥；是理想的发质	头发没有光泽，常见色泽为深色或红色；头发干燥，有粗糙感；头发因干燥而卷曲，造型后易变形	头发柔软而无力，细小、扁平；头发油腻发光，有黏腻感；洗发后头发很快变得油腻和有湿润感，容易变脏	头发纤细疏松，软弱无力，头发稀薄；头发数量太少，不够粗，纤维弹性不足易掉发、白发，头发受损

表 1-6　　　　　　　　　　　毛发损伤及护理建议

问题毛发	毛发特征	护理建议	选用化妆品
化学性损伤	发生在头发中的化学反应引起头发结构改变、头发中的蛋白质流失及结晶度下降而造成的损伤，头发颜色枯黄、缺乏光泽；含水量降低，拉伸强度下降，弹性及韧性下降	减少烫发、染发次数，补充头发油分与水分的不足，维护头发的光亮、柔软和弹性	护发素、焗油膏、发油

续表

问题毛发	毛发特征	护理建议	选用化妆品
物理性损害	毛发粗糙不齐，都会使毛小皮受损严重	补充头发油分与水分的不足，维护头发的光亮、柔软和弹性	使用护发素、发油、发乳、发膏等补充头发油分与水分的不足，维护头发的光亮、柔软和弹性；同时可防止日光的过分照射，保护头发
日光损伤及气候老化	毛发的头发纤维结构产生变化，毛皮质逐渐变脆干燥，易于断裂；外观上头发有淡颜色的线条，黑色素会受到氧化而发生褪色现象，称日光漂白；毛发的损伤多数伴随脱发、局部炎症等改变	防晒 头发护理	出门要戴帽子或拿太阳伞。防止日光的过分照射，保护头发
热损伤	发质变弱、拉伸度与强度下降，到毛小皮局部脱落，颜色和光泽消失，表面粗糙，毛小皮完全脱落、毛皮质裸露，甚至发干分叉、头发断裂、发梢分叉开裂等	减少烫发，避免户外太阳直晒，避免对头发加热	使用护发素、发油、发乳、发膏等补充头发油分与水分的不足，维护头发的光亮、柔软和弹性

▶ 任务实施

1. 查找并通读有关资料。
2. 评价毛发的类型，并提出护理方案。

▶ 任务测评

任务结束后填写任务测评表，见表1-7。

表1-7　　　　　　　　　　任务测评表

序号	考核内容	考核标准	配分	得分
1	素质考核	课堂出勤率、学习态度、行为规范	30	
2	课堂表现	课堂互动、团队协作、创新建议	30	
3	专业知识	毛发的结构、种类、化学组成、护理方法	40	
		合计	100	

思考与练习

一、单项选择题

1. 由螺旋状的纤维体组成的是（　　）。
A. 毛表皮　　　　B. 毛皮质　　　　C. 毛髓质　　　　D. 皮脂腺

2. 对人类而言，毛发起着（　　）作用等。
   A. 物理性保护　　　B. 调节体温　　　C. 防止紫外线　　　D. 以上都是
3. 头发的主要成分是角蛋白，角蛋白有多种氨基酸组成，以（　　）的含量最高。
   A. 谷氨酸　　　　　B. 胱氨酸　　　　C. 亮氨酸　　　　　D. 蛋氨酸

二、简答题

1. 简述头发的结构和生理功能。
2. 如何进行毛发护理？

课题二　化妆品常用原料

任务　化妆品原料的理化指标

学习目标

【知识目标】了解化妆品原料的常见理化指标及定义。
【技能目标】能辨别化妆品类别。
【素养目标】通过对化妆品原料的理化指标学习，培养学生形成学习意识，选择正确的学习方式，并学会进行学习进程的评估与调控，优化学习方法。

任务引入

××化妆品有限公司技术开发部对新员工进行化妆品原料理化指标培训。

任务分析

化妆品是由多种化妆品原料通过一定操作制成的日用品，在化妆品注册、备案、制作和使用时，必须了解化妆品原料的常见理化指标及定义；了解原料的分类、性质和作用；了解原料的中文名称；了解原料在《国际原料目录》（INCI）中的中、英文名称；了解原料的用量范围；了解原料的储存条件以及分类、分库存放条件，才能正确完成化妆品的配方设计。

相关知识

一、熔点和凝固点

熔点是油脂和蜡类物质的一个重要性质，由于油脂一般是混合物，其熔点是一个范围。

选择合适熔点和凝固点的原料，使产品的某些容易随着季节性变化的质量属性控制在最小幅度内，对产品的工艺条件和质量管理也是非常重要的。

高熔点不仅赋予产品以黏度，还影响使用时的铺展性和皮肤感觉。低熔点的脂肪酸会影响分子间的凝聚力和黏性，使用时也会影响皮肤的感觉。

二、黏度

黏度是分子间内摩擦的一个量度。黏度系数 η，是指在单位距离的两个平行层之间，维持单位速度差时，每单位面积上所需要的力。油脂具有较高的黏度，主要由于油脂中长链分子间的吸引力所致。通常，油脂的黏度随着其不饱和度的增加而略有减少，随氢化程度的增加会稍有增加。在饱和度相同的条件下，含相对分子质量低的脂肪酸的油脂黏度稍低。蓖麻油由于含有较多蓖麻醇酸，易形成分子间氢键，所以它的黏度特别大。除蓖麻油外，一般油脂的黏度在数量级上没有差别。

油脂的黏度对油脂的应用影响非常大，它直接决定油脂的铺展性和主观黏腻感。油脂的主观黏腻感与化妆品感观质量及商品价值有密切关系的特性。

三、pH 值

pH 值，也称氢离子浓度指数、酸碱值，是溶液中氢离子活度的一种标度，也就是通常意义上溶液酸碱程度的衡量标准。

通常情况下（25 ℃），当 pH < 7 的时候，溶液呈酸性；当 pH > 7 的时候，溶液呈碱性；当 pH = 7 的时候，溶液为中性。

四、相对密度

物质在 20 ℃时的密度与水在 4 ℃时的密度的比值称为物质的相对密度。一般油脂的相对密度小于 1，在 0.9~0.95。

五、折光率

折光率又叫折射率，是物质的重要物理常数，可用来鉴别油脂的类型、纯度等。不同油脂所含脂肪酸不同，其折光率也不同。测定折光率可迅速了解油脂的大概情况，广泛用于鉴别各类油脂的类型和纯度。

六、碘值

油脂的碘值是指 100 g 油脂中所能吸收（加成）碘的克数，可以根据碘值的大小对油脂进行分类：碘值 < 100 的油脂称为不干性油脂，碘值在 100~130 的油脂称为半干性油脂，碘值 > 130 的油脂称为干性油脂。碘值高的油脂含有较多的不饱和键，在空气中易被氧化酸败。化妆品中使用的油脂几乎都是不干性油脂和部分半干性油脂。半干性油脂和干性油脂由于稳定性较差，需经精制除去不饱和组分后才能使用。

七、酸值

油脂的酸值一般是指中和 1 g 油脂中的游离脂肪酸所需氢氧化钾的毫克数，对于各种不同来源的油脂，都含有少量的游离脂肪酸，各自有着各自的酸值，一般来说，酸值低的油脂，则相对分子质量比较高，表示这种油脂所含有的杂质比较少，对于酸值大于 6 的油脂，一般是不能用作食用油来食用的。所以，酸值是衡量油脂质量的重要指标之一。

八、皂化值与不皂化物

油脂的碱性水解称作皂化。皂化反应是不可逆反应。皂化反应时，脂肪酸与碱生成金属盐，油脂可以完全水解并转化成脂肪酸盐和甘油。

皂化值是指 1 g 油脂完全皂化时所需氢氧化钾的毫克数。油脂中脂肪酸相对分子质量大的，其皂化值小；油脂中脂肪酸相对分子质量小的，其皂化值大。依据皂化值可以计算出油脂的相对分子质量，一般油脂的皂化值为 180～200 mg/g。

不皂化物是指溶解于油脂中的不能被碱皂化的物质，如蜡中的脂肪醇部分、甾醇、酚类、烷烃、树脂类等物质。普通油脂中不皂化物含量在 1% 左右，鱼油一般较高，糠油中不皂化物高达 11% 左右。

九、总固形物含量

总固形物是指产品或原料所有的固形物含量（包括不溶于水的或悬浮于溶液中的固形物与溶于水的固形物之和）。

十、油性

油性是油脂最值得注意的特性之一，即形成润滑薄膜的能力。它与油脂表面张力和油脂对某种界面（如皮肤）的界面张力有关。

十一、水分

化妆品原料中的水分含量一直是药品原料质量控制的主要部分，通过水分测定或者干燥失重来监测原料中的水。在生产使用过程、容器的密封和储存均会影响原料的水分值，如卡波姆在使用后包装密封不够，引起水分增加吸湿结块。氯化锌水分增加而液化；水溶胶类原料水分太高会结块，容易滋生微生物等。

》》任务实施

1. 查找相关原料的质量指标。根据原料的检验报告（COA）项目和指标值，了解原料的质量指标。
2. 整理原料的质量指标。
3. 对原料进行分类和管理。原料的分类有多种方法，可根据来源、结构与物理性质、功效、性质与作用等分类，化妆品的辨识要点见表1-8。

表1-8　　　　　　　　　　　　　　化妆品的辨识要点

分类	条件	举例
来源	天然原料	动物原料：羊毛脂、蛇脂
		植物原料：椰子油、杏仁油、桉叶油、卡拉胶
		矿物原料：白矿油、地蜡
	化学合成原料	合成原料：聚二甲基硅氧烷、卡波姆、聚乙二醇
		半合成原料：羟乙基纤维素、脂肪酸
结构与物理性质	表面活性剂	非离子表面活性剂、阴离子型表面活性剂、两性表面活性剂、阳离子表面活性剂
	高分子原料	卡波姆、聚乙二醇、聚乙烯醇
	油脂	羊毛脂、肉豆蔻酸异丙酯、棕榈酸异丙酯
	多元醇	甘油、丙二醇、丁二醇、聚甘油-10
	糖	蔗糖、低聚果糖、β-葡聚糖
	蛋白质	胶原、蚕丝胶蛋白、水解大豆蛋白
	肽	大豆多肽、燕麦肽乙酰基六肽-8、三肽-1
	氨基酸	L-精氨酸、L-赖氨酸、L-色氨酸
性质与作用	基质原料	pH调节剂、螯合剂、增稠剂、溶剂、抗氧化剂、悬浮剂
	功效原料	保湿剂、美白剂、防晒剂、皮肤调理剂

》任务测评

任务结束后填写任务测评表，见表1-9。

表1-9　　　　　　　　　　　　　　任务测评表

序号	考核内容	考核标准	配分	得分
1	素质考核	课堂出勤率、学习态度、行为规范	30	
2	课堂表现	课堂互动、团队协作、创新建议	30	
3	专业知识	化妆品原料的理化指标	40	
		合计	100	

思考与练习

一、单项选择题

1. 每100 g油脂与碘发生加成反应，所消耗的碘的质量，称为油脂的（　　）。
   A. 皂化值　　　　　B. 碘值　　　　　C. 酸值　　　　　D. INS值

2. 不干性油脂的碘值（　　　）。
   A. 小于 100　　　　B. 在 100～130　　　　C. 大于 130　　　　D. 在 100～150
3. 相对密度指的是物质在（　　　）时密度与水在 4 ℃时密度的比值。
   A. 25 ℃　　　　B. 23 ℃　　　　C. 20 ℃　　　　D. 28 ℃
4. 油脂的饱和度越低，黏度越（　　　）。
   A. 高　　　　B. 低　　　　C. 不变　　　　D. 没有必然联系
5. 下列原料中，是天然来源又属于矿物的是（　　　）。
   A. 椰子油　　　　B. 羊毛脂　　　　C. 卡波姆　　　　D. 地蜡
6. 下列属于半合成原料的是（　　　）。
   A. 聚二甲基硅氧烷　　　B. 卡波姆　　　C. 聚乙二醇　　　D. 羟乙基纤维素

二、简答题

1. 化妆品原料的主要理化指标有哪些？
2. 测定化妆品原料折光率的作用是什么？

课题三　主要法律法规

化妆品行业主要法律法规包括《化妆品监督管理条例》《化妆品安全技术规范》（2015年版）、《化妆品分类规则和分类目录》《化妆品注册备案管理办法》《化妆品功效宣称评价规范》《化妆品安全评估技术导则》（2021年版）、《化妆品标签管理办法》等，为化妆品行业提供法律依据，是化妆品质量安全的基础和保障。

任务一　化妆品主要法律法规介绍

▶ 学习目标

【知识目标】会查找化妆品的相关法律法规。
【技能目标】能确认常用原料的安全性。
【素养目标】通过对化妆品主要法律法规的学习，培养学生形成法律意识，学习相关法律法规知识；引导学生学法、守法、用法，把握正确的人生方向，并能将所学的化妆品的法律法规知识运用到实际的工作与实践中。

▶ 任务引入

××化妆品有限公司技术开发部对新员工进行法律法规培训。

任务分析

化妆品属于行政许可生产的日用工业产品,必须符合《化妆品监督管理条例》《化妆品安全技术规范》(2015年版)、《化妆品分类规则和分类目录》《化妆品注册备案管理办法》《化妆品功效宣称评价规范》《化妆品安全评估技术导则》(2021年版)、《化妆品标签管理办法》等法律法规。

相关知识

一、《化妆品监督管理条例》

《化妆品监督管理条例》自2021年1月1日起施行,是为规范化妆品生产经营活动,加强化妆品监督管理,保证化妆品质量安全,保障消费者健康,促进化妆品产业健康发展制定。主要内容包括总则、原料与产品、生产经营、监督管理、法律责任、附则。

二、《化妆品安全技术规范》(2015年版)

《化妆品安全技术规范》(2015年版)是原卫生部印发的《化妆品卫生规范》(2007年版)的修订版。为了满足我国化妆品监管实际的需要,结合行业发展和科学认识的提高,原国家食品药品监督管理总局组织完成了对《化妆品卫生规范》(2007年版)的修订工作,编制了《化妆品安全技术规范》(2015年版)。2015年11月经化妆品标准专家委员会全体会议审议通过,由国家食品药品监督管理总局批准颁布,自2016年12月1日起施行。主要内容包括概述、化妆品禁限用组分、化妆品准用组分、理化检验方法、微生物检验方法、毒理学试验方法、人体安全性检验方法、人体功效评价检验方法。

三、《化妆品分类规则和分类目录》

《化妆品分类规则和分类目录》自2021年5月1日起施行,按照化妆品的功效宣称、作用部位、产品剂型、使用人群,同时考虑使用方法,制定该规则和目录。其中,功效宣称分类目录包括染发等26种功效类别,作用部位分类目录包括头发等10个作用部位,使用人群分类目录包括3类使用人群,产品剂型分类目录包括11种产品剂型,使用方法分类目录包括2种使用方法。

四、《化妆品注册备案管理办法》

《化妆品注册备案管理办法》自2021年5月1日起施行,是为规范化妆品注册和备案行为,保证化妆品质量安全制定。主要内容包括总则、化妆品新原料注册和备案管理、化妆品注册和备案管理、监督管理、法律责任和附则。

五、《化妆品功效宣称评价规范》

《化妆品功效宣称评价规范》自2022年5月1日起施行,是为规范化妆品功效宣称评价工作，保证功效宣称评价结果的科学性、准确性和可靠性，维护消费者合法权益，推动社会共治和化妆品行业健康发展制定。

六、《化妆品安全评估技术导则》（2021年版）

《化妆品安全评估技术导则》（2021年版）自2021年5月1日起施行，是为保障化妆品使用安全，规范化妆品安全评估，指导开展相关工作制定。主要内容包括适用范围、基本原则与要求、化妆品安全评估人员的要求、风险评估程序、毒理学研究、原料的安全评估、化妆品产品的安全评估、安全评估报告、说明、术语和释义。

七、《化妆品标签管理办法》

化妆品标签管理办法2022年5月1日起施行，是为加强化妆品标签监督管理，规范化妆品标签使用，保障消费者合法权益制定。

》任务实施

1. 查找并通读有关法律法规。
2. 评估配方原料添加量的合规性。

》任务测评

任务结束后填写任务测评表，见表1-10。

表1-10　　　　　　　　任务测评表

序号	考核内容	考核标准	配分	得分
1	素质考核	课堂出勤率、学习态度、行为规范	30	
2	课堂表现	课堂互动、团队协作、创新建议	30	
3	专业知识	化妆品主要法律法规的基础知识	40	
		合计	100	

思考与练习

一、单项选择题

1.《化妆品监督管理条例》自（　　）起施行。
A. 2021年1月1日　　　　　　　　B. 2021年5月1日
C. 2022年5月1日　　　　　　　　D. 2021年8月1日

2. 《化妆品功效宣称评价规范》自（　　）起施行。
A. 2021 年 1 月 1 日　　　　　　　　　B. 2021 年 5 月 1 日
C. 2022 年 5 月 1 日　　　　　　　　　D. 2021 年 8 月 1 日

二、简答题

《化妆品分类规则和分类目录》分为哪五类？

任务二　化妆品及新原料的注册备案

》学习目标

【知识目标】了解新原料注册备案的要求和流程。

【技能目标】掌握化妆品注册备案的要求和流程。

【素养目标】引导学生形成正确的价值观念，熟练掌握化妆品及新原料注册备案的要求和流程，严格依照程序办事，形成遵纪守法、诚实守信的意识。

》相关知识

化妆品注册备案的流程

化妆品的注册流程与备案相同，只是要求的时限不同。

（一）注册备案和用户注册

首次申请特殊化妆品注册或者办理普通化妆品备案时，境内的注册申请人、备案人和境内责任人应当提交以下用户信息相关资料：

1. 注册人备案人信息表及质量安全负责人简历；
2. 注册人备案人质量管理体系概述；
3. 注册人备案人不良反应监测和评价体系概述；
4. 境外注册人、备案人应当提交境内责任人信息表；
5. 境内责任人授权书原件及其公证书原件；
6. 注册人、备案人有自行生产或者委托境外生产企业生产的，应当提交生产企业信息表和质量安全负责人信息，一次性填报已有生产企业及其信息。生产企业为境外的，应当提交境外生产规范证明资料原件。

其他资料：注册商标证、销售包装样稿等。

（二）用户信息和资料更新

1. 用户信息或者相关资料发生变化时，应当及时进行更新，确保注册备案信息服务平台中的用户信息和相关资料真实准确。

更新方式主要包括自行更新、一般审核更新、生产场地更新以及其他各具体规定情形的审核更新。属于审核更新的，经药品监督管理部门审核后，完成相关信息和资料的更新。

2. 用户权限相关资料中，可自行更新的内容包括法定代表人信息、质量安全负责人信息、联系信息。

以上信息发生变化时，用户应当及时自行更新。

（三）注册与备案资料

注册人、备案人办理注册或者备案时，应当提交以下资料：

1. 《化妆品注册备案信息表》及相关资料；
2. 产品名称信息；
3. 产品配方；
4. 产品执行的标准；
5. 产品标签样稿；
6. 产品检验报告；
7. 产品安全评估资料。

（四）化妆品和新原料的注册备案的提交

提交方法：网上提交。

（五）化妆品的网上公示或注册批准

任务实施

1. 熟悉掌握化妆品注册备案的要求和流程。
2. 完成原料和产品的注册备案实例操作。

任务测评

任务结束后填写任务测评表，见表 1-11。

表 1-11　　　　　　　　　　任务测评表

序号	考核内容	考核标准	配分	得分
1	素质考核	课堂出勤率、学习态度、行为规范	30	
2	课堂表现	课堂互动、团队协作、创新建议	30	
3	专业知识	化妆品备案流程的知识	40	
		合计	100	

思考与练习

一、单项选择题

1. 化妆品注册备案时可暂不提交的资料是（　　）。
   A. 产品配方　　　　　　　　　　B. 产品功效评价报告
   C. 产品安全评估资料　　　　　　D. 产品检验报告
2. 用户信息和资料更新，用户应当及时自行更新的是（　　）。
   A. 法定代表人信息变更　　　　　B. 配方原料变更
   C. 功效宣称变更　　　　　　　　D. 产品名称变更

二、简答题

1. 简述化妆品备案的流程。
2. 境内的注册申请人、备案人和境内责任人应当提交哪些资料？

模块二
护肤类化妆品技术

护肤类化妆品是以保持皮肤，特别是皮肤最外面的角质层中适度水分为目的而使用的化妆品。护肤类化妆品技术是指用于人体皮肤的膏霜乳液类化妆品、化妆水类、半固体类化妆品的技术。

课程思政小学堂

化妆品类合同签订的注意事项

本模块将会学习《化妆品OEM委托生产合同》或《化妆品委托加工协议》的相关内容。《化妆品OEM委托生产合同》的拟定，主要包括合作形式、加工标准、费用组成和结算方式、交货期限、地点和方式、合同效力六大部分，并应该有明确的甲方、乙方，在合同拟定的过程中，甲乙双方应权责明确。

在掌握本专业技能知识的同时，本模块的课程思政小学堂将为各位同学介绍化妆品类合同签订的注意事项。

除了《化妆品OEM委托生产合同》外，化妆品类合同主要包括《化妆品购销合同》《化妆品品牌加盟合同》《化妆品品牌合作合同》等。

一、《化妆品购销合同》签订的注意事项

在签订《化妆品购销合同》之前，应该认真考察经销商是否具有独立的法人资格、是否合法存在，应该避免与单位产权不清、无独立法人资格的挂靠单位合作，避免造成不必要的损失。

《化妆品购销合同》中所订立的内容，应该严格根据《中华人民共和国民法典》中关于合同订立的相关内容以及相关法律、法规的规定，经甲乙双方协商订立。

《化妆品购销合同》是买卖合同的变化形式，在合同中应该明确设计化妆品的计量价格、数量、质量标准、规格、单价、金额等详细内容，为方便日后核用以及为日后可能产生的纠纷提供解决的依据，合同双方应该在协商一致后在合同中明确列出，或者以附表的形式将具体约定的内容附于合同中。同时，在约定产品验收期间，需求方应该在约定期间将质量不合格以及验收数量等情形做出明确的说明。

《化妆品购销合同》的条款一般包括：
（一）产品的名称、种类、规格和质量；
（二）产品的包装物、包装标准的供应与回收；
（三）产品的运输方式、到货地点、交货方法、交货单位；
（四）产品的交货（或提货）的期限；
（五）货款的结算细则；
（六）产品的验收时间、验收手段；
（七）违约责任；
（八）解决合同纠纷的方式；
（九）其他相关特别约定。

二、《化妆品品牌加盟合同》签订的注意事项

《化妆品品牌加盟合同》的签订应该是基于甲乙双方平等互利、友好协商、共同发展的原则，严格根据《中华人民共和国民法典》中关于合同订立的相关内容以及相关法律、法规的规定，经甲乙双方协商订立。应该在合同中明确甲方、乙方的权利与义务，并承诺共同遵守。

《化妆品品牌加盟合同》的条款一般包括：
（一）设立授权（包括品牌、商号、服务标志等）；
（二）经营方式（如相关证照的申办、税务登记、卫生许可证的办理细则等）；
（三）加盟合作方式（一般由甲方提出申请加入乙方，并明确服务费、返利、折扣等均按照产品标价计算等，并明确在代理期限内的任务指标）；
（四）甲方的权利和义务；
（五）结算方式；
（六）合同生效方式；
（七）订货、验货、退换货的约定。

三、《化妆品品牌合作合同》签订的注意事项

《化妆品品牌合作合同》在订立时应该注意，化妆品公司之间的合作方式可以是多样的，如合作购销、合作设立公司、合作研发新产品等，不同的合作项目涉及不同的合作方式，因此在订立合同时，应该有针对性地做出具体条款的拟定。

合作双方应该有明确的合作方式，尤其是涉及劳务、资金、技术等不同的投入方式时，为避免在项目实际经营过程中就盈亏分担、责任分担等方面产生纠纷，双方应该明确各自的权益份额。

《化妆品品牌合作合同》的条款一般包括：

（一）合作合同总则（明确甲乙双方的权责）；

（二）经营区域、经营地址、经营级别；

（三）双方的经营技术资产（如品牌标识、企业文化与荣誉、员工培训系统、营运与促销方案、统一的广告效应与广告资源等）；

（四）合作方式；

（五）结算方式；

（六）合同生效方式；

（七）其他相关特别约定。

课题一　润肤乳液配方设计

膏霜乳液类化妆品是利用乳化技术制成的固态或半固态在室温下具有较好稳定性的日用化妆品，是日常生活中应用最广泛的一类化妆品，主要包括润肤乳液、身体乳、护手霜、营养霜、保湿霜、粉底液和BB霜等产品。润肤乳液属于膏霜乳液类中使用最广泛的一种。

任务一　接受任务订单

》学习目标

【知识目标】能识读任务书；了解乳化体系的类型。

【技能目标】能初步评估订单的可行性（包括生产范围、生产能力、法规符合性等）；掌握乳化体系的设计原则。

【素养目标】通过学习与掌握化妆品类合同签订注意事项的相关知识，引导学生树立正确的价值观，坚持正确的意识形态方向；培养学生独立思考与独立判断的能力；培养学生的法律意识，引导学生思维缜密，能多角度、辩证地分析问题，在化妆品订单评估与签订中做出合法与正确的选择和决定。

》任务引入

××化妆品公司接到A公司的润肤乳液OEM订单。生产×××牌润肤乳液10 000瓶。

合同附件：

委托加工协议

合同编号：

甲方：＿＿××化妆品公司＿＿＿＿＿＿＿＿＿（以下简称甲方）

乙方：＿＿＿A公司＿＿＿＿＿＿＿＿＿＿＿＿（以下简称乙方）

甲、乙双方本着共同发展、互惠互利的原则，根据《中华人民共和国民法典》的有关规定，经双方充分协商，就乙方品牌化妆品的代加工事宜达成如下协议，共同信守。

一、合作形式

1. 甲方按照乙方要求生产化妆品，乙方为此向甲方支付相关费用。在本合同有效执行期间，甲方无权以任何形式销售、出售乙方委托加工的产品。

2. 乙方向甲方提供加工以下产品，包含产品名称、净含量、数量等，详见表2-1。

表2-1　　　　　　　　　　　产品代工表

产品名称	净含量	数量	加工方式	备注
润肤乳液	120 mL	10 000 瓶	研发加工	
以下空白				

二、加工标准

1. 合作过程中，甲方以代研发OEM的生产方式向乙方提供灌装、包装产品，乙方按约定的加工价格支付相关的费用。甲方仅是按乙方要求进行代工，乙方为产品的所有人，因产品商标、知识产权等原因产生的争议、纠纷，均由乙方负责解决、赔偿，与甲方无关，且乙方应赔偿甲方因此造成的损失。

2. 产品及销售文件的确认和使用：在本合同正式签订同时，甲方向乙方提供营业执照副本复印件、生产许可证复印件作为本合同附件。乙方向甲方提供其注册商标、营业执照、税务登记证（国税）、国家有关部门的商标注册证等复印件及商标生产授权书作为本合同附件。

3. 产品质量要求与验收标准：按乙方提供确认签名样品生产。

4. 甲方在生产完毕该批产品后，必须将生产过程中所发生的报废物料完整地汇报给乙方。

三、费用组成和结算方式

甲方按乙方要求数量规格进行生产，相关的生产费用，乙方按产品结算单及时核对和支付产品加工的款项。在执行每批次的生产订单之前，乙方须按产品结算单支付费用总额的＿30%＿作为定金，发货前付清尾款，即订单总额的＿70%＿。

四、交货期限、地点和方式

1. 交货期限：甲方收到乙方定金（配套的物料备齐）后＿30＿天内。

2. 交货地点：甲方仓库。

3. 交货方式：甲方为乙方代办运输，相关费用由乙方承担。

4. 甲方提供：在每批次生产过程中，甲方为乙方提供成品__15__天、包装材料__30__天为周期的免费仓储保管（遇节假日顺延），若超出免费仓储保管期，甲方按占地面积每平方米人民币__10__元/每月的价格向乙方收取仓储费用。该费用需在乙方支付当期货款时一起支付给甲方。

五、合同效力

1. 本协议一式二份，协议各方各执一份。各份协议文本具有同等法律效力。
2. 本协议经双方签署后生效。

甲方（盖章）：　　　　　　　　　　　　乙方（盖章）：
代表人：　　　　　　　　　　　　　　　代表人：
地址：　　　　　　　　　　　　　　　　地址：
电话：　　　　　　　　　　　　　　　　电话：
　　　　　　　　　　　　　　　　　　　签订日期：　　　年　　　月　　　日

任务分析

本次 OEM 订单任务为首次业务，需要 A 公司提交配方工艺资料，完成普通化妆品备案，公司研发部按客户提供的需求进行打版，经客户确认后，采购物料投入生产，在供货期内完成产品加工并检验合格。订单内容包括订单品牌、规格、数量、销售的国家或地区（涉及原料和产品的要求）、配方工艺、质量指标、成本核算、交货日期、储运条件等。

由于产品拟在国内销售，产品和所用原料符合《化妆品安全技术规范》（2015年版）和《已使用化妆品原料目录（2021年版）》的规定，产品符合国家标准《护肤乳液》（GB/T 29665—2013）。

相关知识

一、膏霜乳液的类型、鉴别、设计流程及乳化剂的选择

（一）膏霜乳液的类型

膏霜乳液按乳化类型分为水包油（O/W）型、油包水（W/O）型和多重乳液，见表2-2。膏霜乳液按基质类型为可分为水包油（O/W）基质和油包水（W/O）基质，见表2-3。

表2-2　　　　　　　　　　　乳化类型分类表

乳化类型	乳化剂类型	占油相含量范围/%	典型产品
O/W 型	皂类（高级脂肪酸皂）+非离子表面活性剂	3~30	润肤乳液、防晒乳液、护手乳液
	非离子表面活性剂	10~40	面霜、润肤乳液

续表

乳化类型	乳化剂类型	占油相含量范围/%	典型产品
O/W 型	阴离子表面活性剂 + 非离子表面活性剂	10~40	润肤乳液、防晒乳液、护手乳液
	水溶性聚合物（聚合物乳化剂）	10~40	润肤乳液、按摩乳液
	蛋白质表面活性剂	10~40	润肤乳液
W/O 型	非离子表面活性剂	10~40	按摩乳液、润肤乳液
	有机改性黏土矿物	30~50	按摩霜、洁面霜
多重乳液	非离子表面活性剂	—	W/O/W 和 O/W/O

表 2-3　　　　　　　　　　基质类型分类表

基质类型	乳化剂类型	占油相含量范围/%	典型产品
O/W 基质	皂类（高级脂肪酸皂）+ 非离子表面活性剂	10~30	雪花膏
	非离子表面活性剂	30~50	按摩霜、清洁霜
	阴离子表面活性剂 + 非离子表面活性剂	30~50	通用护肤霜、粉底霜
	非离子表面活性剂 + 水溶性聚合物（聚合物乳化剂）	30~50	高档润肤霜、按摩霜
	蜂蜡 + 硼酸 + 非离子表面活性剂	30~50	冷霜
W/O 基质	非离子表面活性剂	20~50	冷霜
	有机改性黏土矿物、皂类 + 非离子表面活性剂	50~80	摩霜、洁面霜

（二）膏霜乳液类型的鉴别

根据 O/W 型和 W/O 型乳状液不同的特点，可以用以下四种方法对乳液类型加以鉴别。

1. 稀释法

以水作为外相的 O/W 乳状液可以被任意量的水稀释。相反，W/O 乳状液容易与油类混溶（如矿油、肉豆蔻酸异丙酯等）。如果 W/O 乳状液用水稀释，摇动，水将保持透明，而且玻璃容器内乳液出现凝结；如果 O/W 乳状液用水稀释，摇动，水将变混浊，并且乳状液常产生泡沫。例如，牛奶能被水稀释，而不能与植物油混合，故牛奶是 O/W 型乳状液。

2. 指示剂法（染色法）

在指示剂法中，将水溶性或油溶性着色剂小心地洒在乳状液表面，着色剂应是不会破坏乳状液的中性着色剂。如果水溶性着色剂在乳状液内扩散，表明乳状液是 O/W 乳状液；如果使用油溶性着色剂，如苏丹红，着色剂溶于乳状液，油是外相，表明乳状液是 W/O 乳状液。这种方法在显微镜下特别好观察。为了使 O/W 乳状液着色，一般选用亚甲蓝或四碘荧光素（赤藓红）。但需要注意的是，亚甲蓝有时可能会参与阴离子乳化剂不配伍的反应。

3. 电导法

一般油类的导电性远比水差，而水（一般水中常含有电解质）的导电性较好，故电导的粗略定性测量，即可确定外相。导电性好的为 O/W 型乳状液，外相为水；导电性差的为 W/O 型乳状液，外相为油。一般对乳状液进行电导测量，可以鉴别其类型。可用电导仪或一般简单电路进行测量。

4. 滤纸润湿法

将乳状液涂抹在滤纸上，如果是 O/W 型乳状液，则围绕着涂抹样品，液滴迅速铺开并显示出润湿的边缘，在中心留下小油滴；相反，如果是 W/O 型乳状液，则液滴不铺展。若将 O/W 型乳状液滴在干燥的蓝色氯化钴试纸上，则液滴周围立即变成粉红色；如果是 W/O 型乳状液，则试纸颜色不变。但此法对于某些易在滤纸上铺展的油（如苯、环己烷和甲苯等）所形成的乳状液则不适用。

（三）乳化体系的设计流程

1. 油相原料确定

膏霜乳液类化妆品相对于其他类型的护肤化妆品来说，含有油性润肤剂是其最大的特点。可以滋润肌肤，有效修护皮肤的脂质层油脂膜。产品的特性及其最终效果和油相的组分也有密切的关系。W/O 型乳状液产品的稠度主要取决于油相的熔点，所以油相的熔点一般不超过 37 ℃；而 O/W 型乳状液产品的油相熔点远远超过 37 ℃。另外，乳化剂和生产方法也能改变油相的物理特性并最终表现在产品的性质上。矿油是在许多膏霜中最常用的、作为油相主要载体的原料。在某些产品中也应用它的本身特点，如在清洁霜中作为类脂物的溶剂，在发膏中作为光亮剂和定型剂，肉豆蔻酸异丙酯、鲸蜡醇乙基己酸酯、异壬酸异壬酯、棕榈酸乙基己酯等液体酯类适宜作为非油腻性膏霜的油相载体。蜡类用于油相的增稠，促进封闭膜的形成和留下一层非油腻性膜，硬脂酸锂和硬脂酸镁等金属皂在 150~170 ℃ 时分散于矿油中，可使矿油增稠形成类似凡士林的凝胶。亲油胶性黏土分散于油中能形成触变性的半固体。矿油中也可加入 12-羟基硬脂酸使其凝胶化。油相也是香料、防腐剂、色素以及某些活性物质（如维生素 A、维生素 D 和维生素 E 等）的溶剂，颜料也可分散在油相中。相对来说，油相中的配伍禁忌较水相少得多。

2. 水相原料确定

在膏霜乳液类化妆品中，水相是许多有效成分的载体。作为水溶性滋润物的各种保湿剂，如甘油、山梨醇、丙二醇和一些水溶性保湿剂等，能防止 O/W 型乳状液的干缩；作为水相增稠剂的亲水胶体，如纤维素胶、海藻酸钠、鹿角菜胶、黄蓍树胶、羟基聚甲烯化合物、硅酸镁铝胶等，能使 O/W 型乳状液增稠和稳定，在保护性手用霜中起到阻隔剂的作用；各种电解质，如抑汗霜中的铝盐、卷发液中的硫代乙醇酸铵和在 W/O 型乳状液中作为稳定剂的硫酸镁等，都是溶解于水中的；许多防腐剂和杀菌剂，如咪唑烷基脲、季铵盐、氯化酚类和对羟基苯甲酸酯等也是水相中的组分；此外还有营养霜中的一些活性物质，如水解蛋白、人参浸出液、珍珠粉水解液、蜂王浆、水溶性维生素及各种酶制剂等。

（四）选择乳化剂的一般原则

乳化剂是多功能的，其乳化作用的能力、产生乳液的类型和稳定性不仅与乳化剂的类型和浓度有关，而且与体系中各组分之间的配伍性有关。

1. 选择乳化剂的原则

（1）在所应用的体系中具有较高的表面活性，产生较低的界面张力。

（2）在界面上必须通过自身的吸附或其他被吸附的分子形成相当结实的吸附膜。

（3）乳化剂必须以一定的速度迁移至界面，使乳化过程中体系的界面张力及时降至较低值。

因此，从乳化剂亲水－亲油平衡的角度，选择乳化剂一般应有以下考虑：油溶性的乳化剂倾向形成 W/O 型乳状液；油溶性乳化剂与水溶性乳化剂的混合物产生乳液的质量和稳定性优于单一乳化剂产生的乳状液；油相的极性越大，乳化剂应是更亲水的，被乳化的油类越是非极性，乳化剂应是更亲油的。

实际应用中，化妆品和其他日化制品的乳状液是较复杂的，在设计乳状液（包括膏霜、乳液）的配方时，除了按上述原则选择乳化剂的理化性质外，还需要考虑到化妆品本身的特性和功能。从产品的稳定性考虑，可以适当提高乳化剂的添加量，但是化妆品的安全性却要求尽可能地降低乳化剂的含量，产品必须不会对皮肤有刺激作用。化妆品带有消费品属性，消费者的喜爱直接影响到产品的销售，除提高感官体验（如黏度、涂抹分散性、触变性、润滑、油性和干性、被皮肤吸收快慢和怡人的香味等）外，还需考虑到产品价格定位、经济成本和市场供应等情况。

2. 常见乳化剂选择的方法

（1）亲水－亲油平衡值（HLB 值）法。亲水－亲油平衡值法（hydrophile-lipophile balance），简称 HLB 值法。乳化剂的分子是两亲性分子，含有亲水基团和亲油基团，不同乳化剂分子中的亲水和亲油基团的大小和强度均不同。前人在大量实验的基础上提出：各种乳化剂的亲水性质和亲油性质都可用一个亲水－亲油平衡值（即 HLB 值）表示。

现在乳化剂的 HLB 值，均以石蜡的 $HLB=0$，油酸的 $HLB=1$，油酸钾的 $HLB=20$，十二烷基硫酸酯钠盐的 $HLB=40$ 作为参考标准。其他乳化剂的 HLB 值通过乳化实验对比乳化效果，分别直接地或间接地确定其 HLB 值，一般处于 $0\sim40$。现在也可以通过一些经验和半经验的公式计算。非离子表面活性剂的 HLB 值处于 $1\sim20$，阳离子和阴离子表面活性剂的 HLB 值则为 $1\sim40$。

HLB 值可以通过对已知 HLB 值的乳化剂（一个亲水，另一个亲油）获得，一些常用乳化剂可以从文献资料查得 HLB 值数据。将两者按不同比例混合，用混合乳化剂制备一系列乳状液，找出乳化效果最好的混合乳化剂，其 HLB 值便是该油相所需的 HLB 值。另外，还有一种简单地确定被乳化油相所需 HLB 值的方法：目测油滴在不同 HLB 值乳化剂水溶液表面的铺展情况，当乳化剂 HLB 值很大时油完全铺展，随着 HLB 值减小，铺展变得困难，直至在某一 HLB 值时乳化剂溶液上油刚好不展开时，此乳化剂 HLB 值近似为乳化油所需的 HLB 值，这种方法操作简便，所得结果有一定参考价值。

在实际配方中,往往使用两种或两种以上的乳化剂。不同 HLB 值乳化剂的结合使用,其混合后的 HLB 值同混合油相所需 HLB 值一样,具有加和性。即乳化剂 a 和乳化剂 b 按一定比例混合后的 $HLB_{混}$ 可通过下式计算得出:

$$HLB_{混} = HLB_a \times A\% + HLB_b \times B\%$$

式中,$HLB_{混}$、HLB_a 和 HLB_b 分别为混合体系、乳化剂 a 和乳化剂 b 的 HLB 值;A% 和 B% 的分别为乳化剂 a 和乳化剂 b 在混合物中所占的质量分数。

例如,45% Span-20（HLB = 8.6）与 55% Tween-20（HLB = 16.7）组成的混合乳化剂。此混合物的 HLB 值 = $8.6 \times 45\% + 16.7 \times 55\% = 13.1$。

HLB 值法是一很有价值的理论,实际上由于高分子聚合物和粉体在体系的应用,出现很多超过 HLB 值理论范围仍然能制成稳定乳化体系的实例。

（2）相转变温度（PIT）法。相转变温度（PIT）法是通过温度、非离子表面活性剂、油、水组成的三柱相图,研究随着温度上升导致 O/W 乳状液向 W/O 乳状液的相转变温度的方法。

PIT 法与 HLB 值法相比较,PIT 法考虑的因素更多,包括油水相、乳化剂比例和浓度、乳化剂的类型、水相或油相的添加物、相体积、乳化温度、乳液的类型、离子表面活性剂的情况、乳化工艺等,更科学、更接近实际应用,但 PIT 法比较烦琐。

其他乳化剂选择方法包括利用乳化实验、激光粒度仪（测粒径）以及感官评价等方法筛选不同类型乳化能力、稳定性、肤感的乳化剂。

确定要筛选的乳化剂,选择合适的配方,采用控制变量的方法,只改变乳化剂的种类,其余不变,制作出不同的样品。通过激光粒度仪检测样品粒径来比较乳化能力,进行耐热试验、耐寒试验、耐热耐寒交替试验测试其稳定性,再对比不同乳化剂对于肤感的影响进行感官评价试验。通过这个方法可以更加明确乳化剂本身对于乳化体系的影响,对以后进行乳化剂筛选有一定指导作用。

二、润肤乳液质量标准

润肤乳液的质量指标见表 2 - 4。

表 2 - 4　　润肤乳液的质量指标

	项目	水包油型（O/W）	油包水型（W/O）
感官指标	外观	均匀一致（添加不溶性颗粒或不溶性粉末的产品除外）	
	香气	符合企业规定	
理化指标	pH 值（25 ℃）	4.0 ~ 8.5（含 α - 羟基酸、β - 羟基酸的产品可按企标执行）	
	耐热	（40 ± 1）℃ 保持 24 h,恢复至室温后分层现象	
	耐寒	（- 8 ± 2）℃ 保持 24 h,恢复至室温后无分层现象	
	离心考验	2 000 r/min,30 min 不分层（添加不溶颗粒或不溶粉末的除外）	

续表

项目		水包油型（O/W）	油包水型（W/O）
微生物学指标	菌落总数/(CFU/g 或 CFU/mL)	≤1 000	
	霉菌和酵母菌总数/(CFU/g 或 CFU/mL)	≤100	
	耐热大肠菌群/(g 或 mL)	不得检出	
	金黄色葡萄球菌/(g 或 mL)	不得检出	
	铜绿假单胞菌/(g 或 mL)	不得检出	
有害物质	汞/(mg/kg)	≤1	
	铅/(mg/kg)	≤10	
	砷/(mg/kg)	≤2	
	镉/(mg/kg)	≤5	

任务实施

对合同订单进行分析评价：根据合作方资质、提供资源、法规要求、质量标准、生产范围、生产能力等做出任务分析评估报告。

任务测评

任务结束后填写任务测评表，见表 2－5。

表 2－5　　　　　　　　　任务测评表

序号	考核内容	考核标准	配分	得分
1	素质考核	课堂出勤率、学习态度、行为规范	30	
2	课堂表现	课堂互动、团队协作、创新建议	30	
3	专业知识	加工协议的解读、膏霜乳液的类型和选择乳化剂的一般原则	40	
		合计	100	

任务二　配方设计、打版与产品质量分析

学习目标

【知识目标】了解并掌握真空乳化机的各个组成部分及其功能。

【技能目标】掌握原料的相关知识和原料的辨识技能；掌握乳化技术相关知识和乳化剂的选择技能；正确操作均质机；掌握乳液的制作流程；按产品制作流程正确完成制作；掌握乳液质量评价及配方改进。

【素养目标】在引导学生进行配方设计、打版以及对产品质量进行分析的过程中，培养

学生的信息素养，培养学生形成基于信息解决问题的基本能力和综合素质，能自觉、有效地获取、评估、鉴别、使用信息；培养学生数字化生存能力，主动适应"互联网+"等社会信息化发展趋势，与时俱进地提升产品配方的质量。

任务引入

打版工作流程表参考附表2。

任务分析

润肤乳液属于膏霜乳液类产品，一般来说，所设计的护肤膏霜和护肤乳液产品有如下特性：

1. 外观洁白美观，或带浅的天然色调，富有光泽，质地油腻。
2. 手感良好，体质均匀，黏度合适，膏霜易于倒出，乳液易于倾出或挤出。
3. 易于在皮肤上铺展和分散，肤感润滑。
4. 擦在皮肤上具有亲和性，易于均匀分散。
5. 使用后能保持一段时间的持续润湿，且无黏腻感。
6. 具有清新怡人的香气。

相关知识

一、配方结构

润肤乳液通常由油脂、水、乳化剂、增稠剂、保湿剂、防腐剂、螯合剂、香精等组成。功效性产品还添加相应的功效成分，制成产品需符合产品执行标准，功效宣称需有文献支持或功效试验等的功效评价。润肤乳液的配方结构表见表2-6。

表2-6　　　　　　　　　　　润肤乳液的配方结构表

结构组成	类别	主要功能	代表性原料
动植物类油脂和蜡	固体类	①固化剂提高产品稳定性 ②赋予摇变性和触变效果 ③改善肤感，增强疏水膜，赋予产品光泽	蜂蜡及其衍生物、鲸蜡、小烛树蜡、十六醇、十八醇、硬脂酸、纯羊毛脂等
	半固体类	①具有固体状油脂和液体状油脂的特性 ②赋予皮肤柔软性、润滑性 ③促进皮肤吸收功效成分 ④形成疏水膜、润肤 ⑤减少摩擦，增加光泽	可可脂、牛油树脂、羊毛脂及其衍生物等
	液体类	①赋予皮肤柔软性、润滑性 ②促进皮肤吸收功效成分 ③形成疏水膜、润肤 ④减少摩擦，增加光泽	橄榄油、杏仁油、小麦胚芽油、山茶油、鳄梨油、角鲨烷、各种植物油溶性提取物等

续表

结构组成	类别	主要功能	代表性原料
矿物类蜡和油脂、合成油脂及半合成油脂	固体类	①固化剂提高产品稳定性 ②赋予摇变性和触变效果 ③改善肤感，增强疏水膜，赋予产品光泽	微晶蜡、固体石蜡、十六醇、十八醇、十六十八醇硬脂酸等
	半固体类	①皮肤柔软性、润滑性 ②促进皮肤吸收功效成分 ③形成疏水膜、润肤 ④减少摩擦，增加光泽	凡士林等
	液体类	①赋予皮肤柔软性、润滑性 ②促进皮肤吸收功效成分 ③形成疏水膜、润肤	液体石蜡、支链脂肪醇、甘油三酯类、异壬酸异壬酯、聚二甲基硅氧烷、异十二烷、异十六烷、辛基十二醇等
乳化剂	水包油型	水包油乳化剂	吐温系列乳化剂、蔗糖硬脂酸酯、PEG10（20）甲基葡萄糖苷、鲸蜡硬脂基葡糖苷等，高分子聚合物乳化剂（Sepigel 305、乳化剂 338）等
	油包水型	油包水乳化剂	司盘系列乳化剂、硬脂醇醚-2、聚二甲基硅氧烷聚醚共聚物（EM 90）、乳化剂 P-135、乳化剂 TGI 等
保湿剂	—	①角质层保湿 ②改善使用感觉 ③溶解作用	甘油、丙二醇、丁二醇、氨基酸、吡咯烷酮羧酸钠、葡萄糖脂类、透明质酸钠、神经酰胺等
水溶性聚合物	—	①助乳化剂 ②分散和悬浮作用 ③增强稳定性 ④调节流变性	汉生胶、丙烯酸系聚合物、硅铝酸盐等
pH 调节剂	—	调节 pH 值	氢氧化钠、三乙醇胺、精氨酸等
抑菌	准用防腐剂	抑菌，使产品对微生物稳定	羟苯甲酯、羟苯丙酯、咪唑烷基脲、甲基噻唑啉酮、碘丙炔醇丁基氨甲酸酯、苯氧乙醇等
	无受限制抗菌原料	未上《化妆品安全技术规范》（2015 年版）中的化妆品准用防腐剂（表5），有抑菌，使产品对微生物稳定作用	辛甘醇、戊二醇、辛酰羟肟酸、甘油辛酸酯、对羟基苯乙酮等
抗氧化剂	—	抑制和防止产品氧化引起的酸败	丁羟甲苯（BHT）、丁羟茴醚（BHA）、生育酚等
螯合剂	—	使金属离子螯合，防止产品变色、褪色，对防腐有协同作用	EDTA-二钠（EDTA-Na$_2$）、EDTA-四钠（EDTA-Na$_4$）等
着色剂	—	赋予产品颜色	各种化妆品允许使用色素
香精	—	产品赋香	各种化妆品用香精
活性成分	—	赋予产品特定功效	各种营养成分及功效成分
水	—	起溶解、稀释的作用	纯化水

二、原料性质和选择

(一) 常见乳化剂的结构、性质和选择

乳化剂是具有乳化作用的表面活性剂,能使油脂类均匀分散于水相中。目前水包油护肤类产品的乳化剂多采用非离子型乳化剂。要根据产品的成本、使用肤感选择不同的乳化剂,可选用聚乙二醇聚醚、烷基磷酸酯钾盐等;复配含聚丙烯酸钠、聚丙烯酰胺等高分子的乳化剂,可以制得高光泽亮丽产品,同时起到一定的悬浮作用,且膏体稠度受温差影响小,乳化剂类型、代表原料及特点见表2-7。

表2-7　　　　　　　　　　乳化剂类型、代表原料及特点

序号	乳化剂类型	代表原料	特点
1	吐温60/司盘60	聚山梨酯-60/山梨坦硬脂酸酯	安全,乳化能力一般,肤感重
2	甘油硬脂酸酯/硬脂酸皂	甘油硬脂酸酯/硬脂酸+三乙醇胺	不耐电解质,乳化能力强,肤感重,价格低
3	甘油硬脂酸酯/PEG-100硬脂酸酯	乳化剂A165(甘油硬脂酸酯/PEG-100硬脂酸酯)	应用广泛,价格低
4	脂肪醇聚醚复合乳化剂	乳化剂72/721(硬脂醇聚醚-2/硬脂醇聚醚-21)、乳化剂A6/A25(鲸蜡硬脂醇聚醚-6/鲸蜡硬脂醇聚醚-25)	耐电解质,乳化能力强
5	鲸蜡基磷酸酯钾盐	鲸蜡基磷酸酯钾盐	乳化能力强,不需电解质,对粉类有分散作用
6	葡糖苷类乳化剂	乳化剂M68(鲸蜡硬脂基葡糖苷/鲸蜡硬脂醇)	生物可降解,一定增稠作用,提高膏体触电变性
7	含聚丙烯酰胺的复配乳化剂	乳化剂338或乳化剂ET58或乳化剂SEPIGEL 305	具有增稠能力,一般可不考虑 HLB 值限制,可做冷配方,也可在水包油配方后期调节黏度

乳化剂的选择可根据乳化剂的特点来复配,以稳定、安全、外观感官评价符合消费者需求为前提。

1. 乳化剂A165

INCI中文名称:甘油硬脂酸酯、PEG-100硬脂酸酯。

别名:乳化剂A165。

外观(25 ℃):白色至淡黄色固体颗粒。

气味(25 ℃):轻微特征气味。

熔点:50~60 ℃。

酸值(mg/g):≤3.0。

皂化值（mg/g）：80~100。

乳化剂 A165 是一种自乳化型单硬脂酸甘油酯类非离子乳化剂，广泛使用在个人护理品（如膏霜、露液、彩妆等）中。它使用方便，性能优异，对非极性油有很好的乳化稳定作用，并且可在酸性条件下使用。在 pH 值为 3.5~9 的产品中具有良好的稳定性，广泛应用于面霜、身体乳、皂基洗面奶等配方中。

2. 乳化剂 338

INCI 中文名称：聚丙烯酰胺、矿油、月桂醇聚醚-7。

别名：Feligel-338。

黏度（25 ℃，mPa·s）：300~1 500。

挥发分（%）：≤10%。

外观（25 ℃）：白色至米黄色乳液。

乳化剂 338 是一种具有出色乳化和稳定能力的高分子增稠剂，其独特的聚丙烯酰胺球状结构与传统意义上的乳化剂相比较，具有简便高效的优点；只需在室温下，低速剪切，便能制得洁白亮丽的膏体，因而广泛地应用于膏霜、乳液、弹力素及膏状凝胶等产品中。

（二）常见水相原料的性质及选择

保湿剂能防止表皮角质层水分的流失，保持化妆品本身水分，有助于保持整个产品体系稳定性。

因乳状液有一定的流动性，黏度偏低，容易出现分层，所以添加黄原胶作为增稠悬浮剂，使产品在货架期内不容易分层。

1. 黄原胶

INCI 中文名称：黄原胶。

别名：汉生胶。

来源：由芜菁甘蓝分离出来的野油菜单胞菌科以糖类化合物为主要原料，经培养发酵制得的多糖。

性质：市售黄原胶为米白色至淡黄色粉末，在良好的搅拌分散情况下，易溶于冷、热水中，溶液呈中性，遇水分散，乳化变成稳定的亲水性黏稠胶体。

黄原胶具有一些独特性质，对物理（如剪切、热）和化学（如酶）作用具有较好的耐受性；呈现假塑性，在剪切力（如混合、泵压、分散和使用等）作用下可令黏度瞬时可逆降低并恢复，从而改善加工性、稳定性和润滑性。黄原胶对盐也具有良好的耐受性，即使有金属离子（如 Na^+、Mg^{2+}、Ca^{2+}）的情况下也容易在水中发生水合作用。它对皮肤无刺激性。

应用：在乳液、粉底液、防晒乳等产品中，可作为悬浮剂、稳定剂、增稠剂等。加入量一般为 0.1%~0.6%（质量分数）。

2. 甘油

INCI 中文名称：甘油。

别名：丙三醇。

分子式：$C_3H_8O_3$。

性质：无色、无臭、有甜味、透明的浓稠液体。可与乙醇或水混溶，不溶于氯仿、醚、二硫化碳、苯、油类。可溶解某些无机物，有吸水性。

熔点：17.8 ℃。

沸点：290.9 ℃。

相对密度：1.26（20 ℃）。

折射率：1.474 6。

能在皮肤上形成一层薄膜，有隔绝空气和防止水分蒸发的作用，能够使皮肤保持柔软，起到良好的保湿作用和防止皮肤冻伤的作用。浓度过高的甘油会有刺激性，且因为吸湿效果太好，反而可能会直接从皮肤中吸收水分，使皮肤变得格外干燥或皱裂。

应用：甘油可以保湿，还可以很好地分散粉类原料，因此广泛应用在防晒霜、粉底等产品中，被称为最便宜的保湿剂之一，也可以作为防冻剂等。

3. 丙二醇

INCI 中文名称：丙二醇。

别名：1,2-丙二醇、甲基乙二醇。

分子式：$C_3H_8O_2$。

性质：常态下为无色、无臭，具有咸味、吸湿性的黏稠液体。可与水、乙醇、乙醚混溶。

熔点：−27 ℃。

沸点：约210 ℃。

闪点：79 ℃。

相对密度：1.05（20 ℃）。

折射率（20 ℃）：1.440。

应用：丙二醇在化妆品中可用作保湿剂和溶解性醇类，也可以作为防冻剂等。

（三）常见油相原料的性质及选择

油相原料主要是油脂类，油脂类在护肤类产品中可使皮肤光滑、滋润、富有弹性，也可以使干燥的皮肤和硬化的角质层再水合，使角质层恢复柔软和弹性。一般分为动植物油脂、合成油脂和矿物油脂。

1. 鲸蜡醇乙基己酸酯

INCI 中文名称：鲸蜡醇乙基己酸酯。

别名：异辛酸十六酯、海鸟羽毛油、EHO。

分子式：$C_{24}H_{48}O_2$。

外观（25 ℃）：无色至淡黄色透明液体，几乎能与所有化妆品用油脂互溶。

气味（25 ℃）：无味或极淡气味。

酸值（mg/g）：≤0.3。

皂化值（mg/g）：140～160。

折光率（20 ℃）：1.440~1.450。

鲸蜡醇乙基己酸酯且具有良好的透气性、铺展性、分散性和滋润性等优点。使用后能赋予肌肤滋润柔软、不油腻的愉悦肤感，这些特性符合护肤品清爽、柔软、滋润、保湿和质感好的要求。

应用：可作为基础油脂，用于润肤类产品。

2. 异十六烷

NCI 中文名：异十六烷。

别名：异构十六烷、异构烷烃 ISL。

外观（25 ℃）：无色至澄清透明油状液体。

密度（15 ℃，g/mL）：0.775~0.805。

折光率（20 ℃）：1.420~1.460。

异十六烷是一种中等相对分子质量的饱和异构烷烃，具有丝般滑爽的肤感，对皮肤安全无刺激，是挥发性硅油良好的替代品。对皮肤温和，而且易于乳化，使制得的膏霜、乳液或粉底等产品易于稳定。同时因其表面张力非常低、铺展力好，使得其制品表现出良好的铺展性能。

应用：用于油包水体系中，对改善油腻性、增加产品清爽性有很大帮助。

3. 棕榈酸异丙酯

INCI 中文名称：棕榈酸异丙酯。

别名：IPP。

分子式：$C_{19}H_{38}O_2$。

性质：无色透明油状液体，无臭、无味。溶于乙醇、乙醛、氯仿，不溶于水。

密度：0.85 g/cm^3。

凝固点：11 ℃。

应用：主要用作润肤剂，能赋予化妆品良好的涂敷性，对皮肤有较好的亲和性，易被皮肤组织吸收，从而使皮肤柔软。广泛用于浴油、毛发调理剂、护肤霜、防晒霜、剃须膏等化妆品中。一般推荐用量为 2%~10%。

4. 肉豆蔻酸异丙酯

INCI 中文名称：肉豆蔻酸异丙酯。

别名：IPM。

分子式：$C_{17}H_{34}O_2$。

性质：无色透明油状液体，不溶于水，能与醇、醚、亚甲基氯、油脂等有机溶剂混溶。对皮肤有极好的渗透、滋润和软化作用。

应用：主要用作润肤剂。

5. 液体石蜡

INCI 中文名称：矿油。

别名：白矿油、白油、液状石蜡。

来源：炼油生产过程中烃类（沸点范围 315~410 ℃）的馏分。

组成：主要由正构烷烃组成，含有少量的异构烷烃、环烷烃和苯基烷烃等。

性质：无色、无臭、无味黏性液体，加热后稍有石油气味，对酸、热和光都很稳定，不溶于水、冷乙醇和甘油，溶于二硫化碳、乙醚、氯仿、苯和热乙醇。除蓖麻油外，与大多数脂肪油均能混溶。

化妆品中的液体石蜡有不同的牌号，不同的牌号实际上是对应不同的运动黏度和闪点，其性质见表 2-8。

表 2-8　　　　　　　　　　化妆品中液体石蜡不同牌号的性质

牌号	10	15	26	36
运动黏度（40 ℃），$v/(mm^2/s)$	7.6~12.4	12.5~17.5	24~28	32.5~39.5
闪点（开口）/℃	140	150	160	160

应用：用于发油、发乳、发蜡条、发霜、冷霜、洗脸奶等各种乳化制品的油相原料，也是固融体油膏的重要原料。它对皮肤没有不良作用，不会产生急性（一次）刺激和过敏，也可用于食品。

6. 鲸蜡硬脂醇

INCI 中文名称：鲸蜡硬脂醇。

别名：十六十八醇。

性质：白色或奶油色腻滑的团块，或近白色薄片或颗粒。具微弱的特殊气味，味温和。

熔程：43~53 ℃。

相对密度：约 0.816（60 ℃/4 ℃）。

鲸蜡硬脂醇是十六醇和十八醇的混合物，加热则融成透明、无色或淡黄色液体，无悬浮物。不溶于水，溶于乙醚、氯仿、植物油，微溶于乙醇和轻质石油醚。

应用：作为润肤剂、助乳化剂、油脂增稠剂用于乳化类护肤品，也可以作为赋脂剂用于护发、洗发等产品中。

7. 聚二甲基硅氧烷

INCI 中文名称：聚二甲基硅氧烷。

别名：二甲基硅油。

结构式：

性质：无色透明的挥发性液体至极高黏度的液体。

常用的液态聚二甲基硅氧烷黏度范围在 100~300 000 cst，某品牌液态聚二甲基硅氧烷的典型性质见表 2-9。

表2-9　　　　　某品牌液态聚二甲基硅氧烷的典型性质

	50 cst	100 cst	200 cst	350 cst	1 000 cst	600 000 cst
颜色 APHA	35 最大值	<10	<10	<10	<10	<10
相对密度（25 ℃/15.6 ℃）	0.960	0.965	0.965	0.970	0.971	0.97
闪点（开口杯）/℃	>285	>315	>315	>315	>321	>315
倾点/℃	-70	-65	-65	-65	-50	-40
表面张力（25 ℃）/(mN·m^{-1})	20.8	20.9	21.0	21.1	21.2	21.5

常用聚二甲基硅氧烷互溶性见表2-10。

表2-10　　　　　常用聚二甲基硅氧烷互溶性

物质类型	黏度 100 cst	350 cst	物质类型	黏度 100 cst	350 cst
水	I	I	矿油（轻质，或重质）	I	I
醇类：乙醇（95%）	I	I	油酸	I	I
异丙醇	I	I	石蜡	I	I
硬脂醇	I	I	矿脂	I	I
蜂蜡	I	I	丙二醇	I	I
乙二醇硬脂酸酯	I	I	环聚二甲基硅氧烷	C	C
甘油	I	I	苯基聚三甲基硅氧烷	C	C
硬脂酸酯	I	I	乙醚	C	C
肉豆蔻酸异丙酯	C	C	萘	C	C
羊毛脂	I	I	—	—	—

注：试验比例：10∶1，1∶1和1∶10；C=互溶，I=不互溶。

（四）常见辅助原料的性质及选择

防腐剂可以防止微生物引起膏霜腐败变质。常见的防腐剂有羟苯甲酯、羟苯丙酯、苯氧乙醇，如果要做无防腐剂添加的产品，可添加具有无受限抗菌原料，如乙基己基甘油、辛甘醇、辛酰羟肟酸、甘油辛酸酯、对羟基苯乙酮等。

1. 对羟基苯甲酸酯类

对羟基苯甲酸酯俗称尼泊金酯，化妆品常用的对羟基苯甲酸酯类包括羟苯甲酯、羟苯乙酯、羟苯丙酯、羟苯丁酯及其盐，多数是钠盐等。

2015年初，欧盟委员会颁布了两项指令，旨在降低对羟基苯甲酸丙酯和对羟基苯甲酸丁酯的最大使用浓度，并且禁止其在婴幼儿产品中使用。同时禁止化妆品中使用对羟基苯甲酸异丙酯、异丁酯、苯酯、苄酯及戊酯等五种对羟基苯甲酸酯。

对羟基苯甲酸酯类性质对照表见表2-11。

表 2-11 对羟基苯甲酸酯类性质对照表

名称	对羟基苯甲酸甲酯	对羟基苯甲酸乙酯	对羟基苯甲酸丙酯	对羟基苯甲酸丁酯
INCI 中文名称	羟苯甲酯	羟苯乙酯	羟苯丙酯	羟苯丁酯
性状	白色针状结晶或无色结晶	白色结晶或结晶性粉末,有特殊香味	白色结晶,有特殊气味	白色结晶粉末,稍有特殊臭味
熔点/℃	125~128	115~118	95~98	69~72
相对密度	1.209	1.078	1.0630	1.280
溶解性	微溶于水,易溶于乙醇、乙醚、丙酮等有机溶剂	易溶于乙醇、乙醚和丙酮,微溶于水、氯仿、二硫化碳和石油醚	微溶于水,溶于乙醇、乙醚、丙酮等有机溶剂	微溶于水,溶于醇、醚和三氯甲烷
限用量	单一酯 0.4%（以酸计）；混合酯总量 0.8%（以酸计）；且其丙酯及其盐类、丁酯及其盐类之和分别不得超过 0.14%（以酸计）			

对羟基苯甲酸酯类较难溶于水，使用时要先用溶剂预溶解后再加入水中，或在放入水中后加热溶液保证完全溶解，是一种广谱抗菌剂，对霉菌有较强的抑制能力，通常用于膏霜类化妆品中。使用 pH 值范围为 4~9，抗真菌活性最高，抗革兰阳性菌活性次之，抗革兰阴性菌活性较弱。有强氢键的化合物（如高乙氧基化的化合物、甲基纤维素、乙二醇、聚乙烯咯烷酮、吐温类、PEG-40 硬脂酸酯、蛋白质或卵磷脂等）可能会与对羟基苯甲酸酯类作用而降低其抗菌性能。一般将对羟基苯甲酸甲酯和对羟基苯甲酸丙酯一起使用，并与其他防腐剂复配使用。

2. 苯氧乙醇

INCI 中文名称：苯氧乙醇。

别名：乙二醇苯醚，二苯氧基乙醇、苯氧基乙醇。

分子式：$C_8H_{10}O_2$。

性质：稍带芳香气味的油状液体，味涩。溶于水，可与丙酮、乙醇和甘油任意混合。

相对密度：1.102。

熔点：14 ℃。

沸点：245 ℃。

化妆品中苯氧乙醇的最大允许浓度为 1.0%（质量分数）。苯氧乙醇对绿脓杆菌有较强的杀灭作用，对其他革兰阴性细菌和革兰阳性细菌作用较弱。常与对羟基苯甲酸酯类、脱氧乙酸和山梨酸复配使用。一般添加丙二醇、乙醇，以增加它的溶解度。苯氧乙醇添加至各类配方中，具有防腐作用和一定的乳化作用，对于水类透明配方的透明度有一定影响，需加入适量增溶剂。

（五）功效成分的选择

功效成分是对功效宣称起作用的成分，保湿功效成分如甘油、丙二醇、山梨醇、透明质酸钠、聚谷氨酸钠、肌醇、泛醇、芦荟提取物等。

三、设备

(一) 真空乳化机的结构和工作原理

1. 真空乳化机的结构

真空乳化机是膏霜乳液类化妆品生产最常用的乳化设备。真空乳化机内装有多种类型的搅拌器,确保物料可充分混合和乳化。真空乳化机搅拌和均质时液流状态图如图 2-1 所示。

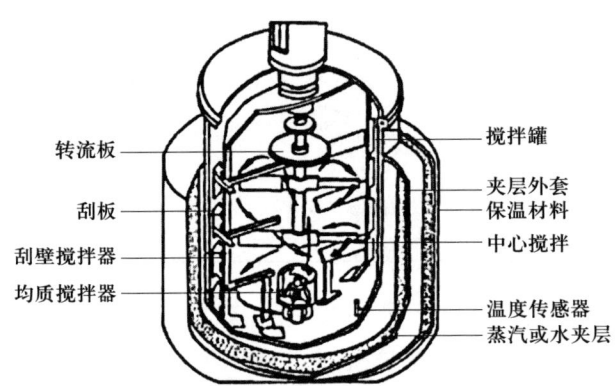

图 2-1 真空乳化机搅拌和均质时液流状态图

2. 真空乳化机的工作原理

物料在水锅、油锅内通过加热、搅拌进行混合反应后,由真空泵吸入乳化锅,通过乳化锅内上部的中心搅拌,聚四氟乙烯刮板始终围绕搅拌锅形体,扫净挂壁粘料,使被括取的物料不断产生新界面,再经过叶片与回转叶片地剪断、压缩、折叠,使其搅拌、混合而向下流往锅体下方的均质器处,物料再通过高速旋转的切割轮与固定的切割套之间所产生强力地剪断、冲击、乱流等过程,物料在剪切缝中被切割,迅速破碎成 200 nm~2 μm 的微粒。由于乳化锅内处于真空状态,物料在搅拌过程中产生的气泡被及时抽走。

真空乳化机一般有可调速刮壁搅拌、高低速均质和抽真空的功能。抽真空一方面能消除生产过程产生的泡沫,使膏体更亮丽,另一方面可在真空状态下抽吸物料。

注意:由于真空乳化机的均质头属于精密组件,加入真空乳化罐的物料必须经过过滤,防止工具、螺钉或异物进入真空乳化罐,使均质头卡死或损坏。

(二) 实验室乳化机使用及注意事项

一般实验室乳化机为可移动、可拆卸的设备,由于均质器速度较高,要注意不能在无水或物料下开启均质电机,防止均质头卡死或损坏。均质头在使用后可拆卸清洗的,使用前需清洗再组装正确后使用。

四、膏霜乳液类工艺

(一) 工艺流程

膏霜乳液类工艺流程图如图 2-2 所示。

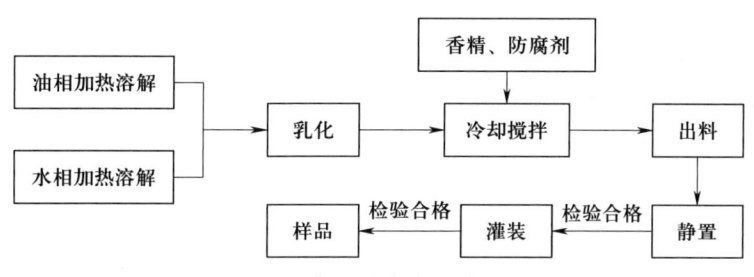

图 2-2 膏霜乳液类工艺流程图

（二）工艺要点

1. 原料的储存

原料要按供应商提供的储存要求存放，一般应置于阴凉干燥环境中，同时避免日光直射。对储存有特别要求的原料要根据具体要求存放。开封后的原料，取料后要密封好，避免吸潮、氧化和污染。

2. 预处理

（1）油相的配制。将油、脂、蜡、乳化剂和其他油溶性成分加入夹套溶解锅内，开启蒸汽加热，在不断搅拌条件下加热至 80 ℃，使其充分熔化或溶解均匀后待用。要避免过度加热和长时间加热，以防止原料成分氧化变质。容易氧化的油分、防腐剂和乳化剂等可在临近乳化操作时加入油相，溶解均匀，即可进行乳化。

（2）水相的配制。先将纯化水加入夹套溶解锅中，将水溶性成分（如甘油、丙二醇、山梨醇、水溶性乳化剂等）加入其中，搅拌下加热至 85 ℃，维持 30 min 灭菌，然后冷却至 70~80 ℃待用。如配方中含有水溶性聚合物，可选择单独配制，将其溶解在水中，在室温下充分搅拌使其均匀溶胀，防止结团，如有必要可进行均质，在乳化前加入水相。要避免长时间加热，以免引起黏度变化。为补充加热和乳化时挥发掉的水分，可按配方多加 3%~5%（质量分数）的水，精确数值可在第一批制成后分析成品水分而求得。

3. 关键原料的投料

（1）卡波姆的加入。以卡波姆做增稠剂，一般在乳化后再加入中和剂进行中和，此时黏度会明显提高，降温至 40~45 ℃，加入预混增溶的香精及其他原料，搅拌混合至所有原料完全溶解。

（2）香精的加入。香精是易挥发性物质，而且其组成十分复杂，在温度较高时，不但容易损失，而且会发生一些化学反应，使香味变化，也可能引起颜色变深。因此，一般化妆品是在后期且温度在 45 ℃以下时加入香精。

（3）防腐剂的加入。防腐剂的加入要依据其溶解性和温度敏感性。乳液类化妆品含有水相和油相，常用的防腐剂如果是水溶性的，可在其耐受温度下加入水相；如果是油溶性的，常把防腐剂先加入油相中然后再乳化。对于 O/W 型乳化体，更好的方式是待油水相混合乳化完全后加入，这样水相中的防腐剂浓度最大。防腐剂大多不耐高温，需在低温时加入。但加入时温度不能过低，否则混合不均匀。有些固体的防腐剂最好先用溶剂溶解后再加入。

4. 乳化过程

乳化过程中，油相和水相的加入方式（油相加入水相或水相加入油相）、混合速度、搅拌条件、乳化温度和时间、乳化剂的结构和种类等对乳化体粒子的形状及其分布状态都有很大影响。乳化过程的条件影响乳化体的稠度、黏度和乳化稳定性。

（1）搅拌条件。乳化体颗粒大小与搅拌强度和乳化剂用量有关，强烈搅拌对降低颗粒大小并不一定有效，且容易将空气混入其中。一般情况下，在开始时采用较高速搅拌对乳化有利，在乳化结束进入冷却阶段后，改为中速或慢速搅拌，这样可减少空气混入。

（2）加入方式。在制备 O/W 型乳状液时，采用反相的方法可以获得更小、更均匀的粒径分布，即在激烈的持续搅拌下将水相加入油相中，且高温混合较低温混合效果好。在制备 W/O 型乳状液时，可以在不断搅拌下，将水相慢慢地加到油相中去，可制得内相粒子均匀、稳定性和光泽性好的乳化体。

（3）混合速度。

①内相加入的速度和机械搅拌的快慢对乳化效果十分明显，可能形成内相完全分散的良好乳化体系，也可能形成乳化不好的混合乳化体系，后者主要是内相加得太快或机械搅拌慢所造成。

②对于内相浓度较高的乳化体系，内相应该缓慢加入；对于内相浓度较低的乳化体系，内相可相对快些加入。如果搅拌桨的搅拌效果差，则需要采用高效乳化设备，提高乳化的剪切速度。

③由于化妆品组成较为复杂，配方与配方之间有时差异很大，对于任何一个配方，都应进行加料速度试验，以求最佳的混合速度，制得稳定的乳化体。

（4）均质速度。均质的速度和时间因不同的乳化体系而异。含有水溶性聚合物的体系，均质的速度和时间应加以严格控制，以免过度剪切，破坏聚合物的结构，造成不可逆的变化，改变体系的流变性质。如配方中含有温度敏感的添加剂，则应在乳化后较低温下加入，以确保其活性，但应保证其溶解充分或分散均匀。

（5）乳化温度控制。乳化温度包括乳化时与乳化后的温度。由于温度对乳化剂溶解性和固态油、脂、蜡的熔化产生影响，所以乳化时需要对温度进行控制。如果温度太低，乳化剂溶解度低，固态油脂、蜡未熔化，乳化效果差；如果温度太高，需要的加热和冷却的时间变长，延长生产周期。一般控制油相温度高于其熔点 10~15 ℃，而水相温度则稍高于油相温度。通常膏霜类产品在 70~80 ℃ 条件下进行乳化。

5. 冷却搅拌

冷却搅拌是指将冷却水通入乳化锅的夹套内，边搅拌、边冷却的过程。冷却速度、冷却时的剪切应力、终点温度等对乳化体系的颗粒大小和分布都有影响，必须根据不同乳化体系，选择最优条件。特别是从实验室小试转入大规模工业化生产时尤为要注意。

6. 出料控制

乳化后，乳化体系要冷却到接近室温。卸料温度取决于乳化体系的软化温度，一般应使其借助自身的重力，能从乳化锅内流出为宜。当然也可用泵抽出或用加压空气压出。

出料后取样检测，对于润肤乳液配方一般要测试半成品的 pH 值和黏度是否符合标准要求，其次要与标准样品对比感官指标，合格后出料。

五、产品的质量评价指标

（一）感官指标表（见表 2-12）

表 2-12　　　　　　　　　　　　感官指标表

项目	指标
外观	均匀一致
香气	符合规定香型

（二）理化指标表（见表 2-13）

表 2-13　　　　　　　　　　　　理化指标表

项目	指标
pH 值	4.0~8.5（pH 值在上述范围内的产品按企业标准执行）
耐热	(40±1)℃保持 24 h，恢复至室温后无分层现象
耐寒	(-8±2)℃保持 24 h，恢复至室温后无分层现象

（三）微生物指标表（见表 2-14）

表 2-14　　　　　　　　　　　　微生物指标表

项目	指标
菌落总数/(CFU/g 或 CFU/mL)	≤1 000
霉菌和酵母菌总数/(CFU/g 或 CFU/mL)	≤100

（四）加速试验表（见表 2-15）

表 2-15　　　　　　　　　　　　加速试验表

项目	指标
耐热稳定性试验	(40±1)℃保持 7~30 天，恢复至室温后，观察膏体外观、油水分离现象等
耐寒稳定性试验	(-8±2)℃保持 7~30 天，恢复至室温后，观察膏体外观、油水分离现象等
耐热耐寒循环试验	(40±1)℃保持 7 天，恢复至室温后，(-8±2)℃保持 7 天，恢复至室温后，观察膏体外观、油水分离现象等

（五）感官评价表（见表 2-16）

表 2-16　　　　　　　　　　　　感官评价表

项目	指标	结果
"看"色泽	色泽均匀，柔和与肤色配合融洽度好	

续表

项目	指标	结果
"闻"气味	气味纯正，与标样香型一致	
比较外质地	具有一定的流动性且表面光滑、乳化均匀，无杂质，无乳化体粒子过粗或油水分层现象	
使用感	护肤产品在使用过程中的感官效果一般指使用感（如滑爽、润滑、黏稠、干燥或油腻）、延展性（是否容易涂敷，涂布层均匀度）、清爽度、渗透性等	

六、常见配方工艺问题及其原因解析

膏霜乳液类化妆品是主要的护肤品类型，常见的质量问题有失水干缩、颜色泛黄、膏体泛粗等。

（一）失水干缩

膏霜乳液为 O/W 型乳状液，外相为水相，保质期内造成此类膏体失水干缩的可能原因包括包装容器密封不好、长时间地放置于高温或者寒冷低湿度环境。另外，膏霜乳液中缺少保湿剂时，也会导致失水干缩。

（二）颜色泛黄

颜色泛黄是由于香精或活性成分不稳定或者油脂加热时温度过高引起。香精或活性成分中含有易变色成分，如醛类、酚类等，这些成分在日光照射或与其他原料作用后色泽变黄。因此，无香精的基体及加入香精的基体须进行平行对照稳定性测试，依此判断是否为香精引起的变化。

如果是基体中的成分导致的变色，可能是选用的原料不稳定，易被空气、日光、水分氧化。当存在铜、铁等金属离子时，变色过程加速，故生产时应采用纯化水和不锈钢设备。对于不稳定原料可以改用更为稳定的原料，也可从配方、工艺、包材等几个方面减少或抑制变色的因素。

（三）膏体泛粗

膏体泛粗有可能是乳化剂使用不当、乳化剂质量问题、乳化均质力度不够、原料溶解不充分导致。如高级脂肪酸等固态油性原料受温度波动影响，发生再次溶解析出，可能导致膏体外观变粗。

（四）黏度异常

膏体黏度过大或过小，与增稠剂或固体油相原料有关。若过大，可降低增稠剂或固态油相原料的用量；若过小，则反之。

（五）分层

分层是严重的乳化体被破坏现象，多数是由于配方中乳化剂、增稠剂选择不恰当所致。当膏霜乳液中含有较多电解质时，乳化剂会被盐析，乳化体被破坏。另外，生产工艺也可引起分层，如加料方法和顺序、乳化温度、搅拌时间、冷却速度等不同也会引起膏霜乳液不稳定，所以每批产品的生产应严格按照同样的操作工艺进行。

（六）微生物污染

化妆品中微生物的污染按其来源分为一次污染和二次污染。一次污染包括原料污染、容器污染和生产环境污染，如生产用水微生物指标不达标，加热灭菌时间短，出料温度过高，反应容器及盛料、装瓶容器未彻底清洁，原料被污染，包装放置于环境潮湿、尘多的地方。二次污染是指产品在运输、贮藏、销售以及消费使用过程中，被微生物污染，如储存空间未经紫外线灯的消毒杀菌、使用时不注意卫生、使用后未盖紧盖子等。降低产品微生物污染风险，首先要为配方选择合适的防腐体系并通过防腐效力验证，其次要控制好导致污染的因素，特别要做好对生产用水、原料、包材、生产环节及半成品的微生物检测。

（七）皮肤不良反应

化妆品产生不良反应表现为使用后皮肤刺激、过敏等。可能原因为原料质量不合格，产品pH值太大或太小，生产运输、储存过程中发生微生物污染，不法生产者为追求使用效果而超限度添加限用物质或非法添加激素等药物，消费者未按照说明书指示使用，适用人群、使用部位或使用量不当都有可能导致皮肤不良反应。质量合格的产品由于使用者皮肤条件的差异，也是有可能会发生不良反应的。因此，不能认为发生了不良反应就一定是产品质量存在问题。

（八）搓泥

产品本身含有过多容易导致搓泥的成分（如高分子增稠剂、硅胶弹性体、粉体等）是造成产品在皮肤上涂敷后搓泥的可能原因。产品的叠加使用，也可能出现这种现象，如使用粉底后，再使用含有大量卡波姆的润肤乳液。

》任务实施

一、设计的配方及工艺（参考附表3 配方设计记录表）

二、打样

（一）打样前准备

1. 按实训室6S做好打样前准备。
2. 准备原料和仪器。
3. 设备仪器的清洁消毒。
4. 原料进行预处理。

（二）打样的过程

填打样记录。打样记录表参考附表4。

1. 仪器与原料

（1）仪器：烧杯、玻璃试管、温度计、电炉、搅拌器、玻璃棒、电子天平、pH计、离心管、恒温烘箱、冰箱、高速均质机、旋转黏度计。

（2）原料：纯化水、鲸蜡硬脂醇、乳化剂A165、棕榈酸异丙酯、异壬酸异壬酯、26号白油、肉豆蔻酸异丙酯、鲸蜡醇乙基己酸酯、聚二甲基硅氧烷（DM100，黏度100CS）、聚二甲基硅氧烷、羟苯丙酯、甘油、羟苯甲酯、EDTA-二钠、乳化剂338、黄原胶、苯氧乙醇、香精等。

2. 配方及操作步骤

（1）配方表。润肤乳液配方表见表2-17。

表2-17　　　　　　　　　　润肤乳液配方表

项目	序号	原料商品名	作用	质量分数/%	备注
油相	1	鲸蜡硬脂醇	增稠	0.6	
	2	乳化剂A165	乳化	1.5	
	3	鲸蜡醇乙基己酸酯	增稠	1	
	4	棕榈酸异丙酯	润肤	1	
	5	26号白油	润肤	2	
	6	肉豆蔻酸异丙酯	润肤	2	
	7	异十六烷	润肤	1	
	8	聚二甲基硅氧烷DM100	润肤	1	
	9	羟苯丙酯	防腐	0.1	
水相	10	水	稀释	83.55	
	11	甘油	保湿	5	
	12	黄原胶	保湿	0.2	
	13	羟苯甲酯	防腐	0.1	
	14	EDTA-二钠	螯合剂	0.05	
C	15	乳化剂338	乳化剂、增稠	0.5	
D	16	苯氧乙醇	防腐	0.3	
	17	香精	芳香	0.1	

（2）操作步骤：

①将油相加入烧杯中，搅拌加热至80~85℃溶解，备用；

②将水相中的黄原胶与甘油加入烧杯中分散后，再加入羟苯甲酯、EDTA-二钠和水搅拌加热至80~85℃溶解，备用；

③将C加入已溶解好的油相中，搅拌均匀，再将水相加入油相中，搅拌5 min，以3 000 r/min转速均质2 min；

④降温至45℃时加入D，搅拌10 min；

⑤降温至38~40℃出料。

【操作提示】

1. 操作过程要加1%~2%（质量分数）的补充水。

2. 注意水相、油相配制完成后再加入C。先将C加入油相，搅拌后再将水相加入油相中。

如果是油相加入水相，则需要均质 5~10 min 后加入 C，再均质 5~10 min，操作会更繁杂。

3. 香精、液体状防腐剂和活性物质要低温加入，防止香精挥发或活性成分分解。

三、质量评价及配方改进

（一）打样样品的质量评价

对打样样品进行质量评价，填写润肤乳液质量评价表（O/W），见表 2-18。

表 2-18　　　　　　　　　　润肤乳液质量评价表（O/W）

项目		指标	结果
感官指标	外观	均匀一致	
	香气	符合规定香型	
理化指标	pH 值	4.0~8.5（pH 值在上述范围内的产品按企业标准执行）	
	耐热	（40±1）℃保持 24 h，恢复至室温后无分层现象	
	耐寒	（-8±2）℃保持 24 h，恢复至室温后无分层现象	
	离心考验	2 000 r/min，30 min 不分层	
微生物标准	菌落总数/(CFU/g 或 CFU/mL)	≤1 000	
	霉菌和酵母菌总数/(CFU/g 或 CFU/mL)	≤100	
稳定性试验	耐热稳定性试验	（40±1）℃保持 7~30 天，恢复至室温后，观察膏体外观、油水分离现象等	
	耐寒稳定性试验	（-8±2）℃保持 7~30 天，恢复至室温后，观察膏体外观、油水分离现象等	
	耐热耐寒循环试验	（40±1）℃保持 7 天，恢复至室温后，（-8±2）℃保持 7 天，恢复至室温后，观察膏体外观、油水分离现象等	

（二）打样样品感官评价

对打样样品进行感官评价，填写感官评价表，见表 2-16。

（三）配方改进

根据打样质量评估结果进行分析，确定改进措施和方法。

》 任务测评

任务结束后填写设计任务测评表，见表 2-19。

表 2-19　　　　　　　　　　设计任务测评表

序号	考核内容	考核标准	配分	得分
1	配方设计项目	能准确选用乳液原料设计配方	40	

续表

序号	考核内容	考核标准	配分	得分
2	配方打样项目	能按操作规程进行乳液打样	40	
3	6S 管理	遵守 6S 管理	20	
		合计	100	

任务三　总结与归档

学习目标

【知识目标】能配合生产部门解决生产出现的偏差。

【技能目标】能评价生产产品的质量；能核对订单任务；能审核操作记录；提供检验报告；对产品审核放行；对产品留样及质量追溯管理；总结与归档。

【素养目标】培养学生信息素养中的信息安全意识，能按照规范的流程使用信息，严格把关生产产品的质量，遵守伦理道德；引导学生形成乐善好学的意识，及时将设计结果进行统计、分析、总结归档，能够自主学习，培养终身学习的意识和能力。

任务引入

接上一任务。

任务分析

上一任务已了解课题设计任务，进一步对设计结果进行统计、分析、总结归档。

任务实施

一、设计配方的确认移交

将打样确定配方形成生产工艺规程交给生产部门。

二、订单任务的实现

1. 配合生产部门解决大规模工业化生产出现的偏差。

2. 评价生产产品的质量。

3. 核对订单任务。

4. 审核打版记录。

5. 提供检验报告。

6. 对产品审核放行。

7. 对产品留样及质量追溯管理。

三、总结与归档

1. 将任务实施过程做出总结。
2. 将产品设计、改进、产品生产和质量追溯数据整理归档。

任务测评

任务结束后填写任务测评表，见表 2-20。

表 2-20　　　　　　　　　　任务测评表

序号	考核内容	考核标准	配分	得分
1	素质考核	课堂出勤率、学习态度、行为规范	30	
2	课堂表现	课堂互动、团队协作、创新建议	30	
3	专业知识	任务总结归档能力	40	
	合计		100	

思考与练习

一、单项选择题

1. 乳化剂的选择可根据乳化剂的特点来复配，以（　　）符合消费者需求为前提。
   A. 价格便宜　　　　　　　　　　B. 稳定
   C. 安全　　　　　　　　　　　　D. 外观感官评价
2. 制作乳液时香精可在（　　）℃时加入。
   A. 75~80 ℃　　　　　　　　　　B. 50~60 ℃
   C. 45 ℃以下　　　　　　　　　　D. 100 ℃
3. 制作乳液的乳化温度一般控制在（　　）℃时加入。
   A. 75~80 ℃　　　　　　　　　　B. 50~60 ℃
   C. 45 ℃以下　　　　　　　　　　D. 100 ℃

二、简答题

1. 为什么乳液类产品容易分层？
2. 分析乳液类产品出现膏体泛粗原因，应如何进行调整和改进？
3. 如何控制乳液微生物污染？

课题二　爽肤水配方设计

爽肤水属于化妆水，是常用的一种黏度低、流动性好的液态化妆品，在日常生活中应用较为广泛。其目的是给洗净后的角质层补充水分，使皮肤变柔软，保持正常功能，还具有抑菌、收敛、清洁、营养等作用，即提供润肤、收敛、柔软皮肤的作用。

任务一　接受任务订单

▶ 学习目标

【知识目标】能识读任务书；了解化妆水的类型。

【技能目标】能初步评估订单的可行性（包括生产范围、生产能力、法规符合性等）；掌握化妆水配方设计原则。

【素养目标】在引导学生识读任务书与评估订单可行性的过程中，培养学生形成理性思维，崇尚真知，在理解和掌握化妆水配方设计原则基本的科学原理和方法的过程中，引导学生学会学习，选择或调整学习策略和方法，并且能够根据不同情境和自身实际做到学以致用。

▶ 任务引入

××化妆品公司接到 A 公司的爽肤水 OEM 订单。生产×××牌爽肤水 100 万瓶。

▶ 任务分析

本次 OEM 订单任务为首次业务，需要 A 公司提交配方工艺资料，完成普通化妆品备案。公司研发部按客户提供的需求进行打版，经客户确认后，采购物料投入生产，在供货期内完成产品加工并检验合格。订单内容包括订单品牌、规格、数量、销售的国家或地区（涉及原料和产品的要求）、配方工艺、质量指标、成本核算、交货日期、储运条件等。

由于产品拟在国内销售，产品和所用原料符合《化妆品安全技术规范》（2015 年版）和《已使用化妆品原料目录（2021 年版）》的规定，产品符合行业标准《化妆水》（QB/T 2660—2004）。

▶ 相关知识

爽肤水的质量指标见表 2-21。

表 2-21　　　　　　　　　　　　爽肤水的质量指标

	项目	单层型	多层型
感官指标	外观	均匀液体，不含杂质	两层或多层液体
	香气	符合规定香型	
理化指标	耐热	(40±1)℃保持24 h，恢复至室温后与试验前无明显性状差异	
	耐寒	(5±2)℃保持24 h，恢复至室温后与试验前无明显性状差异	
	pH 值（25 ℃）	4.0~8.5（直测法） （α-、β-羟基类产品除外）	
	相对密度	规定值±0.02	
微生物学指标	菌落总数/(CFU/g 或 CFU/mL)	≤1 000	
	霉菌和酵母菌总数/ (CFU/g 或 CFU/mL)	≤100	
	耐热大肠菌群/(g 或 mL)	不得检出	
	金黄色葡萄球菌/(g 或 mL)	不得检出	
	铜绿假单胞菌/(g 或 mL)	不得检出	
有毒物质	汞/(mg/kg)	≤1	
	铅/(mg/kg)	≤10	
	砷/(mg/kg)	≤2	
	镉/(mg/kg)	≤5	
	甲醇/(mg/kg)	≤2 000 (不含乙醇、异丙醇的化妆水不测甲醇)	

任务实施

对合同订单进行分析评价：根据合作方资质、提供资源、法规要求、质量标准、生产范围、生产能力等做出任务分析评估报告。

任务分析评价报告参考附表1。

任务测评

任务结束后填写任务测评表，见表2-22。

表 2-22　　　　　　　　　　　　任务测评表

序号	考核内容	考核标准	配分	得分
1	素质考核	课堂出勤率、学习态度、行为规范	30	
2	课堂表现	课堂互动、团队协作、创新建议	30	
3	专业知识	对合同订单进行分析评价的能力	40	
		合计	100	

任务二　配方设计、打版与产品质量分析

》学习目标

【知识目标】掌握化妆水体系的基础知识和化妆水类的配方结构及配方设计原则。

【技能目标】掌握化妆水类原料的辨识与选择；熟悉配制设备的构造原理和操作要求；掌握爽肤水的制作流程；正确按产品制作流程完成制作；掌握爽肤水质量评价及配方改进。

【素养目标】通过对化妆水体系相关知识的学习，培养学生在学习中形成正确的情感态度、价值取向和行为方式，对化妆水类原料进行辨识与正确选择，规范制作流程；引导学生勤于反思，在对化妆水进行质量评价与配方改进的过程中，形成对自身学习状态进行审视的意识和习惯，善于提炼与总结经验。

》任务引入

打版工作流程表参考附表2。

》任务分析

一、化妆水体系

化妆水能为皮肤的角质层补充水分，使皮肤变柔软，通过调节皮肤生理机能起到相应的功效。化妆水和乳液相比，所含油分少，使用时有舒爽感，且使用范围广，功能也在不断地扩展，如具有皮肤表面清洁、杀菌、消毒、收敛、防晒、防止皮肤长粉刺或祛除粉刺等。对化妆水的性能要求一般是要符合皮肤生理需求，保持皮肤健康，在使用时有舒爽感，并具有优异的保湿效果以及透明的美好外观。市售化妆水按其目的和功能可分为以下几类。

1. 柔软性化妆水：以保持皮肤柔软、润湿为目的。
2. 收敛性化妆水：抑制皮肤分泌过多油分，收敛调整皮肤状态。
3. 洁肤用化妆水：对淡妆卸妆等具有一定程度的清洁皮肤作用。
4. 须后水：抑制剃须后所造成的刺激，使脸部产生舒适感。
5. 痱子水：祛除痱子，并赋予清凉舒适的感觉。
6. 平衡水：平衡皮肤pH值和皮肤微生态。

化妆水的基本功能是保湿、柔软、清洁和营养皮肤，所使用的原料大多与其功能有关。化妆水因其目的和功能不同，所用的成分及其用量也有差异。其主要成分是保湿剂、收敛剂、水和乙醇，有时也添加一些表面活性剂，以起到增溶作用来降低乙醇用量或制备出无醇化妆水。化妆水在制造时一般无须经过乳化。目前，在化妆水的制造过程中也会添加滋润剂和各种营养成分，以使其具有良好的润肤和养肤作用。

二、配方设计原理和思路

化妆水是由油分、香料、药剂、水和乙醇等经加溶后制成的,从热力学看,化妆水属于较稳定的体系,是一种微乳液。不过,该类多组分体系的稳定性是相对的,所以要想设计出品质优良的化妆水应具备下列条件。

1. 可通过临床和实际使用评价,证实其安全性。
2. 对化妆水的保湿性、柔软性和收敛作用进行各种各样的体内测试或体外评价试验,以达到其使用效果。
3. 在各种温度条件下(-10~50 ℃)的稳定性必须得到确认,包括冷冻—加热循环试验、透明性、浊度值、pH 值、相对密度、黏度、色调和气味的稳定性。
4. 具有透明美好的外观和舒适爽快的肤感。多层化妆水应较容易摇匀。

▶▶ 相关知识

一、配方结构

化妆水类的配方结构表见表 2-23。

表 2-23　　　　　　　化妆水类的配方结构表

结构组成	主要功能	代表性原料
保湿剂	起滋润、保湿的作用	甘油、丙二醇、聚乙二醇,透明质酸钠、吡咯烷酮羧酸钠(PCA 钠)、甜菜碱等
营养剂	起润肤、修复、护肤的作用	β-葡聚糖、马齿苋提取物、北美金缕梅提取物等
黏度调节剂	调节产品的流变性,提高产品稳定性	卡波姆、丙烯酰胺二甲基牛磺酸铵/VP 共聚物(AVC)、黄原胶等
收敛剂	抑制皮肤过多的油分和调节肌肤,收缩皮肤的毛孔	苯酚磺酸锌、硼酸、氯化铝、北美金缕梅提取物等
缓冲剂	平衡皮肤 pH 值	柠檬酸、乳酸、乳酸钠等
pH 调节剂	调节产品 pH 值	氢氧化钠、三乙醇胺、异丙醇胺、精氨酸等
螯合剂	使金属离子螯合,防止产品变色、褪色,对防腐有协同作用	EDTA-二钠、EDTA-四钠等
着色剂	赋予产品颜色	各种化妆品允许使用色素
香精	产品赋香	各种化妆品用香精
增溶剂	使香精和酯类加溶	HLB 值高的表面活性剂,如 PEG-40 氢化蓖麻油、壬基酚醚-10、油醇醚-20 等
水	起溶解、稀释的作用	纯化水

二、原料

(一)常见保湿原料的性质及选择

保湿原料起滋润、保湿的作用,如透明质酸钠、甜菜碱、丁二醇等。

1. 透明质酸钠

INCI 中文名称：透明质酸钠。

别名：玻璃酸钠、玻尿酸钠、糠醛酸钠。

性质：白色粉末，无特殊异味。有很强的吸湿性，溶于水，不溶于醇、酮、乙醚等有机溶剂。

旋光度：74°（25 ℃，0.025% 水中）。

它的水溶液带负电，高浓度时有很高的黏弹性和渗透压。透明质酸钠的亲水性非常强，亲和吸附的水分约为其本身重量的 1 000 倍。不同级别相对分子质量透明质酸钠的性质也不一样，高相对分子质量（$>10^6$）的透明质酸钠，能赋予产品很好的润滑性、成膜性和增稠作用，低相对分子质量（$<10^4$）的透明质酸钠的增稠作用和成膜效果弱。

应用：作为比较理想的保湿剂广泛用于各种护肤产品，推荐用量为 0.02% ~ 0.5%（质量分数）。

2. 甜菜碱

INCI 中文名称：甜菜碱。

别名：甜菜素、氨基酸保湿剂、三甲基甘氨酸、三甲铵乙内酯、甘氨酸三甲胺内盐。

性质：白色粉末，无特殊异味。

来源：甜菜碱分为天然甜菜碱和合成甜菜碱。天然甜菜碱是从甜菜制糖过程中提取得到，而合成甜菜碱主要以氯乙酸和三甲胺为原料合成。

分子式：$C_5H_{11}NO_2$。

性质：白色晶体粉末，味甜。易潮解，易溶于水和醇，难溶于乙醚。具有很强的吸湿性，容易潮解，并释放出三甲胺。

熔点为：293 ℃（分解）。

具有高度的生物兼容性。耐热、耐酸和耐碱，具有高纯度、易使用及良好的稳定性等特点。

应用：在个人护理产品中，能迅速渗透进入皮肤与毛发组织，改善皮肤和头发的水分保持能力，激发细胞的活力，修复老化和损伤，赋予皮肤和头发滋润、滑爽的效果。在化妆品中推荐用量为 0.5% ~ 5%（质量分数）。

3. 丁二醇

INCI 中文名称：丁二醇。

别名：1,3-丁二醇。

分子式：$C_4H_{10}O_2$。

性质：无色、无味、透明黏稠液体，略带有甜苦味。可溶于水、乙醇、丙酮，微溶于乙醚，几乎不溶于苯、四氯化碳和脂肪烃，有吸湿性。

熔点：-50 ℃。

沸点：207.5 ℃。

闪点：121 ℃。

相对密度：1.01（20 ℃）。

折射率（20 ℃）：1.4401。

应用：丁二醇在化妆品中可用作保湿剂，具有甘油和丙二醇的优点，还有一定的抗菌作用。

（二）常见功效原料的性质及选择

常见功效原料起润肤、修复、收敛、护肤的作用，如北美金缕梅提取物、芦荟提取物等。

1. 北美金缕梅提取物

INCI 中文名称：北美金缕梅提取物。

别名：北美金缕梅蒸馏液、美国 AD 金缕梅。

性质：无色澄清液体。味苦、淡，金缕梅特有味道。

pH 值：3.0~5.0。

相对密度：0.995~1.05（20 ℃）。

细菌总数：≤100 个/mL。

各种致病菌：不得检出。

功效：局部消肿；皮肤内血管的微循环更加顺畅；皮肤组织的紧实效用。

金缕梅有杀菌、收敛效果，对毛孔过大以及油性老化皮肤的使用者来说，金缕梅是很好的选择。金缕梅本身有收敛、消炎、镇静、紧肤的效果，可以舒缓发炎、收缩血管，常见于保湿、晒后调理，对龟裂、晒伤、粉刺有改善效果。可有效帮助肌肤提高夜间的再生能力。

2. 芦荟提取物

NCI 中文名：芦荟提取物。

来源：芦荟，芦荟属，为百合科多年生常绿草本植物。其最具应用价值的品种主要有库拉索芦荟、中华芦荟、木芦荟、非洲芦荟等，芦荟提取物是从芦荟植株叶子中提取制得的。

性质：无色透明至褐色的略带黏性的液体，干燥后为淡黄色细粉末，没有气味或稍有特异气味。市售的芦荟提取物有液体和粉末等多种形态。

芦荟提取物的组成非常复杂，一般含有160多种化学成分。已确定的主要成分可分为蒽醌类、多糖类、氨基酸、有机酸、矿物质与微量元素、活性酶、维生素等。其中，蒽醌类是芦荟提取物的主要活性成分之一，包括大黄素、芦荟苷、芦荟素等。多糖类包括甘露糖、半乳糖、葡萄糖等。芦荟提取物含有的氨基酸可多达19种。有机酸包括油酸、亚油酸、亚麻酸等。同时含有丰富的钙、锌、磷、锗等矿物质与微量元素。维生素包括维生素A、维生素B、维生素C等。

功效：营养、保湿、增白作用；能促进伤口愈合、消炎杀菌、消除粉刺等。芦荟提取物的诸多功能使其广泛用于膏霜、乳液、面膜和洁面等产品中，推荐用量为3%~8%（质量分数）。

（三）常见辅助原料的性质及选择

常见辅助原料具有黏度调节剂、缓冲剂、螯合剂、黏度调节剂、防腐剂等作用。

黏度调节剂可以调节产品的流变性，提高产品稳定性，如卡波姆、AVC（丙烯酰胺二甲基牛磺酸铵/VP共聚物）、黄原胶等。

平衡皮肤pH值，如柠檬酸、乳酸、乳酸钠。

pH调节剂可以调节产品pH值，如三乙醇胺、氢氧化钠、精氨酸等。

防腐剂可以防止微生物使爽肤水腐败变质，如羟苯甲酯、咪唑烷基脲、碘丙炔醇丁基氨甲酸酯、苯氧乙醇等。

1. 卡波姆

INCI中文名称：卡波姆。

性质：松散、白色、微酸性的粉末。

堆积密度：$176 \sim 208$ kg/m^3。

含水量（质量分数）：$\leq 2.0\%$。

质量分数为1%水分散液pH值：$2.5 \sim 3.5$。

卡波姆是一类非常重要的流变调节剂。不同型号的卡波姆树脂性能也不完全相同，但它们都具有一些通性。

某市售常用卡波姆树脂特性见表2-24。

表2-24　　　　　　　某市售常用卡波姆树脂特性

商品名	溶剂	特性	用途	流变性/相对黏度
Carbopol 941	苯	可形成低黏度的、稳定的乳液和悬浮液。相同pH值下在低浓度时，增稠效率较Carbopol 934、Carbopol 940低	主要用于香波、乳液和稀凝胶的稳定剂，其透明度较突出，在中等浓度离子体系中，仍然有效	长流/低黏度
Carbopol 934	苯	在高黏度时，有很好的稳定性，形成稠厚的凝胶、乳液和悬浮液	适用于稠厚的配方，如黏凝胶、乳液和悬浮液，其水溶液有较快回缩性，特别适于化妆品和喷雾	短流/高黏度
Carbopol 940	苯	在高黏度时有优良的增稠效能，形成凝胶有触变性	主要用于透明凝胶类产品，在水或水-醇体系中形成清澈透明的凝胶。在溶剂体系中仍可增稠，制品有触变性	短流/高黏度
Carbopol 980	环己烷/乙酸乙酯	适合高黏度配方稳定悬浮，在水体系对电解质敏感。肤感清润	可用于水、醇、乳液及表面活性剂体系增稠悬浮稳定。在表面活性剂体系中与盐有很好的协同性。在香波体系有较好的调理感	短流/高黏度
Carbopol 981	环己烷/乙酸乙酯	适合低黏度配方稳定悬浮，低黏度配方中比较耐盐高黏度配方，肤感清爽。自润湿。不耐盐	适用于各种体系	长流/低黏度
Carbopol Ultrez10	环己烷/乙酸乙酯	中高黏度配方，增稠悬浮稳定，耐电解质，肤感滋润，自润湿	适合各种个人护理停留型配方	短流/高黏度

续表

商品名	溶剂	特性	用途	流变性/相对黏度
Carbopol Ultrez 30	环己烷/乙酸乙酯	适合高黏度配方稳定悬浮，在水体系对电解质敏感。肤感清润	适合各种个人护理停留型配方，低 pH 值下即可增稠，适合挑战性体系	中高流/中短黏度

2. 三乙醇胺

INCI 中文名称：三乙醇胺。

别名：TEA、2,2′,2″-次氮基三乙醇 2,2′,2″-三羟基三乙胺氨基三乙醇。

分子式：$C_6H_{15}NO_3$。

性质：无色至淡黄色透明黏稠液体，微有氨味，低温时成为无色至淡黄色立方晶系晶体。易溶于水、乙醇、丙酮、甘油及乙二醇等，微溶于苯、乙醛及四氯化碳等，在非极性溶剂中几乎不溶解，有刺激性，具吸湿性。三乙醇胺易氧化，露置于空气中时颜色渐渐变深。

熔点：21.2 ℃。

沸点：360.0 ℃。

闪点：179 ℃。

相对密度：1.124 2。

动力黏度：613.3 mPa·s（25 ℃）。

折射率：1.482～1.485（20 ℃）。

应用：三乙醇胺作为有机碱在化妆品广泛用于 pH 调节剂，另外用于与高级脂肪酸中和形成皂，作清洁剂、乳化剂等。

3. 增溶剂 CO40

INCI 中文名称：PEG-40 氢化蓖麻油。

别名：CO40、RH40。

性质：室温下为白色至黄白色的浆状物。

pH 值（10% 水溶液）：6.0～7.0。

凝固点：20～28 ℃。

应用：由于本品含有亲水基和疏水基两个部分，它的 *HLB* 值在 14～16，因而本品对于不易溶于水中的活性成分，具有较好的增溶作用。加入少量的聚乙二醇、丙二醇和甘油可以增强增溶作用，并减小本品的用量。

三、生产设备

加热冷却系统的速度搅拌配制罐。

四、工艺

（一）爽肤水工艺流程

爽肤水工艺流程图如图 2-3 所示。

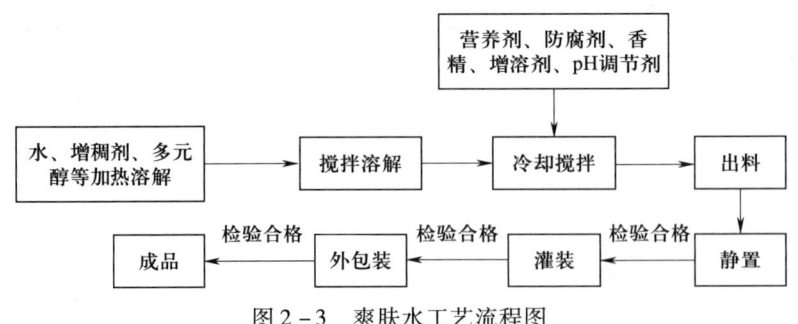

图 2-3 爽肤水工艺流程图

（二）工艺要点

1. 原料储存

保持仓库环境合格，按不同原料、不同储存条件存放。

2. 预处理

将特定原料提前分散。

3. 关键原料投料

（1）增稠剂的加入。增稠剂一般先与多元醇混合后加入水中，防止增稠剂结团，搅拌至溶解完全再加入其他组分。

（2）香精的加入。香精是易挥发性物质，而且其组成十分复杂，在温度较高时，不但容易损失，而且会发生一些化学反应，使香味变化，也可能引起颜色变深。因此，一般化妆品是在后期且温度在 45 ℃以下时加入香精。另外，由于香精一般为油溶性，需先与增溶剂混合均匀后再加入。

（3）防腐剂的加入。防腐剂的加入要依据其溶解性和温度敏感性。常用的防腐剂如果是水溶性的，可在其耐受温度下加入水相。防腐剂大多不耐高温，需在低温时加入。但加入温度不能过低，不然分布不均匀，有些固态的防腐剂最好先用溶剂溶解后再加入。

（4）植物提取物的加入。植物提取物是多成分物质，而且其组成十分复杂，在温度较高时，不但容易损失，而且会发生一些化学反应，使活性变化，也可能引起颜色变深。因此，一般化妆品是在后期且温度在 45 ℃以下时加入植物提取物。

五、产品的质量评价指标

（一）感官指标表（见表 2-25）

表 2-25　　　　　　　　　　感官指标表

项目	指标
外观	不分层，无明显悬浮物（加入均匀悬浮颗粒组分的产品除外）或沉淀，无明显机械杂质的均匀产品
香气	无异味

（二）理化指标表（见表2-26）

表2-26　　　　　　　　　　理化指标表

项目	指标
耐热	(40±1)℃保持24 h，恢复至室温后与试验前无明显性状差异
耐寒	(-5±2)℃保持24 h，恢复至室温后与试验前无明显性状差异
pH值（25℃）	4.0~8.5（α-、β-羟基类产品除外）
相对密度	规定值±0.02

（三）微生物指标表（见表2-27）

表2-27　　　　　　　　　　微生物指标表

项目	指标
菌落总数/(CFU/g或CFU/mL)	≤1 000
霉菌和酵母菌总数/(CFU/g或CFU/mL)	≤100

（四）加速试验表（见表2-28）

表2-28　　　　　　　　　　加速试验表

项目	指标
耐热稳定性试验	(40±1)℃保持7~30天，恢复至室温后与试验前无明显性状差异
耐寒稳定性试验	(-8±2)℃保持7~30天，恢复至室温后与试验前无明显性状差异
耐热耐寒循环试验	(40±1)℃保持7天，恢复至室温后与试验前无明显性状差异

（五）感官评价表（见表2-29）

表2-29　　　　　　　　　　感官评价表

项目	指标	结果
"看"色泽	色泽均匀，柔和与肤色配合融洽度好	
"闻"气味	气味纯正，与标样香型一致	
比较外质地	清澈透明，无任何沉淀，无明显分层，无混浊，无明显杂质和黑点	
使用感	护肤产品在使用过程中的感官效果一般指使用感（如滑爽、润滑、黏稠、干燥或油腻）、延展性（是否容易涂敷，涂布层均匀度）、清爽度、渗透性等。营养护肤类应使皮肤变得柔软细腻有弹性，收敛类应使毛孔有所收缩，皮肤有滑爽、清爽感	

六、常见配方工艺问题及其原因解析

产品静置后出现半透明、松散絮状物。原因是来自香精或添加的其他提取物的溶解度太低。措施是在化妆水中添加有一定悬浮能力的原料或增溶剂。在开发配方有/无香精或添加成分的水基体系进行平行对照稳定性测试，筛选出最佳方案。

》任务实施

一、设计的配方及工艺（参考附表 3 配方设计记录表）

二、打样

（一）打样前准备
1. 按实训室 6S 做好打样前准备。
2. 准备原料和仪器。
3. 设备仪器的清洁消毒。
4. 原料进行预处理。

（二）打样的过程
填打样记录。打样记录表参考附表 4。

1. 仪器与原料

（1）仪器：烧杯、玻璃试管、温度计、电炉、搅拌器、玻璃棒、电子天平、pH 计、恒温烘箱、冰箱、密度计、阿贝折光仪。

（2）原料：纯化水、卡波姆 941、EDTA-二钠、羟苯甲酯、甘油、丁二醇、透明质酸钠、三乙醇胺、北美金缕梅提取物、芦荟提取物、苯氧乙醇、香精、增溶剂 CO40 等。

2. 配方及操作步骤

（1）配方表。爽肤水配方表见表 2-30。

表 2-30　　　　　爽肤水配方表

序号	原料商品名	作用	质量分数/%	备注
1	纯化水	稀释	加至 100	
2	卡波姆 941	增稠	0.10	
3	EDTA-二钠	螯合	0.05	
4	羟苯甲酯	防腐	0.20	
5	甘油	保湿	8.00	
6	丁二醇	保湿	5.00	
7	透明质酸钠	保湿	0.05	
8	三乙醇胺	调节 pH 值	0.09	
9	北美金缕梅提取物	收敛	5.00	
10	芦荟提取物	保湿	1.0	
11	苯氧乙醇	防腐	0.30	
12	香精	芳香	0.05	
13	增溶剂 CO40	增溶	0.40	

(2) 打版流程图。爽肤水打版流程图如图 2-4 所示。

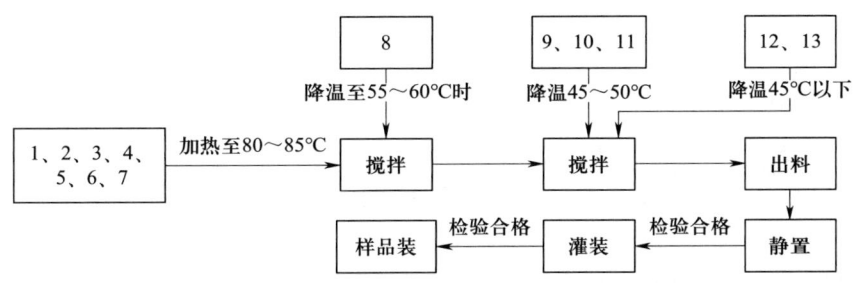

图 2-4　爽肤水打版流程图

(3) 操作步骤：

①将 1、2、3、4、5、6、7 加入水相中，搅拌加热至 80~85 ℃，均质 1 min 使其溶解；

②降温至 55~60 ℃时加入 8，搅拌 10 min；

③降温至 45~50 ℃时加入 9~11，搅拌 10 min；

④降温至 45 ℃以下，将 12、13 混合均匀后，加入水相中搅拌至溶解均匀，出料。

【操作提示】

1. 操作过程要加 1%~2%（质量分数）的补充水。

2. 注意保证卡波姆 941 和羟苯甲酯溶解充分后再降温。

3. 香精、液体状防腐剂和活性物质要低温加入，防止香精挥发或活性成分降解。

三、质量评价及配方改进

（一）打样样品的质量评价

对打样样品进行质量评价，填写爽肤水质量评价表 2-31。

表 2-31　　　　　　　　　爽肤水质量评价表

产品名称		生产日期		生产批号	
项目	指标			结果	
外观	不分层，无明显悬浮物（加入均匀悬浮颗粒组分的产品除外）或沉淀，无明显机械杂质的均匀产品				
香气	无异味				
耐热	(40±1)℃保持 24 h，恢复至室温后与试验前无明显性状差异				
耐寒	(-5±2)℃保持 24 h，恢复至室温后与试验前无明显性状差异				
pH 值 (25 ℃)	4.0~8.5（α-、β-羟基类产品除外）				
相对密度	规定值 ±0.02				
菌落总数/(CFU/g 或 CFU/mL)	≤1 000				

续表

产品名称			生产日期		生产批号	
项目			指标		结果	
霉菌和酵母菌总数/ (CFU/g 或 CFU/mL)			≤100			
稳定性试验	耐热稳定性试验		(40±1)℃保持7~30天,恢复至室温后,观察膏体外观,是否絮凝、混浊、变稀现象等			
	耐寒稳定性试验		(-8±2)℃保持7~30天,恢复至室温后,观察膏体外观,是否絮凝、混浊、变稀现象等			
	耐热耐寒循环试验		(40±1)℃保持7天,恢复至室温后,(-8±2)℃保持7天,恢复至室温后,观察膏体外观,是否絮凝、混浊、变稀现象等			

(二) 打样样品感官评价

对打样样品进行感官评价,填写感官评价表2-29。

(三) 配方改进

根据打样质量评估结果进行分析,确定改进措施和方法。

》任务测评

任务结束后填写设计任务测评表,见表2-32。

表2-32　　　　　　　　设计任务测评表

序号	考核内容	考核标准	配分	得分
1	配方设计项目	能准确选用爽肤水原料设计配方	40	
2	配方打样项目	能按操作规程进行爽肤水打样	40	
3	6S 管理	遵守6S 管理	20	
		合计	100	

任务三　总结与归档

》学习目标

【知识目标】能配合生产部门解决大规模工业化生产出现的偏差。

【技能目标】能评价生产产品的质量;能核对订单任务;审核打版记录;提供检验报告;对产品审核放行;对产品留样及质量追溯管理;总结与归档。

【素养目标】在学会对产品质量进行评价的过程中,培养学生形成以人为本的意识,理解与尊重产品使用者对产品真正的需求,维护产品使用者的尊严和价值,努力使产品质量与顾客需求相统一,引导学生树立人文情怀,能关切人的生存、发展和幸福。

任务引入

接上一任务。

任务分析

上一任务已了解课题设计任务，进一步对设计结果进行统计、分析、总结归档。

任务实施

参考模块二——课题一——任务四的步骤。

任务测评

任务结束后填写任务测评表，见表 2-33。

表 2-33　　　　　　　　　　任务测评表

序号	考核内容	考核标准	配分	得分
1	素质考核	课堂出勤率、学习态度、行为规范	30	
2	课堂表现	课堂互动、团队协作、创新建议	30	
3	专业知识	爽肤水配方任务总结归档能力	40	
合计			100	

思考与练习

一、单项选择题

1. 按其目的和功能，下列不属于化妆水的是（　　）。
   A. 柔软性化妆水　　　　　　　　B. 收敛性化妆水
   C. 洁肤用化妆水　　　　　　　　D. 消毒用化妆水
2. 下列不属于化妆水用增溶剂的是（　　）。
   A. PEG-40 氢化蓖麻油　　　　　B. 壬基酚醚-10
   C. 甘油　　　　　　　　　　　　D. 油醇醚-20

二、简答题

1. 简述爽肤水的主要配方结构与组成。
2. 北美金缕梅提取物在爽肤水的作用是什么？

3. 如何评价化妆水的使用感？

课题三　护肤精华液配方设计

护肤精华液是一种啫喱类化妆品，外其观为透明或半透明有一定黏度的流动液体或半固体。

任务一　接受任务订单

▶ 学习目标

【知识目标】能识读任务书；了解护肤啫喱的类型。

【技能目标】能初步评估订单的可行性（包括生产范围、生产能力、法规符合性等）；掌握护肤啫喱的设计原则。

【素养目标】通过对护肤啫喱相关知识的学习，培养学生形成问题意识，在探究护肤啫喱的设计原则的过程中，形成批判质疑的精神；在对订单可行性评估的过程中，引导学生崇尚真知，形成良好的职业素养。

▶ 任务引入

××化妆品公司接到 A 公司的护肤精华液 OEM 订单。生产×××牌护肤精华液 100 万瓶。

▶ 任务分析

本次 OEM 订单任务为首次业务，需要 A 公司提交配方工艺资料，完成普通化妆品备案，公司研发部按客户提供的需求进行打版，经客户确认后，采购物料投入生产，在供货期内完成产品加工、检验合格。订单内容包括订单品牌、规格、数量、销售的国家或地区（涉及原料和产品的要求）、配方工艺、质量指标、成本核算、交货日期、储运条件等。

由于产品拟在国内销售，产品和所用原料符合《化妆品安全技术规范》（2015 年版）和《已使用化妆品原料目录（2021 年版）》的规定，产品符合行业标准《护肤啫喱》（QB/T 2874—2007）。

▶ 相关知识

一、护肤啫喱相关知识

啫喱类化妆品也叫凝胶类化妆品，是一种外观为透明或半透明的半固体胶冻状物质，如护肤啫喱、啫喱面膜、洁面啫喱、护发啫喱和染发啫喱等。

按照啫喱类产品的基质体系可分为聚合物基质和表面活性剂基质凝胶。

一般护肤啫喱是以水溶性聚合物为基质的体系,其主要结构是水溶性聚合物胶凝剂,胶凝剂(又称增稠剂)应与配方其他成分的配伍性好。

护肤啫喱组分中的胶凝剂主要为水溶性高分子化合物,如聚甲基丙烯酸甘油酯类、丙烯酸聚合物(Carbopol 940、941等)及其他丙烯酸衍生物(Sepigel 305)和卡拉胶(又称角叉胶)等。胶凝剂的产生还需要高分子溶液有足够的浓度,而高分子溶液中电解质的存在可以引起或抑制胶凝作用。

胶凝剂的选择及其与配方中其他成分的配伍是啫喱类配方设计成功的关键。胶凝剂的离子特性不同,有阴离子型、阳离子型和两性型,如果与其他成分配伍不当,会使产品慢慢出现混浊或立即沉淀和凝聚等。常见的胶凝剂包括以下几种类型。

(一)天然水溶性聚合物

如海藻胶、瓜尔胶、黄原胶、琼脂和果胶等。

(二)改性天然水溶性聚合物

如海藻酸酯、角叉(菜)酸酯、羟丙基瓜尔胶、羟乙基纤维素、羟丙基纤维素等。

(三)合成水溶性聚合物

如聚丙烯酸树脂(卡波姆系列产品)、聚氧乙烯-聚氧烯嵌段共聚物(泊洛沙姆331)和辛基丙烯酰胺/丙烯酸酯/丁基乙醇胺甲基丙烯酸酯共聚物等。

(四)无机胶凝剂

如硅酸铝镁(Veegum系列)和硅酸锂镁(Laponite系列)。

(五)水溶性聚合物

特别是天然水溶性聚合物较易被细菌污染,使用前必须杀菌消毒,较好的杀菌方法为利用钴-60进行辐射灭菌(需注意剂量)。现今,市售化妆品级水溶性聚合物的微生物纯度已小于10CFU/g,可直接使用。

根据客户需求先从产品外观要求入手,再依据产品的肤感分析配方体系的结构,在设计过程结合宣称的功效添加相应的活性物和功效成分,通过稳定性测试,最后进行安全评估和功效评价。

二、护肤精华液质量标准

护肤精华液的质量指标见表2-34。

表2-34　　　　　　　　　护肤精华液的质量指标

项目		指标
感官指标	外观	透明或半透明凝胶状,无异物(允许添加起护肤或美化作用的粒子)
	香气	符合规定香气

续表

项目		指标
理化指标	耐热	(40±1)℃保持24 h，恢复至室温后与试验前外观无明显差异
	耐寒	(-10~-5)℃保持24 h，恢复至室温后与试验前外观无明显差异
	pH值（25 ℃）	3.5~8.5
微生物学指标	菌落总数/(CFU/g 或 CFU/mL)	≤1 000
	霉菌和酵母菌总数/(CFU/g 或 CFU/mL)	≤100
	耐热大肠菌群/(g 或 mL)	不得检出
	金黄色葡萄球菌/(g 或 mL)	不得检出
	铜绿假单胞菌/(g 或 mL)	不得检出
有害物质	汞/(mg/kg)	≤1
	铅/(mg/kg)	≤10
	砷/(mg/kg)	≤2
	镉/(mg/kg)	≤5
	甲醇/(mg/kg)	≤2 000

》任务实施

对合同订单进行分析评价：根据合作方资质、提供资源、法规要求、质量标准、生产范围、生产能力等做出任务分析评估报告。

任务分析评价报告参考附表1。

任务二　配方设计、打版与产品质量分析

》学习目标

【知识目标】了解护肤精华液的基础、配方结构和配方设计原则。

【技能目标】掌握护肤精华液原料相关知识和原料的辨识；掌握增溶技术及增溶剂的选择；按护肤精华液配方工艺步骤操作；按护肤精华液配方打样后评价实施的可行性；制定护肤精华液生产工艺规程和操作规程；对打样样品进行质量评价和改进。

【素养目标】在分析护肤精华液的配方结构过程中，培养学生的逻辑能力，形成清晰的逻辑与科学的思维方式；在探究护肤精华液配方设计原则的过程中，培养学生形成不畏困难、坚持不懈的探索精神。

》任务引入

打版工作流程表参考附表2。

》任务分析

一、护肤精华液的特点

护肤精华液是一种黏度相对较低的护肤啫喱，流动性好，易于涂抹分散，使用后肤感比较清爽，可装于压泵头的包装，使用后肤感比较清爽。

按照啫喱类配方组成可分为无水凝胶体系、水或水-醇凝胶体系、透明乳液体系等类型。其中，水或水-醇凝胶体系是最常见的胶凝剂类型，具有晶莹透明的外观和较广 pH 值范围的可调性，加之原料来源广泛、加工工艺简单，这类产品在近年来成为较为流行的一类凝胶型化妆品。

二、工艺流程

配制质量优良的凝胶型化妆品的关键是胶凝剂在液体介质中充分地分散和溶胀，形成凝胶液。有些胶凝剂树脂（如 Carbopol Ultrez 20）经过表面预处理，撒入水中很容易分散；有些胶凝剂树脂（如 Carbopol 940 等）投入极性溶剂（如水）中容易结团，这时块状物的溶解程度取决于混合搅拌时间。若要避免结块，则在快速搅拌的情况下，将树脂缓慢地直接撒入溶液的漩涡面上，可得到最佳效果。如果采用乳化机进行生产，则开启高速剪切和均质一般能极快地将树脂分散，但使用时应注意，均质时间不要太长，以免破坏聚合物而造成永久性黏度损失。一旦树脂被充分分散和溶胀，应减慢搅拌速度，排除液面漩涡，以减少夹带空气。在中和增稠前可进行脱气消泡；在中和过程中需控制搅拌速度和搅拌桨的位置，尽量避免空气夹带；在体系不用碱中和增稠前，还可以再进行脱气（静置或抽真空）来消泡。

另外，也有将胶凝剂先分散于多元醇中，再以分散体的方式加入水相。

》相关知识

一、配方结构

护肤精华液的主要成分由增稠剂、保湿剂、乙醇、营养剂、pH 调节剂、增溶剂、防腐剂、螯合剂、香精等组成。功效性的产品还添加相应的功效成分，制成产品需符合产品执行标准，功效宣称的需有文献支持或功效试验等功效评价。护肤精华液的配方结构表见表 2-35。

表 2-35　　　　　　　　　　　护肤精华液的配方结构表

结构组成	主要功能	代表性原料
增稠剂	稳定、悬浮，赋予产品啫喱状外观，调节产品流变性，提高产品稳定性	卡波姆 940、卡波姆 980、卡波 U20、AVC（丙烯酰胺二甲基牛磺酸铵/VP 共聚物）、羟乙基纤维素、结冷胶、黄原胶等
保湿剂	起滋润、保湿的作用	甘油、丙二醇、聚乙二醇、透明质酸钠、吡咯烷酮羧酸钠、芦荟胶等

续表

结构组成	主要功能	代表性原料
营养剂	起润肤、修复、护肤的作用	β-葡聚糖、马齿苋提取物、北美金缕梅提取物等
pH 调节剂	调节产品 pH 值	氢氧化钠、三乙醇胺、异丙醇胺、精氨酸等
增溶剂	使香精和酯类加溶	PEG-40 氢化蓖麻油（CO40）、壬基酚醚-10、油醇醚-20 等
螯合剂	使金属离子螯合，防止产品变色、褪色，对防腐有协同作用	EDTA-二钠、EDTA-四钠等
着色剂	赋予产品颜色	各种化妆品允许使用的色素
香精	产品赋香	各种化妆品用香精
水	起溶解、稀释的作用	纯化水

二、原料的性质及选择

胶凝剂原料一般采用水溶性高分子基质材料，如卡波姆、丙烯酰胺二甲基牛磺酸铵/VP 共聚物（AVC）、黄原胶等。

（一）丙烯酰胺二甲基牛磺酸铵/VP 共聚物

INCI 中文名称：丙烯酰胺二甲基牛磺酸铵/VP 共聚物。

别名：Arisroflex AVC。

外观（20 ℃）：白色粉末。

固形物含量：最小 92%（质量分数）。

水：最大 7%（质量分数）。

pH 值（1% 水溶液）：4.0~6.0。

黏度（1% 水溶液）：48 000~80 000 mPa·s。

丙烯酰胺二甲基牛磺酸铵/VP 共聚物是一种合成的聚合物，用于透明体系的胶凝剂和水包油乳液的增稠剂。该聚合物事先已中和，使用方便，给予配方极佳的表现，甚至在没有乳化剂的情况下稳定性也很好。含有丙烯酰胺二甲基牛磺酸铵/VP 共聚物的产品，外观很轻薄，但又具有一定的黏稠度。除以上这些优点外，还具有长流变性、愉快的使用肤感、低黏稠感等特点。

（二）保湿剂

保湿剂起滋润、保湿作用，如甘油、丙二醇、聚乙二醇、透明质酸钠、吡咯烷酮羧酸钠、甜菜碱等。

（三）营养剂

营养剂起润肤、修复、护肤的作用，如 β-葡聚糖、马齿苋提取物等。

（四）缓冲剂

缓冲剂可以平衡皮肤 pH 值，如柠檬酸、乳酸、乳酸钠等。

（五）pH 调节剂

pH 调节剂可以调节产品 pH 值，如三乙醇胺、氢氧化钠、精氨酸等。

（六）防腐剂

防腐剂可以防止微生物引起护肤精华液腐败变质，如羟苯甲酯、咪唑烷基脲、碘丙炔醇丁基氨甲酸酯、苯氧乙醇等。

三、设备

（一）生产用护肤精华液生产设备

护肤精华液一般采用真空乳化机生产，生产过程开启均质可加速胶凝剂的分散溶解，从而制得细腻的膏体，生产过程可抽真空脱泡制得更加稳定的膏体。

注意：由于真空乳化机的均质头属于精密组件，加入真空乳化罐的物料必须经过过滤，防止工具、螺钉或异物进入真空乳化罐，在均质时使均质头卡死或损坏。

（二）实验室搅拌机使用及注意事项

实验室搅拌机是利用机械搅拌器通过电机带动内部搅拌器进行旋转，从而对物质进行混合，适用于少量的各种黏度的固态与液体混合、液体与液体之间的混合化妆品的制作，或者实验室小样产品的分散和搅拌。

使用实验室搅拌机的注意事项：

1. 先对说明书检查仪器所带配件是否齐全，如搅拌子、电源线等；
2. 调速时应由低速逐步调至高速，不要在高速挡直接启动，以免搅拌子不同步，引起跳动，不要让设备空转；
3. 仪器应保持清洁干燥，尤其不要使溶液进入机内；
4. 搅拌时发现搅拌子跳动或不搅拌时，请切断电源检查烧杯底部是否平整、位置是否正确；
5. 中速运转可延长搅拌器的使用寿命，工作时防止剧烈震动；
6. 为确保安全，在使用时尽量接上地线，工作结束后及时切断电源；
7. 实验室搅拌机使用后要及时清洗与保养。

四、工艺

（一）工艺流程图

护肤精华液工艺流程图如图2-5所示。

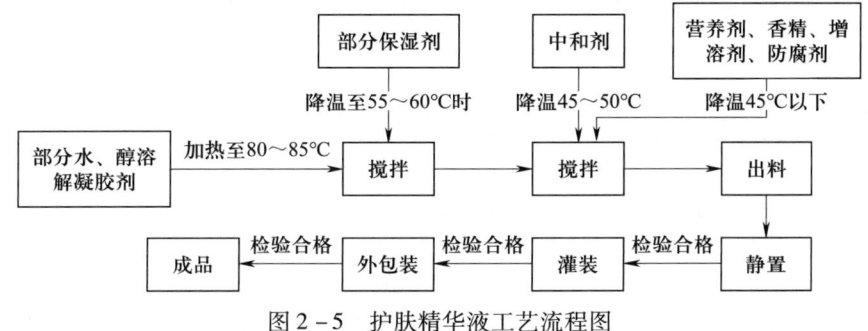

图2-5 护肤精华液工艺流程图

（二）工艺要点

1. 原料储存

保持仓库环境合格，按不同原料、不同储存条件存放。

2. 预处理

将特定原料提前分散。

3. 关键原料投料

（1）卡波姆的加入。以卡波姆做增稠剂，一般在乳化后再加入中和剂进行中和，此时黏度会明显提高，降温至40~45℃，加入预混增溶的香精及其他原料，搅拌混合至所有原料完全溶解。

（2）香精的加入。香精是易挥发性物质，而且其组成十分复杂，在温度较高时，不但容易损失，而且会发生一些化学反应，使香味变化，也可能引起颜色变深。因此，一般化妆品是在后期且温度在45℃以下时加入香精。另外，一般香精为油溶性的，需先与增溶剂混合均匀后再加入。

（3）防腐剂的加入。防腐剂的加入要依据其溶解性和温度敏感性。常用的防腐剂如果是水溶性的，可在其耐受温度下加入水相。防腐剂大多不耐高温，需在低温时加入。但加入温度不能过低，不然分布不均匀，有些固态的防腐剂最好先用溶剂溶解后再加入。

（4）植物提取物的加入。植物提取物是多成分物质，而且其组成十分复杂，在温度较高时，不但容易损失，而且会发生一些化学反应，使活性变化，也可能引起颜色变深。因此，一般化妆品是在后期且温度在45℃以下时加入植物提取物。

（5）三乙醇胺的加入。三乙醇胺一般先用1倍水稀释后加入。

五、产品的质量评价指标

（一）感官指标表（见表2-36）

表2-36　　　　　　　　　　　感官指标表

项目	指标
外观	透明或半透明凝胶状，无异物
香气	符合规定香气

（二）理化指标表（见表2-37）

表2-37　　　　　　　　　　　理化指标表

项目	指标
耐热	(40±1)℃保持24h，恢复至室温后与试验前外观无明显差异
耐寒	(-10~-5)℃保持24h，恢复至室温后与试验前外观无明显差异
pH值（25℃）	3.5~8.5

（三）微生物指标表（见表 2-38）

表 2-38　　　　　　　　　　　　微生物指标表

项目	指标
菌落总数/（CFU/g 或 CFU/mL）	≤1 000
霉菌和酵母菌总数/（CFU/g 或 CFU/mL）	≤100

（四）加速试验表（见表 2-39）

表 2-39　　　　　　　　　　　　加速试验表

项目	指标
耐热稳定性试验	（40±1）℃保持 7~30 天，恢复至室温后与试验前外观无明显差异
耐寒稳定性试验	（-8±2）℃保持 7~30 天，恢复至室温后与试验前外观无明显差异
耐热耐寒循环试验	（40±1）℃保持 7 天，恢复至室温后与试验前外观无明显差异

（五）感官评价表（见表 2-40）

表 2-40　　　　　　　　　　　　感官评价表

项目	指标	结果
"看"色泽	色泽均匀，柔和与肤色配合融洽度好	
"闻"气味	气味纯正，与标样香型一致	
比较外质地	透明不流动，均匀、细腻、无结块，在常温时保持胶状，不干涸或液化状态	
使用感	在使用过程中的感官效果一般指使用感（如滑爽、润滑、黏稠、干燥或油腻）、延展性（是否容易涂敷，涂布层均匀度）、清爽度、渗透性等	

六、常见配方工艺问题及其原因解析

护肤精华液类产品生产要求较高，很容易出现质量问题。如果把关不好，可能出现杂质异物、膏体粗糙、黏度异常、起皮干缩、鱼眼结团等质量问题。

（一）杂质异物

出现杂质异物可能是原料不纯带入不可溶的杂质，生产过程操作不当或受到污染带入蚊虫、微生物等异物，从物料和微生物两个方面防止杂质异物进入配方体系中，从而避免产生不可控的安全风险。

生产过程是带入杂质异物的因素之一。乳化锅、管道、设备、阀门因为清洗不彻底引入异物；乳化锅的顶盖内壁，以及上面的加料入口、观察口、真空口等是最容易被忽视的死角，它们是杂质和微生物隐藏的死角；密封圈老化、刮板老化、转运桶及工具掉落的碎屑都可能成为产品中的异物。

（二）膏体粗糙

膏体粗糙包括两种情况：膏体表面粗糙和膏体内部粗糙。

膏体表面粗糙通常是膏体静置一段时间以后变得表面粗糙，这大多是因为膏体气泡太多所致。膏体中含有气泡太多，在静置一段时间以后，气泡会浮到表面造成膏体表面粗糙，所以控制生产工艺制备过程非常重要。

膏体内部粗糙通常是指膏体表面看上去很有光泽，但是当有手指头挑开后膏体呈现出粗糙的外观，这常与高分子胶凝剂的选择有关，一方面是胶凝剂溶解和中和可能不完全、不充分或者是受电解质影响出现局部收缩结团，产生不均匀的软性团状物；另一方面是卡波类胶凝剂的配方中添加有铝盐等成分，胶凝剂发生交联，形成不容易涂开的胶团。

（三）黏度异常

特别是黏度下降，可能原因包括：其一，成分不稳定，在存放过程中出现电导率变化，释放出新的电解质或酸；其二，微生物繁殖，导致黏度下降；其三，紫外光照射导致胶凝剂高分子化学键断裂。解决前两个问题，要合理设计配方，最好是配方有缓冲体系来稳定膏体pH值，同时防腐体系要足够。紫外光导致黏度下降，建议使用适量的聚丙烯酸酯交联聚合物-6或无机胶凝剂来控制护肤精华液的光稳定性。

（四）起皮干缩

成品存放一段时间后，重新打开盖子，可能会出现膏体表面起皮干缩，与此同时净含量会出现偏少的情况。原因是包装密封性不好，或者是包装材料的水阻隔性差。通常我们认为塑料包装是不透水的，事实上在显微镜下，塑料包装类似织物一般千疮百孔，太薄时水分子是可以缓慢透过塑料包装跑到空气中，尤其是部分袋装的塑料包装，其厚度较薄，水分子更容易透出，因此选材时需要注意包装材料的水氧阻隔性。避免水分子透出的同时，也需要注意氧分子是否会从包装外面进入包装内部，引起氧敏感导致活性成分失活，最终导致产品性能丢失。

（五）鱼眼结团

鱼眼结团是使用高分子材料时常遇到的问题，高分子材料在溶解水中时需要一个过程，如果投料太快，粉团太大，水从粉团外部开始溶解，逐渐往里面渗透，造成水分进入内部困难，最终造成粉团表面润湿，但是内部水分无法进入，形成像鱼眼一样的颗粒团，影响产品外观。

胶凝剂在使用时，先将胶凝剂加入溶剂中充分分散，溶胀形成预配凝胶分散液。需要中和增稠的胶凝剂，在增稠前，必须使其在溶剂中充分溶胀。可以在快速搅拌下将胶凝剂直接撒入溶液的漩涡面上，或者先在不溶性溶剂中将胶凝剂预混合，然后加入水相中继续分散和溶胀，或者加入后开慢速均质辅助溶解。

》 任务实施

一、设计的配方及工艺（参考附表3 配方设计记录表）

二、打样

（一）打样前准备

1. 按实训室6S做好打样前准备。

2. 准备原料和仪器。

3. 设备仪器的清洁消毒。

4. 原料进行预处理。

（二）打样的过程

填打样记录。打样记录表参考附表4。

1. 仪器与原料

（1）仪器：烧杯、玻璃试管、温度计、电炉、搅拌器、玻璃棒、电子天平、pH计、恒温烘箱、冰箱、高速均质机、旋转黏度计。

（2）原料：纯化水、卡波姆940、透明质酸钠、1,3-丙二醇、芦荟油、丁二醇、甘油聚醚-26、三乙醇胺、杰马BP、香精、增溶剂CO40等。

2. 配方及操作步骤

（1）配方表。护肤精华液配方表见表2-41。

表2-41　　　　　　　护肤精华液配方表

序号	原料商品名	作用	质量分数/%	备注
1	纯化水	稀释	加至100	
2	卡波姆940	增稠	0.20	
3	透明质酸钠	保湿	0.08	
4	1,3-丙二醇	皮肤调理	3.0	
5	芦荟油	保湿	2.0	
6	丁二醇	保湿	5.0	
7	甘油聚醚-26	保湿	0.5	
8	三乙醇胺	调节pH值	0.20	
9	杰马BP	防腐	0.2	
10	香精	芳香	0.05	
11	增溶剂CO40	增溶	0.2	

（2）操作步骤：

①将1、2、3、4加入水相中，搅拌加热至80～85℃，均质1 min使溶解；

②降温至55～60℃时加入5、6、7，搅拌10 min；

③降温至45～50℃时加入8，搅拌10 min；

④降温至45℃以下，将10、11混合均匀后，加入水相中搅拌至溶解均匀，出料。

【操作提示】

1. 操作过程要加1%～2%（质量分数）的补充水。

2. 注意保证卡波姆940和透明质酸钠溶解充分再降温。

3. 香精、液体状防腐剂和活性物质要低温加入，防止香精挥发或活性成分降解。

三、质量评价及配方改进

(一) 打样样品的质量评价

对打样样品进行质量评价,填写护肤精华液质量评价表 2-42。

表 2-42　　　　　　　　　　护肤精华液质量评价表

项目	指标		结果
感官指标	外观	透明或半透明凝胶状,无异物	
	香气	符合规定香气	
理化指标	耐热	(40±1)℃保持 24 h,恢复至室温后与试验前外观无明显差异	
	耐寒	(-10~-5)℃保持 24 h,恢复至室温后与试验前外观无明显差异	
	pH 值 (25 ℃)	3.5~8.5	
微生物标准	菌落总数/(CFU/g 或 CFU/mL)	≤1 000	
	霉菌和酵母菌总数/(CFU/g 或 CFU/mL)	≤100	
稳定性试验	耐热稳定性试验	(40±1)℃保持 7~30 天,恢复至室温后,观察膏体外观,是否絮凝、混浊、变稀现象等	
	耐寒稳定性试验	(-8±2)℃保持 7~30 天,恢复至室温后,观察膏体外观,是否絮凝、混浊、变稀现象等	
	耐热耐寒循环试验	(40±1)℃保持 7 天,恢复至室温后,(-8±2)℃保持 7 天,恢复至室温后,观察膏体外观,是否絮凝、混浊、变稀现象等	

(二) 打样样品感官评价

对打样样品进行感官评价,填写感官评价表 2-40。

(三) 配方改进

根据打样质量评估结果进行分析,确定改进措施和方法。

》 任务测评

任务结束后填写设计任务测评表,见表 2-43。

表 2-43　　　　　　　　　　设计任务测评表

序号	考核内容	考核标准	配分	得分
1	配方设计项目	能准确选用精华液原料设计配方	40	

续表

序号	考核内容	考核标准	配分	得分
2	配方打样项目	能按操作规程进行精华液打样	40	
3	6S 管理	遵守 6S 管理	20	
		合计	100	

任务三　总结与归档

学习目标

【知识目标】能配合生产部门解决生产时出现的偏差。

【技能目标】能评价生产产品的质量；能核对订单任务；审核打版记录；提供检验报告；对产品审核放行；对产品留样及质量追溯管理；总结与归档。

【素养目标】在学习如何配合生产部门解决生产时出现偏差的过程中，培养学生的抗压能力与自制能力，形成正确处理人际关系的能力，能正确调节和管理自己的情绪；在对产品生产进行规范化流程操作的过程中，培养学生形成健全的人格，自信自爱，进一步提升工作能力。

任务引入

接上一任务。

任务分析

上一任务已了解课题设计任务，进一步对设计结果进行统计、分析、总结归档。

任务实施

参考模块二——课题一——任务四的步骤。

任务测评

任务结束后填写任务测评表，见表 2-44。

表 2-44　　　　　　　　　任务测评表

序号	考核内容	考核标准	配分	得分
1	素质考核	课堂出勤率、学习态度、行为规范	30	
2	课堂表现	课堂互动、团队协作、创新建议	30	
3	专业知识	统计、分析、总结归档能力	40	
		合计	100	

思考与练习

一、单项选择题

1. 护肤精华液常用保湿剂有（　　）。
   A. 甘油　　　　B. 丙二醇　　　　C. 透明质酸钠　　　　D. 以上都是
2. 下列起营养剂作用的是（　　）。
   A. 芦荟胶　　　B. 马齿苋提取物　　C. 结冷胶　　　　D. 卡波姆

二、简答题

1. 简述护肤精华液的配方结构及组成。
2. 分析护肤精华液可能出现杂质异物的原因。

课题四　眼部啫喱配方设计

任务一　接受任务订单

》学习目标

【知识目标】能识读任务书。

【技能目标】能初步评估订单的可行性（包括生产范围、生产能力、法规符合性等）。

【素养目标】在识读眼部啫喱配方设计任务书以及对订单进行可行性评估的过程中，培养学生形成自我管理的职业素养，能合理分配和使用时间与精力，计划并掌握工作任务的进展情况，分配好本项目各的工作任务的完成时间，培养学生形成达成目标的持续行动力。

》任务引入

××化妆品公司接到 A 公司的眼部啫喱 OEM 订单。生产×××牌润眼部啫喱 100 万瓶。

》任务分析

本次 OEM 订单任务为首次业务，需要 A 公司提交配方工艺资料，完成普通化妆品备

案，公司研发部按客户提供的需求进行打版，经客户确认后，采购物料投入生产，在供货期内完成产品加工、检验合格。订单内容包括订单品牌，规格、数量、销售的国家或地区（涉及原料和产品的要求）、配方工艺、质量指标、成本核算、交货日期、储运条件等。

由于产品拟在国内销售，产品和所用原料符合《化妆品安全技术规范》（2015 年版）和《已使用化妆品原料目录（2021 年版）》的规定，产品符合行业标准《护肤啫喱》（QB/T 2874—2007）。

▶ 相关知识

眼部啫喱的质量指标见表 2-45。

表 2-45　　　　　　　　　　　　眼部啫喱的质量指标

项目		指标
感官指标	外观	透明或半透明凝胶状，无异物（允许添加起护肤或美化作用的粒子）
	香气	符合规定香气
理化指标	耐热	(40±1)℃保持 24 h，恢复至室温后与试验前外观无明显差异
	耐寒	(-10~-5)℃保持 24 h，恢复至室温后与试验前外观无明显差异
	pH 值（25 ℃）	3.5~8.5
微生物学指标	菌落总数/(CFU/g 或 CFU/mL)	≤500
	霉菌和酵母菌总数/(CFU/g 或 CFU/mL)	≤100
	耐热大肠菌群/(g 或 mL)	不得检出
	金黄色葡萄球菌/(g 或 mL)	不得检出
	铜绿假单胞菌/(g 或 mL)	不得检出
有害物质	汞/(mg/kg)	≤1
	铅/(mg/kg)	≤10
	砷/(mg/kg)	≤2
	镉/(mg/kg)	≤5
	甲醇/(mg/kg)	≤2 000

▶ 任务实施

对合同订单进行分析评价：根据合作方资质、提供资源、法规要求、质量标准、生产范围、生产能力等做出任务分析评估报告。

任务分析评价报告参考附表 1。

任务测评

任务结束后填写任务测评表，见表 2-46。

表 2-46　任务测评表

序号	考核内容	考核标准	配分	得分
1	素质考核	课堂出勤率、学习态度、行为规范	30	
2	课堂表现	课堂互动、团队协作、创新建议	30	
3	专业知识	护肤啫喱质量标准的解读能力	40	
		合计	100	

任务二　配方设计、打版与产品质量分析

学习目标

【知识目标】了解眼部啫喱的基础知识和眼部啫喱配方结构及配方设计原则。

【技能目标】掌握眼部啫喱原料相关知识和原料的辨识；掌握增溶技术及增溶剂的选择；按眼部啫喱配方工艺步骤操作；按眼部啫喱配方打样后评价实施的可行性；制定眼部啫喱生产工艺规程和操作规程；对打样样品进行质量评价和改进。

【素养目标】在学习增溶技术及增溶剂的选择等知识的过程中，培养学生的技术运用能力，形成学习掌握技术的兴趣和意愿；引导学生理解技术与人类文明的有机联系，掌握化妆品技术体系的发展新趋势。

任务引入

打版工作流程表参考附表 2。

任务分析

眼部啫喱是用于眼部的一种护肤啫喱，也是眼霜的一种类型。能够有效解决皱纹、黑眼圈和眼袋等眼部问题。

相关知识

一、配方结构

眼部啫喱的主要成分由增稠剂、保湿剂、乙醇、营养剂、pH 调节剂、增溶剂、眼部活性物、防腐剂、螯合剂、香精等组成。功效性的产品还应添加相应的功效成分，制成产品需符合产品执行标准，功效宣称的需有文献支持或功效试验等功效评价。眼部啫喱的配方结构

表见表 2-47。

表 2-47　　　　　　　　　　　眼部啫喱的配方结构表

结构组成	主要功能	代表性原料
增稠剂	稳定、悬浮作用，赋予产品啫喱状外观，调节产品流变性，提高产品稳定性	卡波姆940、卡波姆980、卡波U20、丙烯酰胺二甲基牛磺酸铵/VP共聚物（AVC）、羟乙基纤维素、结冷胶、黄原胶等
保湿剂	起滋润、保湿的作用	甘油、丙二醇、聚乙二醇、透明质酸钠、吡咯烷酮羧酸钠、芦荟胶等
营养剂	起润肤、修复、护肤的作用	β-葡聚糖、马齿苋提取物、北美金缕梅提取物、肝素钠等
pH调节剂	调节产品pH值	氢氧化钠、三乙醇胺、异丙醇胺、精氨酸等
眼部活性物	提供眼皮的营养、修复、改善眼部周围血液循环的作用	肝素钠、胶原等
螯合剂	使金属离子螯合，防止产品变色、褪色，对防腐有协同作用	EDTA-二钠、EDTA-四钠等
着色剂	赋予产品颜色	各种化妆品允许使用色素
香精	产品赋香	各种化妆品用香精
水	起溶解、稀释的作用	纯化水

二、原料性质

（一）凝胶基质原料的性质

凝胶基质一般采用水溶性高分子基质材，如卡波姆、丙烯酰胺二甲基牛磺酸铵/VP共聚物（AVC）、黄原胶等。

（二）保湿剂

保湿剂起滋润、保湿作用，如甘油、丙二醇、聚乙二醇，透明质酸钠、吡咯烷酮羧酸钠、芦荟胶等。

（三）眼部活性物

眼部活性物起营养、修复、改善眼部周围血液循环的作用，如β-葡聚糖、马齿苋提取物、肝素钠等。

1. 肝素钠

INCI中文名称：肝素钠。

别名：达肝素钠、依诺肝素钠、肝磷脂钠盐、亭扎肝素钠。

肝素钠为白色或类白色粉末，无味，有引湿性，易溶于水，不溶于乙醇、丙酮等有机溶剂。在水溶液中有强负电荷，能与一些阳离子结合成分子络合物。水溶液在pH值为7时较稳定。

超低相对分子质量的肝素钠是一种酸性黏多糖类物质，是近几年化妆品原料的一个热点。它能添加到营养霜、眼霜、去粉刺制品和生发剂等化妆品中。

性能：①增加皮肤的血管通透性，可以通过改善眼周血液循环，提升眼周血管内皮生长因子和眼周血红素加氧酶的表达来缓解黑眼圈。②改善局部血管循环的作用，且能通过加速皮肤局部的血液循环来缓解面部潮红、红血丝、血管淤滞等敏感肌问题，另外皮肤局部的血液循环的流畅可以加快已透入组织内的功效原料吸收，从而使皮肤吸收能力提高。③促进皮肤营养的供给和代谢废物的排泄。④对皮肤起到良好的保健和养护作用。

2. 胶原

INCI 中文名称：胶原。

别名：胶原蛋白。

来源：一般是从动物的皮肤里提取，有鱼皮、鱼鳞、动物皮，以鱼皮居多。

组成：胶原富含有除色氨酸和半胱氨酸外的 18 种氨基酸，其中维持人体生长所必需的氨基酸有 7 种。胶原中的甘氨酸占 30%，脯氨酸和羟脯氨酸共占约 25%，是各种蛋白质中脯氨酸和羟脯氨酸含量最高的，丙氨酸和谷氨酸的含量也比较高，同时还含有在一般蛋白质中少见的羟脯氨酸和焦谷氨酸，以及在其他蛋白质几乎不存在的羟基赖氨酸。

性质：化妆品中应用的水解胶原蛋白的相对分子质量一般为 1 000~5 000。胶原可以提供人体所必需的养分，补充 17 种对人体有益的氨基酸，使皮肤中的胶原活性增强，保持角质层水分以及纤维结构的完整性，改善皮肤细胞生存环境和促进皮肤新陈代谢，达到滋润皮肤、延衰老、美容、养发的作用。作为保湿、营养、抗衰老等多功能原料应用于护肤、护发产品。

（四）其他组成

其他组成包括缓冲剂、pH 调节剂、防腐剂等。

1. 缓冲剂

缓冲剂可以平衡皮肤 pH 值，如柠檬酸、乳酸、乳酸钠等。

2. pH 调节剂

pH 调节剂可以调节产品 pH 值，如三乙醇胺、氢氧化钠、精氨酸等。

3. 防腐剂

防腐剂可以防止微生物使眼部啫喱腐败变质，如羟苯甲酯、咪唑烷基脲、碘丙炔醇丁基氨甲酸酯、苯氧乙醇等。

三、设备

眼部啫喱一般采用真空乳化机生产，生产过程开启均质可加速胶凝剂的分散溶解，从而制得细腻的膏体，生产过程可抽真空脱泡制得更加稳定的膏体。

注意：由于真空乳化机的均质头属于精密组件，加入真空乳化罐的物料必须经过过滤，防止工具、螺钉或异物进入真空乳化罐，开均质时使均质头卡死或损坏。一般实验室真空乳化机为可移动、可拆卸的设备，由于均质器速度较高，要注意不能在无水或物料下开启真空乳化机，防止均质头卡死或损坏。均质头在使用后可拆卸清洗，使用前必须清洗，正确组装后再使用。

四、工艺

(一) 工艺流程图

眼部啫喱工艺流程图如图 2-6 所示。

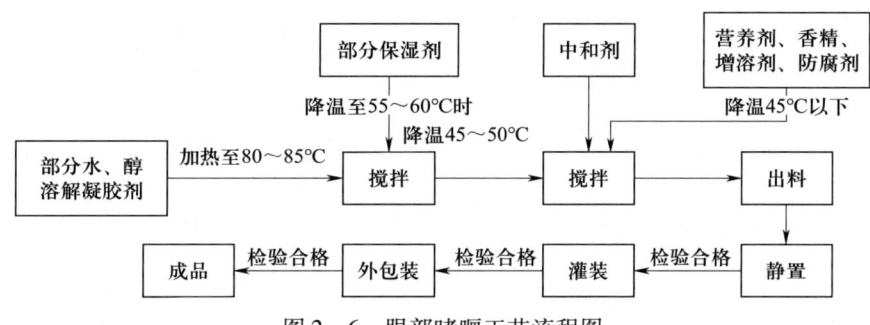

图 2-6 眼部啫喱工艺流程图

(二) 工艺要点

1. 原料储存

保持仓库环境合格，按不同原料、不同储存条件存放。

2. 预处理

将特定原料提前分散。

3. 关键原料投料

与护肤精华液相同。

五、产品的质量评价指标

(一) 感官指标表 (见表 2-48)

表 2-48　　　　　　　　　　感官指标表

项目	指标
外观	透明或半透明凝胶状，无异物
香气	符合规定香气

(二) 理化指标表 (见表 2-49)

表 2-49　　　　　　　　　　理化指标表

项目	指标
耐热	(40±1)℃保持 24 h，恢复至室温后与试验前外观无明显差异
耐寒	(-10~-5)℃保持 24 h，恢复至室温后与试验前外观无明显差异
pH 值 (25 ℃)	3.5~8.5

（三）微生物指标表（见表 2-50）

表 2-50　　　　　　　　　　　　　微生物指标表

项目	指标
菌落总数/(CFU/g 或 CFU/mL)	≤1 000
霉菌和酵母菌总数/(CFU/g 或 CFU/mL)	≤100

（四）加速试验表（见表 2-51）

表 2-51　　　　　　　　　　　　　加速试验表

项目	指标
耐热稳定性试验	(40±1)℃保持 7~30 天，恢复至室温后与试验前外观无明显差异
耐寒稳定性试验	(-8±2)℃保持 7~30 天，恢复至室温后与试验前外观无明显差异
耐热耐寒循环试验	(40±1)℃保持 7 天，恢复至室温后与试验前外观无明显差异

（五）感官评价表（见表 2-52）

表 2-52　　　　　　　　　　　　　感官评价表

项目	指标	结果
"看"色泽	色泽均匀，柔和与肤色配合融洽度好	
"闻"气味	气味纯正，与标样香型一致	
比较外质地	透明不流动，均匀、细腻、无结块，在常温时保持胶状，不干涸或液化状态	
使用感	在使用过程中的感官效果一般指使用感（如滑爽、润滑、黏稠、干燥或油腻）、延展性（是否容易涂敷，涂布层均匀度）、清爽度、渗透性等	

六、常见配方工艺问题及其原因解析

眼部啫喱很容易出现质量问题。如果把关不好，可能出现杂质异物、膏体粗糙、黏度异常、起皮干缩、鱼眼结团、微生物超标等质量问题。原因与措施与其他啫喱相同，眼部啫喱更应注意控制原料和生产过程微生物指标、生产环境卫生。

▶▶ 任务实施

一、设计的配方及工艺（参考附表 3 配方设计记录表）

二、打样

（一）打样前准备

1. 按实训室 6S 做好打样前准备。

2. 准备原料和仪器。
3. 设备仪器的清洁消毒。
4. 原料进行预处理。

(二) 打样的过程

填打样记录。打样记录表参考附表4。

1. 仪器与原料

(1) 仪器：烧杯、玻璃试管、温度计、电炉、搅拌器、玻璃棒、电子天平、pH 计、恒温烘箱、冰箱、高速均质机、旋转黏度计。

(2) 原料：纯化水、卡波姆 U20、透明质酸钠、1,3-丙二醇、芦荟胶、丁二醇、胶原、肝素钠、三乙醇胺、杰马 BP、香精、增溶剂等。

2. 配方及操作步骤

(1) 配方表。眼部啫喱配方表见表 2-53。

表 2-53　　　　　　　　　眼部啫喱配方表

序号	原料商品名	作用	质量分数/%	备注
1	纯化水	稀释	加至100	
2	卡波姆 U20	增稠	0.5	
3	透明质酸钠	保湿	0.08	
4	1,3-丙二醇	皮肤调理	3.0	
5	芦荟胶	保湿	2.0	
6	丁二醇	保湿	5.0	
7	胶原	保湿	0.5	
8	肝素钠	眼皮调理	0.2	
9	三乙醇胺	调节 pH 值	0.5	
10	杰马 BP	防腐	0.2	
11	香精	芳香	0.05	
12	增溶剂	增溶	0.2	

(2) 操作步骤：

①将 1、2、3、4 加入水相中，搅拌加热至 80~85 ℃，均质 1 min 使溶解；

②降温至 55~60 ℃时加入 5、6、7、8，搅拌 10 min；

③降温至 45~50 ℃时加入 9，搅拌 10 min；

④降温至 45 ℃以下，将 11、12 混合均匀后，与 10 分别加入水相中搅拌至溶解均匀，出料。

【操作提示】

1. 操作过程要加 1%～2%（质量分数）的补充水。
2. 注意保证卡波姆 U20 和透明质以钠溶解充分再降温。
3. 香精、液体状防腐剂和活性物质要低温加入，防止香精挥发或活性成分降解。

三、质量评价及配方改进

（一）打样样品的质量评价

对打样样品进行质量评价。填写眼部啫喱质量评价表 2-54。

表 2-54　　　　　　　　　　眼部啫喱质量评价表

项目		指标	结果
感官指标	外观	透明或半透明凝胶状，无异物	
	香气	符合规定香气	
理化指标	耐热	(40±1)℃保持 24 h，恢复至室温后与试验前外观无明显差异	
	耐寒	(-10～-5)℃保持 24 h，恢复至室温后与试验前外观无明显差异	
	pH 值（25 ℃）	3.5～8.5	
微生物标准	菌落总数/ (CFU/g 或 CFU/mL)	≤1 000	
	霉菌和酵母菌总数/ (CFU/g 或 CFU/mL)	≤100	
稳定性试验	耐热稳定性试验	(40±1)℃保持 7～30 天，恢复至室温后，观察膏体外观，是否絮凝、混浊、变稀现象等	
	耐寒稳定性试验	(-8±2)℃保持 7～30 天，恢复至室温后，观察膏体外观，是否絮凝、混浊、变稀现象等	
	耐热耐寒循环试验	(40±1)℃保持 7 天，恢复至室温后，(-8±2)℃保持 7 天，恢复至室温后，观察膏体外观，是否絮凝、混浊、变稀现象等	

（二）打样样品感官评价

对打样样品进行感官评价，填写感官评价表 2-52。

（三）配方改进

根据打样质量评估结果进行分析，确定改进措施和方法。

》任务测评

任务结束后填写设计任务测评表，见表 2-55。

表 2-55　　　　　　　　　　　设计任务测评表

序号	考核内容	考核标准	配分	得分
1	配方设计项目	能准确选用啫喱原料设计配方	40	
2	配方打样项目	能按操作规程进行啫喱打样	40	
3	6S 管理	遵守 6S 管理	20	
		合计	100	

任务三　总结与归档

学习目标

【知识目标】能配合生产部门解决大规模工业化生产出现的偏差。

【技能目标】能评价生产产品的质量；能核对订单任务；审核打版记录；提供检验报告；对产品审核放行；对产品留样及质量追溯管理；总结与归档。

【素养目标】在本模块学习如何配合生产部门解决大规模工业化生产出现的偏差的过程中，培养学生问题解决的能力，能依据产品生产流程中特定情境和具体条件，选择制定合理的解决方案；培养具有在复杂环境中行动的应变能力。

任务引入

接上一任务。

任务分析

上一任务已了解课题设计任务，进一步对设计结果进行统计、分析、总结归档。

任务实施

参考模块二——课题一——任务四的步骤。

任务测评

任务结束后填写任务测评表，见表 2-56。

表 2-56　　　　　　　　　　　任务测评表

序号	考核内容	考核标准	配分	得分
1	素质考核	课堂出勤率、学习态度、行为规范	30	
2	课堂表现	课堂互动、团队协作、创新建议	30	
3	专业知识	统计、分析、总结归档能力	40	
		合计	100	

思考与练习

一、单项选择题

1. 护肤啫喱常用保湿剂有（　　）。
   A. 甘油　　　　B. 丙二醇　　　　C. 透明质酸钠　　　　D. 以上都是
2. 下列原料主要不具增稠作用的是（　　）。
   A. 芦荟胶　　　B. 马齿苋提取物　　C. 结冷胶　　　　　　D. 卡波姆

二、简答题

1. 简述眼部啫喱的配方结构特点。
2. 简述眼部啫喱打样出现鱼眼的原因及解决方法。

模块三

香水类化妆品技术

香水类化妆品是一类芳香制品，主要作用是赋香和盖味，赋予使用者独特的韵味和魅力，有的还具有驱蚊、爽身等作用。主要包括香水、古龙水、花露水、宝宝金水等产品。

课程思政小学堂

把握中国"嗅觉经济"发展新趋势
——以 A 品牌推出纯白香味香水为例

在我国，香氛行业较国外龙头公司而言，起步较晚。虽已被国外龙头公司占据了大部分的市场份额，但随着供需两侧的不断发展，国家相关政策的推动，我国的香氛市场将进一步扩容。2020 年至今，我国本土香水品牌在国风创意、东方香氛等方面持续发力，逐渐赢得广大消费者的青睐。总体而言，中国香水市场将成为未来全球香水市场的主要增长点，作为"嗅觉经济"市场下的一个细分赛道，香氛市场仍处于蓝海市场。

自 2022 年 7 月以来，部分国外品牌化妆品集团均向中国市场推出新的香水品牌，这场值得关注的"嗅觉经济"竞争已悄然开始。2022 年 9 月 6 日 20 时，某公司旗下的 A 品牌在线上官方旗舰店正式上线了首批香水，共计 1 万份。从 A 品牌直播间的直播内容来看，此款香水是随售价 199 元的洗护大礼包一同赠出，不单独售卖，因此这款并无实际的销售价格。

A 品牌此次推出的香水为 A 品牌香皂和沐浴露同款的纯白香味，这款香水还未正式上线之前，就在小红书、微博等社交平台得到广泛关注。据 A 品牌工作人员表示，A 品牌纯白香味的产品一直给消费者一种"干净的沐浴露"的印象，纯白香味也是国内市场销量较高的沐浴露、香皂之一。此次推出的 A 品牌香水更像是一场周年庆的营销活动，使直播间更有流量与话题度，通过创意产品也大大拉近了品牌商与消费者之间的距离，增强了双方的互动。

"与洗护用品相比，香水的利润会更高""爆款产品会带来更多的流量"这都是美妆品牌认识共鸣的观点。香水品牌的打造需要有一定的"人设故事"与多元的灵感和想法，在宣传中需要一定的成本，而 A 品牌香水一经推出，通过营销策略，为品牌带来更多的销量与曝光度，并迅速在网络上走红。

以上案例为我们指明了"嗅觉经济"发展的新趋势，说明"嗅觉经济"市场环境下的香水已经成为一个蓬勃发展的市场。这给我国香水品牌的制造商带来更多的启示，如产品的质量与价格的匹配度，气味、设计与品质如何更加贴合消费者的需求，调香创意上仍需突破和沉淀等，通过研发并推出消费者青睐的产品，为品牌带来更多的曝光度和销量。

在产品的创新与研发中，作为企业，应该努力挖掘客户需要且不存在竞争的市场，抢占蓝海市场，开辟"无人竞争"的市场空间，寻找市场空白点，开创属于自己的一片蓝海。

课题一　低醇香水配方设计

低醇香水是将香料溶解于乙醇中的制品，有时根据需要，还可加入微量色素、抗氧化剂、杀菌剂、甘油、表面活性剂等添加剂。

任务一　接受任务订单

》学习目标

【知识目标】能识读任务书。
【技能目标】能初步评估订单的可行性（包括生产范围、生产能力、法规符合性等）。
【素养目标】在对 OEM 订单可行性分析的过程中，培养学生掌握与低醇香水销售相关的经济常识；引导学生了解我国的市场体系，把握中国"嗅觉经济"发展的新趋势。

》任务引入

××化妆品公司接到 A 公司的低醇香水 OEM 订单。生产×××牌低醇香水 100 万瓶。

》任务分析

本次 OEM 订单任务为首次业务，需要 A 公司提交配方工艺资料，完成普通化妆品备

案，公司研发部按客户提供的需求进行打版，经客户确认后，采购物料投入生产，在供货期内完成产品加工、检验合格。订单内容包括品牌、规格、数量、销售的国家或地区（涉及原料和产品的要求）、配方工艺、质量指标、成本核算、交货日期、储运条件等。

由于产品拟在国内销售，产品和所用原料符合《化妆品安全技术规范》（2015年版）和《已使用化妆品原料目录（2021年版）》的规定，产品符合行业标准《香水、古龙水》（QB/T 1858—2004）。

相关知识

低醇香水的质量指标见表3-1。

表3-1 低醇香水的质量指标

项目		要求
感官指标	色泽	符合规定色泽
	香气	符合规定香型
	清晰度	水质清晰，不应有明显杂质和黑点
理化指标	相对密度	规定值±0.02
	浊度	5 ℃水质清晰，不混浊
	色泽稳定性	(48±1)℃保持24 h，维持原有色泽不变
微生物学指标	菌落总数/(CFU/g 或 CFU/mL)	≤1 000
	霉菌和酵母菌总数/(CFU/g 或 CFU/mL)	≤100
	耐热大肠菌群/(g 或 mL)	不得检出
	金黄色葡萄球菌/(g 或 mL)	不得检出
	铜绿假单胞菌/(g 或 mL)	不得检出
有害物质	汞/(mg/kg)	≤1
	铅/(mg/kg)	≤10
	砷/(mg/kg)	≤2
	镉/(mg/kg)	≤5
	甲醇/(mg/kg)	≤2 000

任务实施

对合同订单进行分析评价：根据合作方资质、提供资源、法规要求、质量标准、生产范围、生产能力等做出任务分析评估报告。

任务分析评价报告参考附表1。

任务测评

任务结束后填写任务测评表，见表3-2。

表3-2　　　　　　　　　　　　　任务测评表

序号	考核内容	考核标准	配分	得分
1	素质考核	课堂出勤率、学习态度、行为规范	30	
2	课堂表现	课堂互动、团队协作、创新建议	30	
3	专业知识	香水质量标准的解读能力	40	
		合计	100	

任务二　配方设计、打版与产品质量分析

学习目标

【知识目标】了解香精、香料的基础知识和香水配方结构及配方设计原则。

【技能目标】熟悉香料类原料的选择；熟悉配制设备的构造原理和操作要求；按低醇香水配方工艺步骤操作；按低醇香水配方打样后评价实施的可行性；制定低醇香水生产工艺规程和操作规程；对打样样品进行质量评价和改进。

【素养目标】通过香水配方结构的探究，引导学生进行小范围消费者需求调研与分析，做出正确的香水产品供给判断，使学生了解社会经济活动遵循的价值规律以及供给与需求之间的关系，引导学生了解我国社会主义市场经济的基本特征。

任务引入

打版工作流程表参考附表2。

任务分析

香水是将香料溶解于乙醇中的制品，有时根据需要还可加入微量色素、抗氧化剂、杀菌剂、甘油、表面活性剂等添加剂。按产品形态不同可分为酒精香水、乳化香水和固体香水。按香气可分为花香型香水和幻想型香水。花香型香水的香气，大多模拟天然花香配制而成，主要有玫瑰、茉莉、水仙、玉兰、铃兰、栀子、橙花、紫丁香、紫罗兰、晚香玉、金合欢、金银花、风信子、薰衣草等；幻想型香水是调香师根据自然现象、风俗、景色、地名、人物、情绪、音乐、绘画等方面的艺术想象，创造出的新香型，往往具有美好的名称，如素心兰、香奈儿五号、夜航、夜巴黎、圣诞节之夜、沙丘等。

好的香水必须满足以下必要条件：

1. 有美妙的香气，优雅和高情调的芳香；

2. 有芳香特征；
3. 各种香气得到协调平衡；
4. 芳香的扩散性好；
5. 香气有适度的强持续性；
6. 香气与制品的内涵概念相一致。

高档香水又称高级香水，区别于一般泛指的香水类产品。这类产品香精含量为10% ~ 20%（质量分数），最高可达30%（质量分数）。最常用的介质为纯净的乙醇（经过脱臭去杂），有时添加少量色素、抗氧化剂和紫外线吸收剂，使产品稳定。

使用的香精应为醇溶性和光稳定性好的高档香精。既要有好的扩散性使香气四溢，又有一定留香能力，能引起人们喜爱，还有一定创新格调，且安全性高，不沾污衣物。近年来，香水倾向使用喷雾型包装，这要求香精蒸发后固态残留物少，以免堵塞喷头。

用于增加香水稳定性的添加剂包括紫外线吸收剂、螯合剂、抗氧化剂等。紫外线吸收剂能改善光稳定性，如二苯酮-2 和二苯酮-5（水溶性）。螯合剂用于香精组分与铁和其他金属离子反应前将它们螯合，如 EDTA 及其盐。抗氧化剂有助于预防酸败，如 2,6-二叔丁基-4-甲基苯酚（BHT）和柠檬酸、酒石酸等。常常使用各种功能稳定剂的复配物，功效比单独一种稳定剂高。如果它们是油溶性的，可直接加入香水中，如 BHT。当必须使用水溶性组分时，需与加溶剂预先混合。

》 相关知识

一、配方结构

低醇香水的主要成分由纯化水、乙醇、增溶剂、香精、定香剂、防腐剂等组成，要求香气更清纯，使用更安全。

二、香水的化妆品原料

（一）香料

香料从广义上讲是香原料与香精的统称，从狭义上讲是指香原料，不包含香精，通常所说的香料是指狭义。

香料在人类历史发展的启蒙时期就被人类所使用，通过嗅闻盛开的鲜花和带香气的植物以享受美好香气带来的愉快感觉，还以各种鲜花、果实、树脂等有芳香的物质来敬拜神灵。

香料是一种能被嗅觉嗅出香气或通过味觉尝出香味的物质。它可以是单一结构物（相对较纯的含量），也可以是一种混合物。

香料有些存在于自然界生物体内，有些可通过化学或生物手段合成，包括合成自然界未发现的物质。

香料按原料或制法可分为天然香料和合成香料。天然香料是指含有发香成分的动物或植物的某些生理器官（如香腺、香囊、花、叶、枝、干、皮、根、果、籽等）和分泌物，以及包括从这些生理器官或分泌物中经过加工提取出来的含有发香成分的物质。这些提取物的剂型包括精油、净油、酊剂、浸膏（或称香液）、香树脂、单离体等。这类产品的成分组成十分复杂，是一种多组分混合物。天然香料约1 500种，常用约200种。动物香料较少，仅有麝香、灵猫香、龙涎香、海狸香、麝鼠香等，由于产量有限，因此价格昂贵，还因安全和环境因素，已不常用。

单体香料分为单离香料和合成香料。单离香料是从成分复杂的天然复体香料分离出来的某些发香成分（如从香茅油中分离出来的香茅醇、香茅醛等），其工业使用价值较高。合成香料是以石油化工产品、煤焦油、萜类等廉价原料，通过各种化学反应而合成的香料。目前，全世界合成香料已发展到6 000种以上，通常调香中使用的约500～600种。

合成香料按其化学结构分为天然结构和人造结构。天然结构的合成香料是通过分析天然香料的成分，确定其发香成分的化学结构，然后采用其他原料合成出化学结构与之完全一致的香料化合物，如合成L-薄荷醇、樟脑和香豆素等。这类香料占合成香料中的绝大部分。人造结构的合成香料是在天然香料成分中尚未发现，而其香气与某些天然品相似的香料化合物，如合成麝香、洋茉莉醛和茉莉醛等。与天然香料比较，合成香料价格低廉、货源充沛、品质稳定。随着近代有机合成方法的发展，分离和分析技术的现代化使合成香料日新月异。

（二）香精

香精是由多种香料按一定的比例混合后，形成具有一定香气特性的混合物。

香精按其用途可分为日用化学用香精、食用香精和其他工农业品用香精。其中，日用化学用香精可再分为日用洗涤剂用、清洁剂用、劳动防护用品用等；食用香精可再分为食品用、烟用、酒用、牙膏（牙粉）用和某些内服药用等；其他工农业品用香精可再分为塑料制品用、纺织品用、工业用祛息剂、杀虫剂、皮革用、文教用品和饲料用等。

香精作为工业产品，具备其质量规格。各生产厂家的质量指标虽有差别，但有些性质是必须具备的。香精应具有一定的香型、香气或香味特征，有一定的香料配合比例及配制工艺，对人体（外用或内服）是安全的。符合规定的剂型，可与加香介质配伍，并能保持一定的稳定性和持久性，且价格合理。

1. 香气的表现

一般描述香气的方法有多种，都是从不同的角度用合适的语言表达。国外一些研究工作者和专业协会尝试制定较适当形容气味的术语清单，对香气的种类和品质进行描述，但由于感观性质的描述较复杂，很难推广和实行。恰当描述香气不仅对调香和评香很重要，而且对化妆品的介绍说明和广告宣传也有很大的影响。表3-3介绍了一些香气类别与代表性香气。

表3-3　　　　　　　　　　香气类别与代表性香气表

香气类别	代表性香气
醛香	直链烃气味、河或海产气味、直链醛类气味
动物香	类动物气味、灵猫和粪臭素（3-甲基吲哚）典型气味
膏香	甜、香兰素香气

续表

香气类别	代表性香气
樟脑和草药香	樟脑、桉树、鼠尾草香气
柑橘香	柑橘类果皮油香气
土香	潮气、湿土,特别是雨后湿土花朵香气
鲜花香	花朵香气
水果香	水果香气
清香	新鲜捣碎叶和新割的草香气
药香	酚、消毒剂和酚皂香气
金属香	典型金属表面,气味如硬币香气
薄荷香	类薄荷香气
苔香	地衣、藻类和一般树木生长菌类香气
粉香	甜、粉香样香气
树脂香	树脂香
辛香	烘烤香料,如月桂、人参香气
蜡香	蜡烛燃烧的气味
木香	新锯木香,一般指雪松和檀香木香气

2. 香气分类

众所周知,气味的种数非常多,调香师经常使用的香料有几百种甚至千余种,其香气各有不同,为了在调香工作中的选择和应用方便,评香时比较香气有较接近的标准,对香气进行分类是很有必要的。对于初学调香者和化妆品配方师来说,这也是不可忽略的基本知识。

我国调香工作者经过长期的实践,结合我国的具体情况和文化发展背景,对香料的香气分类进行了研究。从调香应用入手,结合各类香气间的区别和联系,先将香料的香气划分为花香型和非花香型。我国调香工作者建议的香气分类简表见表3-4。

表3-4　　　　　　　　我国调香工作者建议的香气分类简表

香气类别		代表性的天然香料品名
花香型	①清(青)韵	薰衣草、穗薰衣草、杂薰衣草、洋甘菊
	②甜韵	玫瑰(月季)
	③鲜韵	茉莉、白兰、苦橙花、依兰-卡南加、树兰
	④幽韵	晚香玉、水仙花
	⑤清(青)甜韵	香石竹
	⑥鲜甜韵	风信子、栀子花
	⑦鲜幽韵	紫(白)丁香
	⑧幽清(青)韵	桂花、木樨草、金合欢、含羞花

续表

香气类别		代表性的天然香料品名
非花香型	①青滋（清）香	紫罗兰叶、香柠檬、薄荷芳樟、玫瑰木、玳玳叶、（苦）橙叶、白兰叶、橡苔和树苔、亚洲薄荷和椒样薄荷、留兰香、蓝桉叶、杜松子、松针
	②草香（芳草与草药）	香茅、柠檬桉、冬青与地檀香、菖蒲、迷迭香、百里香、缬草、甘松、苍术
	③木香	广藿香、柏木、檀香、香附、岩兰草、香苦草、愈创木、桦焦
	④蜜甜香	鸢尾、玫瑰草、山蕨、香叶、姜草
	⑤脂蜡香	楠叶油
	⑥膏香	安息香、秘鲁香、吐鲁香、苏合香、乳香、格蓬、没药
	⑦琥珀香	香紫苏、圆叶当归、麝葵子、岩蔷薇、防风根
	⑧动物香	龙涎香、海狸香、灵猫香、麝香
	⑨辛香（包括焦草香和烟草香）	芹菜籽、葛缕子、小豆蔻、芫荽籽、姜、八角茴香、小茴香、甜罗勒、丁香罗勒、丁香、斯里兰卡桂叶、桃金娘月桂叶、肉桂、月桂叶、黄樟、肉豆蔻、洋葱
	⑩豆香	黑香豆、香莫兰豆
	⑪果香（包括坚果浆果香和瓜香）	香柠檬、柠檬、柠檬草、防臭木、山苍子、白柠檬、圆柚、甜橙、橘、苦橙、苦杏仁
	⑫酒香	康酿克

（三）主要原料

INCI 中文名称：乙醇。

别名：酒精。

分子式：CH_3CH_2OH。

制法：乙醇的常用制法主要有发酵法和乙烯水化法。化妆品用乙醇是以谷物、薯类、糖蜜或其他可食用的农作物为原料，经发酵、蒸馏精制而成。

乙醇可以看作乙烷分子中的一个氢原子被羟基取代的产物，也可以看作水分子中的一个氢原子被乙基取代的产物。

性质：无色透明液体（纯酒精），有特殊香味，易挥发。乙醇蒸气能与空气形成爆炸性混合物，能与水以任意比例互溶。能与氯仿、乙醚、甲醇、丙酮和其他多数有机溶剂混溶。

密度：0.789 g/cm^3。

熔点：114.1 ℃。

沸点：78.3 ℃。

折射率（20 ℃）：1.361 4。

乙醇是香水、古龙水、花露水的主要原料，添加量为60%～95%（质量分数），另外，乙醇还用于润肤水、防晒乳等护肤品，作为溶剂、增溶剂、消泡剂、清凉剂和收敛剂等使用。安全性：几乎无毒，LD_{50} = 7 060 mg/kg（兔，经口）、7 340 mg/kg（兔，经皮）。乙醇的成人一次致死量为 5~8 g/kg，儿童为 3 g/kg。相关资料证明，乙醇在化妆品中的使用是安全的，乙醇经皮吸收率低（2.3%），无诱变性。不刺激皮肤，不致敏，有眼刺激性。

为了防止酗酒者饮用一般乙醇，在工业用酒精中会添加一些变性剂，制成变性乙醇，变性的目的是改变乙醇属性以达到不能饮用，只能用于工业用途。目前常用乙醇变性剂包括邻苯二甲酸二乙酯（100 L 乙醇 + 1 L 邻苯二甲酸二乙酯）、叔丁醇与苯甲地那铵（100 L 乙醇 + 0.125 L 叔丁醇 + 0.468 g 苯甲地那铵）。化妆品在注册备案时要求标注变性乙醇中变性剂的种类。

三、设备

带有防爆电机的速度搅拌配制罐。

四、工艺

（一）香水工艺流程

香水工艺流程图如图 3-1 所示。

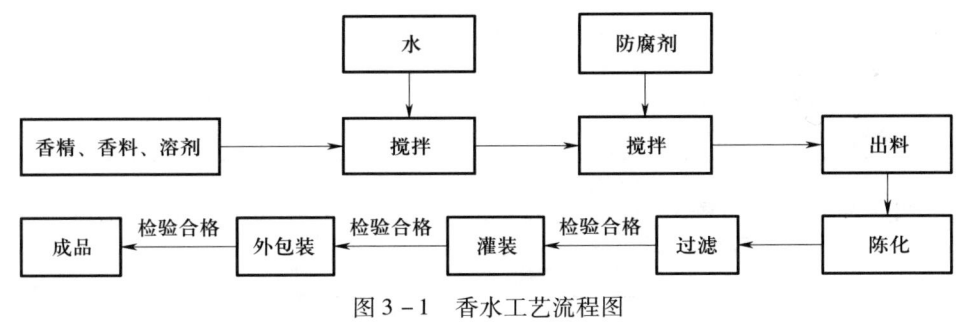

图 3-1 香水工艺流程图

（二）工艺要点

1. 原料储存

保持仓库环境合格，按不同原料、不同储存条件存放。乙醇需存放在阴凉通风、防爆的库房。

2. 预处理

将特定原料提前分散。

3. 关键原料投料

（1）香精的加入。一般香精为油溶性，需先与增溶剂、乙醇混合均匀后再加入。

（2）防腐剂的加入。防腐剂的加入要依据其溶解性和温度敏感性。常用的防腐剂如果是水溶性的，可在常温下加入水相。有些固态的防腐剂最好先用溶剂溶解后再加入。

五、产品的质量评价指标

(一) 感官指标表 (见表3-5)

表3-5　　　　　　　　　　　　感官指标表

项目	指标
外观	符合规定色泽
香气	符合规定香型
清晰度	水质清晰,不应有明显杂质和黑点

(二) 理化指标表 (见表3-6)

表3-6　　　　　　　　　　　　理化指标表

项目	指标
相对密度	规定值 ±0.02
浊度	5 ℃水质清晰,不混浊
色泽稳定性	(48±1)℃保持24 h,维持原有色泽不变

(三) 微生物指标表 (见表3-7)

表3-7　　　　　　　　　　　　微生物指标表

项目	指标
菌落总数/(CFU/g 或 CFU/mL)	≤1 000
霉菌和酵母菌总数/(CFU/g 或 CFU/mL)	≤100

(四) 加速试验表 (见表3-8)

表3-8　　　　　　　　　　　　加速试验表

项目	指标
耐热稳定性试验	(40±1)℃保持7~30天,恢复至室温后与试验前无明显性状差异
耐寒稳定性试验	(-8±2)℃保持7~30天,恢复至室温后与试验前无明显性状差异
耐热耐寒循环试验	(40±1)℃保持7天,恢复至室温后与试验前无明显性状差异

(五) 感官评价表表 (见表3-9)

表3-9　　　　　　　　　　　　感官评价表

项目	指标	结果
"看"色泽	色泽均匀,柔和与肤色配合融洽度好	
"闻"气味	气味纯正,与标样香型一致	
比较外质地	清澈透明,无任何沉淀,无明显分层,无混浊,无明显杂质和黑点	
使用感	取适量香水涂布于手背上,感觉料体是否易于涂抹;待手背上形成一层敷层,2~3 min后感觉皮肤是否有收敛感、凉爽感	

六、常见配方工艺问题及其原因解析

香水类产品常见的质量问题有静置后出现变色、变味或出现半透明、松散絮状物。

可能原因：香精或添加的其他提取物溶解度太低。

措施：在香水中添加有一定悬浮能力的原料或添加增溶剂；在开发配方过程对添加香精或活性成分的体系进行平行对照稳定性测试。

》任务实施

一、设计的配方及工艺（参考附表 3 配方设计记录表）

二、打样

（一）打样前准备

1. 按实训室 6S 做好打样前准备。
2. 准备原料和仪器。
3. 设备仪器的清洁消毒。
4. 原料进行预处理。

（二）打样的过程

填打样记录。打样记录表参考附表 4。

1. 仪器与原料

（1）仪器：烧杯、玻璃试管、温度计、电炉、搅拌器、玻璃棒、电子天平、pH 计、恒温烘箱、冰箱、折光仪。

（2）原料：纯化水、乙醇、香精、增溶剂 CO40、杰马 BP 等。

2. 配方及操作步骤

（1）配方表。低醇香水配方表见表 3 – 10。

表 3 – 10　　　　　　　　低醇香水配方表

序号	原料商品名	作用	质量分数/%	备注
1	纯化水	稀释剂	加至 100	
2	乙醇	溶剂	25	
3	香精	芳香	5.0	
4	增溶剂 CO40	增溶	6.0	
5	杰马 BP	防腐剂	0.2	

（2）操作步骤：

①将 2、3、4 加入先混合搅拌均匀；

②加入 1 搅拌至溶解，如果透明度不够可适量增加增溶剂调至透明；

③再加入 5 搅拌至溶解均匀，出料。

【操作提示】

1. 操作过程要加约 1%（质量分数）的补充水。
2. 注意保证香精、增溶剂和乙醇混合均匀再加入水。
3. 因香精、香料不同，有的配方会出现不溶性絮状物，需再经过陈化过滤。
4. 配方中使用乙醇，要注意防火防爆。

三、质量评价及配方改进

（一）打样样品的质量评价

对打样样品进行质量评价，填写低醇香水质量评价表 3-11。

表 3-11　　　　　　　　　　低醇香水质量评价表

项目		指标	结果
感官指标	外观	符合规定色泽	
	香气	符合规定香型	
	清晰度	水质清晰，不应有明显杂质和黑点	
理化指标	相对密度	规定值 ±0.02	
	浊度	5 ℃水质清晰，不混浊	
微生物标准	菌落总数/(CFU/g 或 CFU/mL)	≤1 000	
	霉菌和酵母菌总数/(CFU/g 或 CFU/mL)	≤100	
稳定性试验	耐热稳定性试验	(40±1)℃保持 7~30 天，恢复至室温后，检查测试样品外观、颜色、相对密度、浊度等	
	耐寒稳定性试验	(-8±2)℃保持 7~30 天，恢复至室温后，检查测试样品外观、颜色、相对密度、浊度等	
	耐热耐寒循环试验	(40±1)℃保持 7 天，恢复至室温后，(-8±2)℃保持 7 天，恢复至室温后，检查测试样品外观、颜色、相对密度、浊度等	

（二）打样样品感官评价

对打样样品进行感官评价，填写感官评价表 3-9。

（三）配方改进

根据打样质量评估结果进行分析，确定改进措施和方法。

》 任务测评

任务结束后填写设计任务测评表，见表 3-12。

表 3-12　　　　　　　　　　　设计任务测评表

序号	考核内容	考核标准	配分	得分
1	配方设计项目	能准确选用香水原料设计配方	40	
2	配方打样项目	能按操作规程进行香水打样	40	
3	6S 管理	遵守 6S 管理	20	
		合计	100	

任务三　总结与归档

▶ 学习目标

【知识目标】能配合生产部门解决大规模工业化生产出现的偏差。

【技能目标】能评价生产产品的质量；能核对订单任务；审核打版记录；提供检验报告；对产品审核放行；对产品留样及质量追溯管理；总结与归档。

【素养目标】对任务二中已进行的香水类消费者需求调研情况做进一步分析，引导学生掌握社会主义基本经济制度与分配制度的相关内容；引导学生了解国家宏观调控对国民经济产生的调节与控制作用。

▶ 任务引入

接上一任务。

▶ 任务分析

上一任务已了解课题设计任务，进一步对设计结果进行统计、分析、总结归档。

▶ 任务实施

参考模块二——课题一——任务四的步骤。

▶ 任务测评

任务结束后填写任务测评表，见表 3-13。

表 3-13　　　　　　　　　　　任务测评表

序号	考核内容	考核标准	配分	得分
1	素质考核	课堂出勤率、学习态度、行为规范	30	
2	课堂表现	课堂互动、团队协作、创新建议	30	
3	专业知识	低醇香水配方设计能力	40	
		合计	100	

思考与练习

1. 简述配制香水时出现混浊的可能原因。
2. 低醇香水的主要成分是什么？
3. 简述香水生产过程的注意事项。

课题二 花露水配方设计

花露水是一种用于出汗后祛除身体一些汗臭的化妆品，以及在公共场所解除一些秽气的夏季卫生用品，具有一定消毒杀菌作用，涂在蚊叮、虫咬之处有止痒消肿的功效，涂抹在皮肤上有凉爽舒适之感，有的花露水具有驱蚊作用。

任务一 接受任务订单

▶ 学习目标

【知识目标】能识读任务书。
【技能目标】能初步评估订单的可行性（包括生产范围、生产能力、法规符合性等）。
【素养目标】引导学生了解国家制定的与化妆品生产与销售相关的各项经济政策和措施；引导学生进一步掌握经济常识中的供给与需求的辩证关系。

▶ 任务引入

××化妆品公司接到 A 公司的花露水 OEM 订单。生产×××牌花露水 100 万瓶。

▶ 任务分析

本次 OEM 订单任务为首次业务，需要 A 公司提交配方工艺资料，完成普通化妆品备案，公司研发部按客户提供的需求进行打版，经客户确认后，采购物料投入生产，在供货期内完成产品加工、检验合格。订单内容包括品牌、规格、数量、销售的国家或地区（涉及原料和产品的要求）、配方工艺、质量指标、成本核算、交货日期、储运条件等。

由于产品拟在国内销售,产品和所用原料符合《化妆品安全技术规范》(2015年版)和《已使用化妆品原料目录(2021年版)》的规定,产品符和行业标准《花露水》(QB/T 1858.1—2006)。

相关知识

花露水的质量指标见表3-14。

表3-14　　　　　　　　　　　花露水的质量指标

项目		要求
感官指标	外观	符合规定色泽
	香气	符合规定香型
	清晰度	水质清晰,不应有明显杂质和黑点
理化指标	相对密度	0.84~0.94
	浊度	10 ℃水质清晰,不混浊
	色泽稳定性	(48±1)℃,24 h维持原有色泽不变
微生物学指标	菌落总数/(CFU/g或CFU/mL)	≤1 000
	霉菌和酵母菌总数/(CFU/g或CFU/mL)	≤100
	耐热大肠菌群/(g或mL)	不得检出
	金黄色葡萄球菌/(g或mL)	不得检出
	铜绿假单胞菌/(g或mL)	不得检出
有害物质	汞/(mg/kg)	≤1
	铅/(mg/kg)	≤10
	砷/(mg/kg)	≤2
	镉/(mg/kg)	≤5
	甲醇/(mg/kg)	≤2 000

任务实施

对合同订单进行分析评价:根据合作方资质、提供资源、法规要求、质量标准、生产范围、生产能力等做出任务分析评估报告。

任务测评

任务结束后填写任务测评表,见表3-15。

表 3-15　　　　　　　　　　　　任务测评表

序号	考核内容	考核标准	配分	得分
1	素质考核	课堂出勤率、学习态度、行为规范	30	
2	课堂表现	课堂互动、团队协作、创新建议	30	
3	专业知识	花露水质量标准的解读能力	40	
		合计	100	

任务二　配方设计、打版与产品质量分析

学习目标

【知识目标】了解花露水配方结构和配方设计原则。

【技能目标】掌握花露水原料的选择；掌握配制设备的构造原理和操作要求；按花露水配方工艺步骤操作；按花露水配方打样后评价实施的可行性；制定花露水生产工艺规程和操作规程；对打样样品进行质量评价和改进。

【素养目标】以花露水的生产与销售为例对日化行业进行分析，了解我国的日化行业产业链现状，引导学生了解我国加快建设现代化产业体系的相关内容。

任务引入

打版工作流程表参考附表2。

任务分析

花露水具有添香除臭、提神醒脑等功效。此外，它还具有一定的杀菌、消炎作用，可以用于洗头、洗澡。在水中加几滴花露水，能起到爽身、清凉、祛痱止痒的作用。

相关知识

一、配方结构

花露水的主要成分由纯化水、乙醇、增溶剂、香精、香料、止痒、清凉剂、稳定剂、防腐剂等组成，香气更清纯，使用更安全。

二、原料

（一）香精

花露水所用的香精一般采用花露水专用香精，在市场上可以找到不同品牌香味的高仿版香精。

（二）香料

花露水最常用的香料有薄荷脑（薄荷醇）、冰片、樟脑等。

（三）植物提取物

花露水常用植物提取物来源有金银花提取物、黄柏提取物等。

三、设备

带有防爆电机的速度搅拌配制罐。

四、工艺

（一）花露水工艺流程

花露水工艺流程图如图3-2所示。

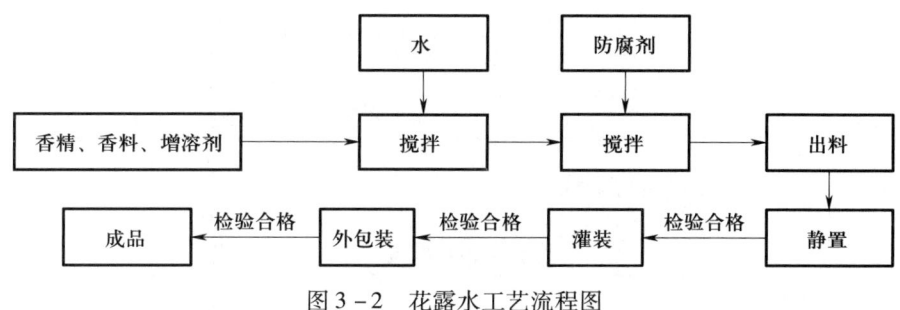

图3-2 花露水工艺流程图

（二）工艺要点：

1. 原料储存

保持仓库环境合格，按不同原料、不同储存条件存放。乙醇需存放在阴凉通风、防爆的库房。

2. 预处理

将特定原料提前分散。

3. 关键原料投料

（1）香精、香料的加入。一般冰片、樟脑等固体香精、香料一起混合溶解后，再与增溶剂、乙醇混合均匀。

（2）防腐剂的加入。防腐剂的加入要依据其溶解性和温度敏感性。常用的防腐剂如果是水溶性的，可在其耐受温度下加入水相。防腐剂大多不耐高温，需在低温时加入。但加入温度不能过低，否则分布不均匀，有些固态的防腐剂最好先用溶剂溶解后再加入。

（3）植物提取物的加入。植物提取物是多成分物质，而且其组成十分复杂。在温度较高时，不但容易损失，而且会发生一些化学反应，使活性变化，也可能引起颜色变深。因此，一般化妆品是在后期且温度在45 ℃以下时加入植物提取物。

五、产品的质量评价指标

(一) 感官指标表 (见表3-16)

表3-16　　　　　　　　　感官指标表

项目	指标
外观	符合规定色泽
香气	符合规定香型
清晰度	水质清晰,不应有明显杂质和黑点

(二) 理化指标表 (见表3-17)

表3-17　　　　　　　　　理化指标表

项目	指标
相对密度	规定值±0.02
浊度	5 ℃水质清晰,不混浊
色泽稳定性	(48±1)℃保持24 h,维持原有色泽不变

(三) 微生物指标表 (见表3-18)

表3-18　　　　　　　　　微生物指标表

项目	指标
菌落总数/(CFU/g 或 CFU/mL)	≤1 000
霉菌和酵母菌总数/(CFU/g 或 CFU/mL)	≤100

(四) 加速试验表 (见表3-19)

表3-19　　　　　　　　　加速试验表

项目	指标
耐热稳定性试验	(40±1)℃保持7~30天,恢复至室温后与试验前无明显性状差异
耐寒稳定性试验	(-8±2)℃保持7~30天,恢复至室温后与试验前无明显性状差异
耐热耐寒循环试验	(40±1)℃保持7天,恢复至室温后与试验前无明显性状差异

(五) 感官评价表 (见表3-20)

表3-20　　　　　　　　　感官评价表

项目	指标	结果
"看"色泽	色泽均匀,柔和与肤色配合融洽度好	
"闻"气味	气味纯正,与标样香型一致	
比较外质地	清澈透明,无任何沉淀,无明显分层,无混浊,无明显杂质和黑点	
使用感	取适量液体涂布于手背上,感觉料体是否易于涂抹;待手背上形成一层敷层,2~3 min后感觉皮肤是否有收敛感、凉爽感;有止痒效果等	

六、常见配方工艺问题及其原因解析

花露水类产品常见的质量问题与香水相似。

》任务实施

一、设计的配方及工艺（参考附表 3 配方设计记录表）

二、打样

（一）打样前准备

1. 按实训室 6S 做好打样前准备。
2. 准备原料和仪器。
3. 设备仪器的清洁消毒。
4. 原料进行预处理。

（二）打样的过程

填打样记录。打样记录表参考附表 4。

1. 仪器与原料

（1）仪器：烧杯、玻璃试管、温度计、电炉、搅拌器、玻璃棒、电子天平、pH 计、恒温烘箱、冰箱、折光仪。

（2）原料：纯化水、乙醇、香精、薄荷脑、樟脑、增溶剂 CO40、杰马 BP 等。

2. 配方及操作步骤

（1）配方表。花露水配方表见表 3-21。

表 3-21　　　　　　　　花露水配方表

序号	原料商品名	作用	质量分数/%	备注
1	纯化水	稀释	加至100	
2	乙醇	溶剂	25	
3	香精	芳香	0.5	
4	薄荷脑	止痒、清凉	0.1	
5	樟脑	止痒、驱蚊	0.1	
6	增溶剂 CO40	增溶	6.0	
7	杰马 BP	防腐	0.2	

（2）操作步骤：

①将 2、3、4、5、6 加入先混合搅拌均匀；

②加入 1 搅拌至溶解，如果透明度不够可适量增加增溶剂调至透明；

③再加入 7 搅拌至溶解均匀，出料。

【操作提示】

1. 操作过程要加约1%（质量分数）的补充水。
2. 注意保证香精、增溶剂和乙醇混合均匀再加入水。
3. 因香精、香料不同，有的配方会出现不溶性絮状物，需再经过陈化过滤。
4. 配方中使用乙醇，要注意防火防爆。

三、质量评价及配方改进

（一）打样样品的质量评价

对打样样品进行质量评价，填写花露水质量评价表3-22。

表3-22　　　　　　　　　花露水质量评价表

项目		指标	结果
感官指标	外观	符合规定色泽	
	香气	符合规定香型	
	清晰度	水质清晰，不应有明显杂质和黑点	
理化指标	相对密度	规定值±0.02	
	浊度	5 ℃水质清晰，不混浊	
微生物标准	菌落总数/（CFU/g 或 CFU/mL）	≤1 000	
	霉菌和酵母菌总数/（CFU/g 或 CFU/mL）	≤100	
稳定性试验	耐热稳定性试验	(40±1)℃保持7~30天，恢复至室温后，检查测试样品外观、颜色、相对密度、浊度等	
	耐寒稳定性试验	(-8±2)℃保持7~30天，恢复至室温后，检查测试样品外观、颜色、相对密度、浊度等	
	耐热耐寒循环试验	(40±1)℃保持7天，恢复至室温后，(-8±2)℃保持7天，恢复至室温后，检查测试样品外观、颜色、相对密度、浊度等	

（二）打样样品感官评价

对打样样品进行感官评价，填写感官评价表3-20。

（三）配方改进

根据打样质量评估结果进行分析，确定改进措施和方法。

》任务测评

任务结束后填写设计任务测评表，见表3-23。

表3-23　　　　　　　　　设计任务测评表

序号	考核内容	考核标准	配分	得分
1	配方设计项目	能准确选用花露水原料	40	

续表

序号	考核内容	考核标准	配分	得分
2	配方打样项目	能按操作规程进行花露水打样	40	
3	6S 管理	遵守 6S 管理	20	
		合计	100	

任务三　总结与归档

学习目标

【知识目标】能配合生产部门解决大规模工业化生产出现的偏差。

【技能目标】能评价生产产品的质量；能核对订单任务；审核打版记录；提供检验报告；对产品审核放行；对产品留样及质量追溯管理；总结与归档。

【素养目标】在指导学生进行花露水产品检验和审核的过程中，引导学生形成奋发有为的精神状态和"时时放心不下"的责任意识；在探究当前日化行业产业链情况的过程中，掌握"深化供给侧结构性改革，促进经济社会持续健康发展"的相关内容。

任务引入

接上一任务。

任务分析

上一任务已了解课题设计任务，进一步对设计结果进行统计、分析、总结归档。

任务实施

参考模块二——课题一——任务四的步骤。

任务测评

任务结束后填写任务测评表，见表 3-24。

表 3-24　　　　　　　　　　　任务测评表

序号	考核内容	考核标准	配分	得分
1	素质考核	课堂出勤率、学习态度、行为规范	30	
2	课堂表现	课堂互动、团队协作、创新建议	30	
3	专业知识	花露水配方设计能力	40	
		合计	100	

思考与练习

1. 配制花露水时，增溶剂、香精和香料分别直接加入水相，增溶剂、香精和香料混合加入水相，两种方法增溶效果是否相同？
2. 花露水中加入薄荷脑有什么作用？
3. 如何评价花露水的使用感。

课题三 宝宝金水配方设计

宝宝金水，集"祛痱、止痒、防蚊虫"三种功效为一体，无油腻、无刺激。从颜色上看，由于宝宝金水原料中含有野菊花提取物，宝宝金水呈现出金黄色且澄清、透明。

任务一 接受任务订单

》学习目标

【知识目标】能识读任务书。

【技能目标】能初步评估订单的可行性（包括生产范围、生产能力、法规符合性等）。

【素养目标】以宝宝金水的生产与销售情况为例，通过对"宝宝金水"类产品生产销售情况的案例分析，引导学生理解我国加快构建以国内大循环为主体、国内国际双循环相互促进的新发展格局，并在案例分析中了解我国深化要素市场化配置改革，打通生产、分配、流通、消费各环节的具体方式。

》任务引入

×× 化妆品公司接到 A 公司的宝宝金水 OEM 订单。生产 ××× 牌宝宝金水 100 万瓶。

》任务分析

本次 OEM 订单任务为首次业务，需要 A 公司提交配方工艺资料，完成普通化妆品备案，公司研发部按客户提供的需求进行打版，经客户确认后，采购物料投入生产，在供货期内完成产品加工、检验合格。订单内容包括订单品牌、规格、数量、销售的国家或地区（涉及原料和产品的要求）、配方工艺、质量指标、成本核算、交货日期、储运条件等。

宝宝金水是一种供儿童专用的"去痱、止痒、防蚊虫"且对儿童的皮肤刺激性较低的产品，市场上的"宝宝金水""痱子水"等普遍含香精和乙醇，对儿童的皮肤有较强的刺激。宝宝金水中主要成分植物提取液（浓缩）。

由于产品拟在国内销售，产品和所用原料符合《化妆品安全技术规范》（2015年版）和《已使用化妆品原料目录（2021年版）》的规定，目前宝宝金水没有专用的标准，可参照花露水的行业标准，产品符合《花露水》（QB/T 1858.1—2006）。

相关知识

宝宝金水的质量指标见表3-25。

表3-25　　　　　　　　　　宝宝金水的质量指标

项目		要求
感官指标	外观	符合规定色泽
	香气	符合规定香型
	清晰度	水质清晰，不应有明显杂质和黑点
理化指标	相对密度	0.84~0.94
	浊度	10 ℃水质清晰，不混浊
	色泽稳定性	(48±1)℃保持24 h，维持原有色泽不变
微生物学指标	菌落总数/(CFU/g或CFU/mL)	≤1 000
	霉菌和酵母菌总数/(CFU/g或CFU/mL)	≤100
	耐热大肠菌群/(g或mL)	不得检出
	金黄色葡萄球菌/(g或mL)	不得检出
	铜绿假单胞菌/(g或mL)	不得检出
有害物质	汞/(mg/kg)	≤1
	铅/(mg/kg)	≤10
	砷/(mg/kg)	≤2
	镉/(mg/kg)	≤5
	甲醇/(mg/kg)	≤2 000

任务实施

对合同订单进行分析评价：根据合作方资质、提供资源、法规要求、质量标准、生产范围、生产能力等做出任务分析评估报告。

任务分析评价报告参考附表1。

任务测评

任务结束后填写任务测评表,见表3-26。

表3-26 任务测评表

序号	考核内容	考核标准	配分	得分
1	素质考核	课堂出勤率、学习态度、行为规范	30	
2	课堂表现	课堂互动、团队协作、创新建议	30	
3	专业知识	宝宝金水质量标准的解读能力	40	
		合计	100	

任务二 配方设计、打版与产品质量分析

学习目标

【知识目标】了解宝宝金水配方结构和配方设计原则。

【技能目标】掌握宝宝金水类原料的选择;掌握配制设备的构造原理和操作要求;按宝宝金水配方工艺步骤操作;按宝宝金水配方打样后评价实施的可行性;制定宝宝金水生产工艺规程和操作规程;对打样样品进行质量评价和改进。

【素养目标】在对宝宝金水配方的设计与探究的过程中,引导学生理解我国在科技强国建设中所做出的努力与取得的成就,深化科技体制改革,加强化妆品关键核心技术攻关,提升日化行业产业基础能力和日化行业产业链现代化水平的相关内容;在宝宝金水生产工艺规程和操作规程的制定过程中,培养学生形成工程思维,能将创意和方案转化为有形物品或对已有物品进行改进与优化,进一步提升宝宝金水的产品质量。

任务引入

打版工作流程表参考附表2。

任务分析

宝宝金水集"祛痱、止痒、防蚊虫"三种功效为一体,无油腻、无刺激。从颜色看,由于宝宝金水的原料中含有植物提取液(浓缩)的成分,所以呈现出金黄色且澄清、透明。"金"字在汉语中有"珍贵的、宝贵的"等含义,寓意母亲对孩子的深深关爱。

相关知识

一、配方结构

宝宝金水由植物提取液(浓缩)、纯化水、乙醇、增溶剂、清凉止痒剂、稳定剂、防腐

剂等组成,与花露水相比气味更清纯,使用更安全。

二、原料

(一) 植物提取液(浓缩)

宝宝金水主要成分是物提取液(浓缩),市场最常见的是菊花提取液、金银花提取液、中医药方剂。不同厂家的配方有所不同,但各有自己的特色和一定的效果。

(二) 清凉止痒

宝宝金水中常添加少量薄荷脑(薄荷醇)、冰片、樟脑,通过增溶技术溶解至水性体系中起清凉止痒效果,再添加植物提取物可增强清凉止痒效果。

三、设备

带有防爆电机的调速搅拌配制罐。

四、工艺

(一) 宝宝金水工艺流程

宝宝金水工艺流程图如图3-3所示。

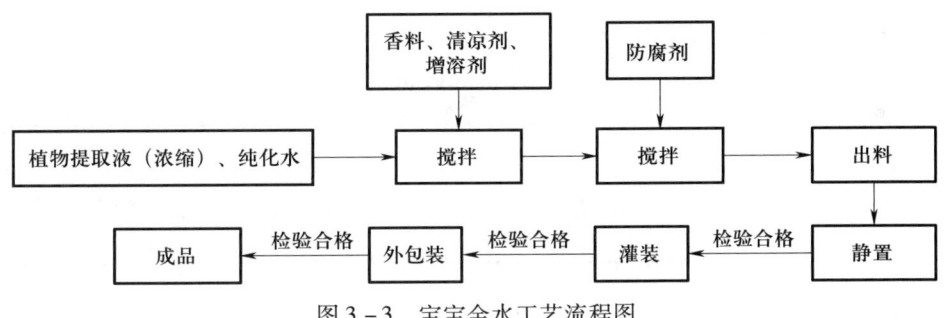

图3-3 宝宝金水工艺流程图

(二) 工艺要点

1. 原料储存

保持仓库环境合格,按不同原料、不同储存条件存放。乙醇需存放在阴凉通风、防爆的库房。

2. 预处理

将特定原料提前分散。

3. 关键原料投料

(1) 香精、香料的加入。一般冰片、樟脑等固体香精、香料一起混合溶解后,再与增溶剂、乙醇混合均匀。

(2) 防腐剂的加入。防腐剂的加入要依据其溶解性和温度敏感性。常用的防腐剂如果是水溶性的,可在其耐受温度下加入水相。防腐剂大多不耐高温,需在低温时加入。但加入温度不能过低,否则分布不均匀,有些固态的防腐剂最好先用溶剂溶解后再加入。

(3) 植物提取液（浓缩）的加入。

五、产品的质量评价指标

（一）感官指标表（见表 3-27）

表 3-27　感官指标表

项目	指标
外观	符合规定色泽
香气	符合规定香型
清晰度	水质清晰，不应有明显杂质和黑点

（二）理化指标表（见表 3-28）

表 3-28　理化指标表

项目	指标
相对密度	规定值 ±0.02
浊度	10 ℃水质清晰，不混浊

（三）微生物指标表（见表 3-29）

表 3-29　微生物指标表

项目	指标
菌落总数/(CFU/g 或 CFU/mL)	≤1 000
霉菌和酵母菌总数/(CFU/g 或 CFU/mL)	≤100

（四）加速试验表（见表 3-30）

表 3-30　加速试验表

项目	指标
耐热稳定性试验	(40±1)℃保持 7~30 天，恢复至室温后与试验前无明显性状差异
耐寒稳定性试验	(-8±2)℃保持 7~30 天，恢复至室温后与试验前无明显性状差异
耐热耐寒循环试验	(40±1)℃保持 7 天，恢复至室温后与试验前无明显性状差异

（五）感官评价表（见表 3-31）

表 3-31　感官评价表

项目	指标	结果
"看"色泽	色泽均匀，柔和与肤色配合融洽度好	
"闻"气味	气味纯正，与标样香型一致	

模块三 香水类化妆品技术

续表

项目	指标	结果
比较外质地	清澈透明，无任何沉淀，无明显分层，无混浊，无明显杂质和黑点	
使用感	取适量液体涂布于手背上，感觉料体是否易于涂抹；待手背上形成一层敷层，2~3 min 后感觉皮肤是否有收敛感、凉爽感；有止痒效果等	

六、常见配方工艺问题及其原因解析

宝宝金水类产品常见的质量问题与香水相似。

》任务实施

一、设计的配方及工艺（参考附表 3 配方设计记录表）

二、打样

（一）打样前准备

1. 按实训室 6S 做好打样前准备。
2. 准备原料和仪器。
3. 设备仪器的清洁消毒。
4. 原料进行预处理。

（二）打样的过程

填打样记录。打样记录表参考附表 4。

1. 仪器与原料

（1）仪器：烧杯、玻璃试管、温度计、电炉、搅拌器、玻璃棒、电子天平、pH 计、恒温烘箱、冰箱、密度计。

（2）原料：植物提取液（浓缩）、纯化水、乙醇、薄荷脑、樟脑、冰片、增溶剂 CO40、杰马 BP 等。

2. 配方及操作步骤

（1）配方表。宝宝金水配方表见表 3-32。

表 3-32　　　　　　　宝宝金水配方表

序号	原料商品名	作用	质量分数/%	备注
1	植物提取液（浓缩）	浓缩液	20	
2	纯化水	稀释	加至100	
3	乙醇	溶剂	10	
4	薄荷脑	清凉止痒	0.1	

· 113 ·

续表

序号	原料商品名	作用	质量分数/%	备注
5	樟脑	驱蚊止痒	0.1	
6	冰片	清凉止痒	0.1	
7	增溶剂 CO40	增溶	2.0	
8	杰马 BP	防腐	0.2	

（2）操作步骤：

① 将 1、2 加入烧杯先混合搅拌均匀；

② 加入 3、4、5、6、7 预先混合再搅拌至溶解，再加入 1、2 混合物的烧杯；

③ 最后加入 8 搅拌至溶解均匀，出料。

【操作提示】

1. 操作过程要加约 1%（质量分数）的补充水。
2. 注意保证香精、增溶剂和乙醇混合均匀再加入水。
3. 因香料溶解度不同，有的配方会出现不溶性絮状物，需再经过陈化过滤。
4. 配方中使用乙醇，要注意防火防爆。

三、质量评价及配方改进

（一）打样样品的质量评价

对打样样品进行质量评价，填写宝宝金水质量评价表 3-33。

表 3-33　　　　　　　　　宝宝金水质量评价表

项目	指标		结果
感官指标	外观	符合规定色泽	
	香气	符合规定香型	
	清晰度	水质清晰，不应有明显杂质和黑点	
理化指标	相对密度	规定值 ±0.02	
	浊度	10 ℃水质清晰，不混浊	
微生物标准	菌落总数/（CFU/g 或 CFU/mL）	≤500	
	霉菌和酵母菌总数/（CFU/g 或 CFU/mL）	≤100	
稳定性试验	耐热稳定性试验	（40±1）℃保持 7~30 天，恢复至室温后，检查测试样品外观、颜色、相对密度、浊度等	
	耐寒稳定性试验	（-8±2）℃保持 7~30 天，恢复至室温后，检查测试样品外观、颜色、相对密度、浊度等	
	耐热耐寒循环试验	（40±1）℃保持 7 天，恢复至室温后，（-8±2）℃保持 7 天，恢复至室温后，检查测试样品外观、颜色、相对密度、浊度等	

（二）打样样品感官评价

对打样样品进行感官评价，填写感官评价表 3-31。

（三）配方改进

根据打样质量评估结果进行分析，确定改进措施和方法。

》任务测评

任务结束后填写设计任务测评表，见表 3-34。

表 3-34　　　　　　　　　　　　设计任务测评表

序号	考核内容	考核标准	配分	得分
1	配方设计项目	能准确选用宝宝金水原料设计配方	40	
2	配方打样项目	能按操作规程进行宝宝金水打样	40	
3	6S 管理	遵守 6S 管理	20	
		合计	100	

任务三　总结与归档

》学习目标

【知识目标】能配合生产部门解决大规模工业化生产出现的偏差。

【技能目标】能评价生产产品的质量；能核对订单任务；审核打版记录；提供检验报告；对产品审核放行；对产品留样及质量追溯管理；总结与归档。

【素养目标】在对宝宝金水品牌产品的生产与销售的案例分析的过程中，引导学生理解"科技-产业-金融"良性循环的相关内容，并掌握企业提升核心竞争力的方式与提升产品质量的方法。

》任务引入

接上一任务。

》任务分析

上一任务已了解课题设计任务，进一步对设计结果进行统计、分析、总结归档。

》任务实施

参考模块二——课题一——任务四的步骤。

》任务测评

任务结束后填写任务测评表，见表 3-35。

表 3-35　　　　　　　　　　任务测评表

序号	考核内容	考核标准	配分	得分
1	素质考核	课堂出勤率、学习态度、行为规范	30	
2	课堂表现	课堂互动、团队协作、创新建议	30	
3	专业知识	宝宝金水配方设计能力	40	
		合计	100	

思考与练习

1. 简述宝宝金水的配方结构。
2. 如何评价宝宝金水的使用感？

模块四

护发类化妆品技术

护发的理念几乎和洗发同时存在。洗发水使用不当或者日晒会使得头发受到不同程度的损伤，因此人们总是想办法去修复受损伤的头发。

护发类化妆品是指用在毛发或头皮上具有一定功效的化妆品，如调理、去屑、定型的发用化妆品。护发类化妆品是常用的发用类产品，使用后能使头发保持天然的、健康和美观的外表，赋予头发光泽、柔软和生机。市场上护发制品名称繁多，较早时期使用养发水、润丝，后来出现护发素、焗油膏。通常情况下，根据产品形态和功能不同，可分为护发素、发油、养发水等。

课程思政小学堂

严守职业道德与职业操守，树立责任担当意识
——"护发秘方"背后的陷阱带来的启示

本模块的课程思政小学堂，将以"护发秘方"背后的陷阱为教育警示案例，带领同学们了解护发类从业人员应该遵循的职业道德与职业操守，帮助同学们树立责任担当意识。

平时在电视广告、短视频中经常出现的"60天就能让白发转黑发""古御传方、中医世家，百年传承秘方根治白发问题"等文字表述，是否真实可靠呢？

2022年6月，B市市民张某到派出所报案，称她在网上购买的洗发水号称能使白发转黑发，实际上该产品并没有该效果，称自己被骗了。经了解与调查，张某长期受到白发的困扰，当她在某短视频平台上看到一则"白发转黑发"的广告后，认为这么低廉的价格就可以使白发转黑，加上广告中商家的白发转黑承诺，让她心动不已，于是主动添加短视频内的微信号。随后号称"蔡老师"的人与张某联系，张某提出要求查看其执业

资质,"蔡老师"立即发来其在中医馆中工作的视频以及自身的"医师职业资格证"。在进一步的沟通中,"蔡老师"向张某发来许多白发转黑患者的照片,为张某"定制"了独家秘方。张某很快被该洗发药方的神奇功效所吸引,并购买了洗发包与内服膏方,支付了1 600元的治疗套餐费用。在使用了一个阶段后,张某发现这个治疗套餐没有任何效果。当她向"蔡老师"提出疑问时,对方称因为张某个人身体原因导致药性压制,又向张某推销了另外一款内服包,称配合使用一定会有效果。张某信以为真,一次性又购买了3包,支付了800元。在使用了一个阶段后,张某的白发依然没有转黑的迹象,她才意识到自己被骗,决定报警。

接到报警后,2022年8月,B市民警迅速到多地走访与取证,开展缜密的侦查,共抓获32名诈骗嫌疑人,现场缴获作案电脑、手机、诈骗话术本等涉案物品。据调查统计,该诈骗团伙以诱骗中老年人等有白发转黑意愿的消费者群体,并售卖假冒洗发包,该洗发包为成本价约30元的"三无产品",质量低劣,然而这些产品在网上售价却是成百上千元。警方初步统计,该诈骗团伙涉案金额300余万元,诈骗范围涉及国内多地,该团伙因涉嫌诈骗罪,已被采取刑事强制性措施。

每个行业都有其应该遵循的职业道德。职业道德是从业者在职业活动中应该遵循的行为准则,是调整一定职业关系的职业行为的规范和准则,体现了一定的职业特征,包括职业与职工、职业与职业、从业人员与服务对象之间的关系。职业道德包括爱岗敬业、诚实守信、素质修养、奉献社会、办事公道、服务群众等。

课题　焗油膏配方设计

焗油膏类产品必须提供各种各样的特性,如含有通过渗透进入人头发内部有特殊功能的制品;为头发补充油分和营养成分,使受损头发复原,预防发尾开叉、防断发等。本课题主要介绍焗油膏配方设计。

焗油膏属于深度调理护发产品,通常配制成较稠的膏状。

任务一　接受任务订单

》学习目标

【知识目标】能识读任务书;了解护发类化妆品的类型。

【技能目标】能初步评估订单的可行性(包括生产范围、生产能力、法规符合性等);

掌握护发类配方设计原则。

【素养目标】结合本模块课程思政小学堂的案例内容带来的启示，引导学生形成正确的职业素养，树立正确职业道德与职业操守；培养学生的责任担当意识，在化妆品生产与销售的实践中做到诚实守信，树立社会责任感。

任务引入

××化妆品公司接到A公司的焗油膏OEM订单。生产×××牌焗油膏100万瓶。

任务分析

本次OEM订单任务为首次业务，需要A公司提交配方工艺资料，完成普通化妆品备案，公司研发部按客户提供的需求进行打版，经客户确认后，采购物料投入生产，在供货期内完成产品加工、检验合格。订单内容包括订单品牌，规格、数量、销售的国家或地区（涉及原料和产品的要求）、配方工艺、质量指标、成本核算、交货日期、储运条件等。

由于产品拟在国内销售，产品和所用原料符合《化妆品安全技术规范》（2015年版）和《已使用化妆品原料目录（2021年版）》的规定，产品符合行业标准《焗油膏（发膜）》（QB/T 4077—2010）。

相关知识

焗油膏的质量指标见表4-1。

表4-1　　　　　　　　　　焗油膏的质量指标

项目		免洗型焗油膏（发膜）	冲洗型焗油膏（发膜）
感官指标	外观	符合企业规定	
	色泽	符合企业规定	
	香气	符合企业规定	
理化指标	耐热	(40±1)℃保持24 h，恢复至室温后与试验前无明显差异	
	耐寒	(-10~-5)℃保持24 h，恢复至室温后与试验前无明显差异	
	pH值（25 ℃）	4.0~8.5	2.5~7.0
	总固体%	≥4.0	≥8.0
微生物学指标	菌落总数/(CFU/g或CFU/mL)	≤1 000	
	霉菌和酵母菌总数/(CFU/g或CFU/mL)	≤100	
	耐热大肠菌群/(g或mL)	不得检出	
	金黄色葡萄球菌/(g或mL)	不得检出	
	铜绿假单胞菌/(g或mL)	不得检出	

续表

项目		免洗型焗油膏（发膜）	冲洗型焗油膏（发膜）
有害物质	汞/(mg/kg)	≤1	
	铅/(mg/kg)	≤10	
	砷/(mg/kg)	≤2	
	镉/(mg/kg)	≤5	
	甲醇/(mg/kg)	≤2 000	

》》任务实施

对合同订单进行分析评价：根据合作方资质、提供资源、法规要求、质量标准、生产范围、生产能力等做出任务分析评估报告。

任务分析评价报告参考附表1。

》》任务测评

任务结束后填写任务测评表，见表4-2。

表4-2　　　　　　　　　　任务测评表

序号	考核内容	考核标准	配分	得分
1	素质考核	课堂出勤率、学习态度、行为规范	30	
2	课堂表现	课堂互动、团队协作、创新建议	30	
3	专业知识	焗油膏质量标准的解读能力	40	
		合计	100	

任务二　配方设计、打版与产品质量分析

》》学习目标

【知识目标】了解焗油膏配方结构和配方设计原则。

【技能目标】掌握护发类原料的选择；掌握配制设备的构造原理和操作要求；按焗油膏配方工艺步骤操作；按焗油膏配方打样后评价实施的可行性；制定焗油膏生产工艺规程和操作规程；对打样样品进行质量评价和改进。

【素养目标】在焗油膏配方设计与生产实践的过程中，培养学生形成团队意识和互助精神；在团队合作完成项目任务的过程中，引导学生主动作为，履职尽责，对自我和他人负责，树立责任担当意识。

任务引入

打版工作流程表参考附表2。

任务分析

当今护发产品的市场趋势是根据特定头发的类型（如细头发、染后头发、灰/白头发等）区分不同类型护发产品。因而，为了改进调理作用，有必要区分头发的类型来决定它们不同的特殊需求。

焗油膏应具备下列功能：
1. 能改善干梳和湿梳性能，使头发梳理通顺；
2. 具有抗静电作用，使头发不会漂浮；
3. 具有调理作用，使头发带有油性，赋予头发光泽。

焗油膏有各种各样的剂型，市售焗油膏主要为膏状物。近年来，透明焗油膏开始流行。焗油膏的用法一般先用香波等洗发用品将头发洗净并用清水冲洗后，再将焗油膏均匀涂抹于头发上，保持5~10 min，然后用清水冲洗即可。

相关知识

一、配方结构

市售常见的是漂洗型焗油膏，属于乳化体系，配方组成主要由阳离子表面活性剂、阳离子聚合物、聚二甲基硅氧烷及其衍生物、水解蛋白质、油脂类等成分组成，焗油膏的配方结构表见表4-3。

表4-3　　　　焗油膏的配方结构表

结构组成	主要功能	代表性原料
水	溶解	纯化水
阳离子表面活性剂	抗静电、乳化、抑菌	季铵盐型阳离子表面活性剂等
阳离子聚合物	调理作用，抗静电作用，流变性调节，头发定型	瓜尔胶、聚季铵盐类等
聚二甲基硅氧烷及其衍生物	调理作用，润滑，赋予光泽	乳化硅油、氨基硅油、高黏度聚甲基硅氧烷等
非离子表面活性剂	乳化	脂肪醇聚醚类、甘油硬脂酸酯、聚山梨醇酯-n类等
油分	赋脂、光亮	植物油、合成油脂等
增稠剂	调节黏度	羟乙基纤维素、聚丙烯酸树脂类、脂肪醇类等
螯合剂	防止钙离子和镁离子沉淀、对防腐剂有增效作用	EDTA-二钠、EDTA-四钠等

续表

结构组成	主要功能	代表性原料
抗氧化剂	防止油脂类化合物氧化酸败	2,6-二叔丁基对甲酚 BHT、丁基羟基茴香醚 BHA、生育酚等
防腐剂	抑制微生物生长	甲基异噻唑啉酮、咪唑烷基脲、乙内酰脲（DMDMH）、羟苯甲酯等
pH 值调节剂	调节 pH 值	柠檬酸、柠檬酸钠、乳酸、三乙醇胺等
着色剂	感官修饰	酸性条件下稳定的水溶性或水分散的着色剂
光稳定剂	增加产品光稳定性	二苯酮-4 等紫外线吸收剂等
低温稳定剂	增加低温稳定剂（储存和运输过程中）	多元醇类，如甘油
香精	赋香	依据产品需求
抗头屑剂	抗头屑	吡啶硫酮锌 ZPT、植物提取物等
营养剂	滋养	泛醇、维生素 E、水解蛋白质等
防晒剂	预防头发光降解	对氨基苯甲酸（PABA）等
预防头发热降解添加剂	预防头发热降解	PVP/DMAPA 丙烯酸酯共聚物等

二、原料

用于焗油膏的阳离子表面活性剂主要有西曲氯铵（十六烷基三甲基氯化铵）、硬脂基三甲基氯化铵、山嵛基三甲基氯化铵等。

（一）西曲氯铵

INCI 中文名称：西曲氯铵。

别名：十六烷基三甲基氯化铵、乳化剂 1631、鲸蜡基三甲基氯化铵。

分子式：$C_{19}H_{42}ClN$。

性质：市售产品根据活性含量不同，包括无色液体、白色或浅黄色结晶体至粉末状膏体，易溶于异丙醇，可溶于水，化学稳定性好。

应用：护发化妆品乳化剂、洗发护发的调理剂、阳离子杀菌剂等。阳离子表面活性剂作为调理剂的优点是通过静电吸附，使碳氢链吸附在头发表面，不易洗掉，从而提高效率调理。但刺激性较大，阴离子配伍性相对较差。

（二）硬脂基三甲基氯化铵

INCI 中文名称：硬脂基三甲基氯化铵。

别名：十八烷基三甲基氯化铵、乳化剂 1831、三甲基十八烷基氯化铵、氯化十八烷基三甲铵。

分子式：$C_{21}H_{46}ClN$。

性质：市售产品根据活性含量不同，包括无色液体、白色或浅黄色膏体，易溶于异丙醇,可溶于水,化学稳定性好。

应用:护发化妆品乳化剂、洗发护发的调理剂、阳离子杀菌剂等。阳离子表面活性剂作为调理剂的优点是通过静电吸附,使碳氢链吸留在头发表面,不易洗掉,使纤维蓬松、手感柔软,从而提高效率调理。刺激性较大,但比西曲氯铵刺激性小,调理性比西曲氯铵好,和阴离子配伍性相对较差。洗发水配方中常用添加量为0.05%~0.30%(质量分数),一般与羟乙二磷酸(螯合剂)0.05%~0.10%(质量分数)复配使用;焗油膏产品一般用量为1.0%~2.5%(质量分数)。

法规用量要求:驻留类产品少于0.25%(质量分数);淋洗类产品少于2.5%(质量分数)。

(三)山嵛基三甲基氯化铵

INCI 中文名称:山嵛基三甲基氯化铵。

别名:二十二烷基三甲基氯化铵、氯化二十二烷基三甲铵、氯化 N,N,N-三甲基二十二烷基-1-胺、乳化剂2231。

商品名:Guenquat BTC 95、BT-85、KDMP。

分子式:$C_{25}H_{54}ClN$。

性质:白色片状或蜡状颗粒。

应用:使用时有较好的柔滑感和滋润感。可有效改善梳理性,使头发易打理,并提高质感。作为富脂剂,沉积低,调理效果好;同时也是极佳的乳化剂,可制备护肤膏霜和护肤乳液。保湿调理性比西曲氯铵和硬脂基三甲基氯化铵好,刺激性比西曲氯铵和硬脂基三甲基氯化铵低,但价格比西曲氯铵和硬脂基三甲基氯化铵贵,水溶性比西曲氯铵和硬脂基三甲基氯化铵差。一般与硬脂基三甲基氯化铵复配使用,用于高档护发素和焗油膏。冲洗型焗油膏常用添加量为0.5%~2.0%(质量分数);二合一调理香波常用添加量为0.2%~0.5%(质量分数);免洗焗油膏中常用添加量为0.1%~0.25%(质量分数);体用乳液和护手霜为0.1%~0.25%(质量分数)。

法规用量要求:化妆品使用时的最大允许浓度小于5.0%(以单一或与十六烷基三甲基氯化铵的合计),且十六、十八烷基三甲基氯化铵等烷基三甲基氯化铵个体浓度之和不超过2.5%(质量分数)。

三、设备

真空乳化机。

四、工艺

(一)焗油膏工艺流程

焗油膏工艺流程图如图4-1所示。

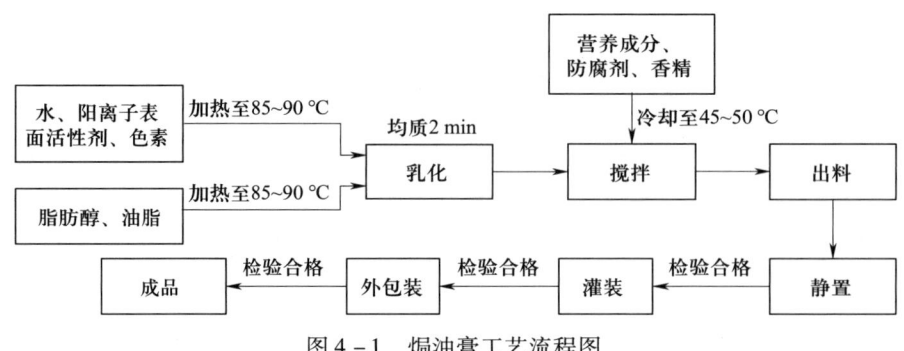

图 4-1 焗油膏工艺流程图

(二) 工艺要点

1. 原料储存

仓库应干燥、通风、明亮、清洁、通畅。仓库内应有防鼠、防潮、防霉变、隔热措施，严禁烟火，配置适量的消防器。

（1）阳离子表面活性剂。应储存在干燥清洁的库房内，置于阴凉干燥的地方，确保通风，注意防潮。

（2）营养成分。应储存在干燥清洁的库房内，不得露天堆放，应避免雨淋或受潮。一些需要低温保存的原料应该配备冰箱，确保在适宜的温度内保存。

（3）香精。避光，通风干燥，密封保存，存放温度不宜超过 26 ℃，不宜低于 10 ℃。

2. 预处理

（1）色素需要先用水溶解后再加入水相锅中。

（2）香精类原料需要预溶混合后才能使用。

3. 关键原料投料

（1）阳离子表面活性剂加入水相后，保证溶解完全。

（2）油相加入后应保证锅内料体在 85 ℃ 以上，保证水油可充分乳化。

（3）其他原料都加入混合均匀后，先调整料体的 pH 值，再加入香精、防腐剂和营养成分。

4. 中间过程控制

（1）料体的感官：外观、色泽、香味等符合产品标准要求。

（2）料体 pH 值：符合产品标准要求。

（3）料体稠度（内控）：符合产品标准要求。

5. 出料控制

（1）膏体经半成品检测合格后可以出料。

（2）出料过程应先将管道中残留的水分排空。

（3）应注意管道密封性，防止管道混入空气，造成膏体质量不合格。

五、产品的质量评价指标

（一）感官指标表（见表4-4）

表4-4　　　　　　　　　　　　　感官指标表

项目	指标
外观	符合企业规定
色泽	符合企业规定
香气	符合企业规定

（二）理化指标表（见表4-5）

表4-5　　　　　　　　　　　　　理化指标表

项目	指标
耐热	(40±1)℃保持24 h，恢复至室温后与试验前无明显差异
耐寒	(-10～-5)℃保持24 h，恢复至室温后与试验前无明显差异
pH值（25℃）	3.0～7.0
总固体/%	≥4.0

（三）微生物指标表（见表4-6）

表4-6　　　　　　　　　　　　　微生物指标表

项目	指标
菌落总数/(CFU/g 或 CFU/mL)	≤1 000
霉菌和酵母菌总数/(CFU/g 或 CFU/mL)	≤100

（四）加速试验表（见表4-7）

表4-7　　　　　　　　　　　　　加速试验表

项目	指标
耐热稳定性试验	(40±1)℃保持7～30天，恢复至室温后，观察膏体外观、油水分离现象等
耐寒稳定性试验	(-8±2)℃保持7～30天，恢复至室温后，观察膏体外观、油水分离现象等
耐热耐寒循环试验	(40±1)℃保持7天，恢复至室温后，(-8±2)℃保持7天，恢复至室温后，观察膏体外观、油水分离现象等

（五）感官评价表（见表4-8）

表4-8　　　　　　　　　　　　　感官评价表

项目	指标	结果
"看"色泽	色泽均匀，柔和与肤色配合融洽度好	
"闻"气味	气味纯正，与标样香型一致	

续表

项目	指标	结果
比较外质地	外观应光洁柔滑、稠度适当，料体细腻均匀，不得有结块、发稀、均匀无杂质、无粗颗粒，更不得有剧烈干缩等现象	
使用感	使用性能涂布性、漂洗性，洗后头发质地是否易梳理、光泽、飘逸、无枯燥感，手上是否有滑爽、柔顺等感觉	

六、常见配方工艺问题及其原因解析

护发素、焗油膏常见的质量问题有料体变色、变稀、变味，pH 值发生变化，细菌总数发生变化，活性物成分含量发生变化。

（一）料体变色

护发素、焗油膏最常见的问题就是料体放置时间长后，料体发黄或者褪色。

可能原因：紫外线照射导致变色发黄；阳离子化合物含量高；油脂被氧化；色素稳定性差；香精与配方中的某些原料发生反应。

措施：避光保存；添加抗氧化剂；筛选合适的色素；筛选合适的香精。

（二）料体变稀

料体稠度大幅下降。

可能原因：增稠剂使用不当；原料中微生物和有机物超标；防腐剂使用不当。

措施：选用合适的增稠剂和防腐剂；严格控制原料质量、操作工艺和制膏环境。

（三）料体变味

香味明显发生变化，甚至发出臭味。

可能原因：香精使用不当；防腐剂使用不当；香精与其他组分发生反应。

措施：选用合适的香精和防腐剂；控制生产工艺和生产环境。

（四）pH 值发生变化

膏体 pH 值超出标准范围。

可能原因：香精使用不当；酸碱缓冲剂使用不当。

措施：使用适宜的香精和酸碱缓冲剂。

（五）细菌总数发生变化

膏体菌落总数出现上升，甚至超出标准范围。

可能原因：防腐剂使用不当；生产环境卫生不达标。

措施：使用适宜的防腐剂；严格控制生产环境卫生状况。

（六）活性物成分含量发生变化

膏体中活性物成分的含量出现下降。

可能原因：活性物成分与其他组分发生反应。

措施：选用合适的活性物；添加其他组分阻止活性物成分发生化学反应；通过包裹等技术将活性物成分隔离起来。

» 任务实施

一、设计的配方及工艺（参考附表3配方设计记录表）

二、打样

（一）打样前准备

1. 按实训室6S做好打样前准备。
2. 准备原料和仪器。
3. 设备仪器的清洁消毒。
4. 原料进行预处理。

（二）打样的过程

填打样记录。打样记录表参考附表4。

1. **仪器与原料**

（1）仪器：烧杯、玻璃试管、温度计、电炉、搅拌器、玻璃棒、电子天平、pH计、离心管、恒温烘箱、冰箱、高速均质机、旋转黏度计。

（2）原料：纯化水、硬脂基三甲基氯化铵、羟苯甲酯、鲸蜡硬脂醇、聚二甲基硅氧烷（350CS）、双氨端硅油、单硬脂酸甘油酯、乳化剂平平加、DMDMH、香精等。

2. **配方及操作步骤**

（1）配方表。焗油膏配方表见表4-9。

表4-9　　　　　　焗油膏配方表

	序号	原料商品名	作用	质量分数/%	备注
A相	1	纯化水	稀释	加至100	
	2	硬脂基三甲基氯化铵	乳化、调理	2.5	
	3	羟苯甲酯	防腐	0.1	
B相	4	鲸蜡硬脂醇	增稠	6.5	
	5	聚二甲基硅氧烷（350CS）	调理	2.0	
	6	双氨端硅油	调理	0.5	
	7	单硬脂酸甘油酯	乳化	1.0	
	8	乳化剂平平加	乳化	0.5	
C相	9	DMDMH	防腐	0.2	
	10	香精	芳香	0.3	

（2）操作步骤：

①将A相加入烧杯中，搅拌加热至85~90℃溶解，备用；

②将B相加入烧杯中，搅拌加热至85~90℃溶解，备用；

③将 B 相加入已溶解好的 A 相中，搅拌 5 min，以 3 000 r/min 转速均质 2 min；

④降温至 45~50 ℃时加入 C，搅拌 10 min；

⑤降温至 38~40 ℃出料。

【操作提示】

1. 操作过程要加约 1%（质量分数）的补充水。

2. 注意保证原料溶解完全。

3. 如果添加色素，最好在乳化前加入水相。

三、质量评价及配方改进

（一）打样样品的质量评价

对打样样品进行质量评价，填写焗油膏质量评价表 4-10。

表 4-10　　　　　　　　焗油膏质量评价表

项目		指标（冲洗型）	结果
感官指标	外观	符合企业标准	
	色泽	符合企业标准	
	香气	符合企业标准	
理化指标	耐热	(40±1)℃保持 24 h，恢复至室温后与试验前无明显差异	
	耐寒	(-10~-5)℃保持 24 h，恢复至室温后与试验前无明显差异	
	pH 值	3.0~7.0	
	总固体/%	≥4.0	
微生物标准	菌落总数/(CFU/g 或 CFU/mL)	≤1 000	
	霉菌和酵母菌总数/(CFU/g 或 CFU/mL)	≤100	
稳定性试验	耐热稳定性试验	(40±1)℃保持 7~30 天，恢复至室温后，检查测试样品外观、颜色、香气等	
	耐寒稳定性试验	(-8±2)℃保持 7~30 天，恢复至室温后，检查测试样品外观、颜色、香气等	
	耐热耐寒循环试验	(40±1)℃保持 7 天，恢复至室温后，(-8±2)℃保持 7 天，恢复至室温后，检查测试样品外观、颜色、香气等	

（二）打样样品感官评价

对打样样品进行感官评价，填写感官评价表 4-8。

（三）配方改进

根据打样质量评估结果进行分析，确定改进措施和方法。

任务测评

任务结束后填写设计任务测评表,见表 4-11。

表 4-11　　　　　　　　　　设计任务测评表

序号	考核内容	考核标准	配分	得分
1	配方设计项目	能准确选用焗油膏原料设计配方	40	
2	配方打样项目	能按操作规程进行焗油膏打样	40	
3	6S 管理	遵守 6S 管理	20	
		合计	100	

任务三　总结与归档

学习目标

【知识目标】能配合生产部门解决大规模工业化生产出现的偏差。

【技能目标】能评价生产产品的质量;能核对订单任务;审核打版记录;提供检验报告;对产品审核放行;对产品留样及质量追溯管理;总结与归档。

【素养目标】在对护发素(焗油膏)进行生产销售的案例分析中,培养学生自觉践行社会主义核心价值观,做到明辨是非,形成规则与法治意识,积极履行公民义务,理性行使公民权利,提升自身的决策能力。

任务引入

接上一任务。

任务分析

上一任务已了解课题设计任务,进一步对设计结果进行统计、分析、总结归档。

任务实施

参考模块二——课题一——任务四的步骤。

任务测评

任务结束后填写任务测评表,见表 4-12。

表 4-12　　　　　　　　　　任务测评表

序号	考核内容	考核标准	配分	得分
1	素质考核	课堂出勤率、学习态度、行为规范	30	

续表

序号	考核内容	考核标准	配分	得分
2	课堂表现	课堂互动、团队协作、创新建议	30	
3	专业知识	焗油膏配方设计能力	40	
		合计	100	

思考与练习

1. 简述焗油膏的配方结构。
2. 焗油膏的作用是什么？

模块五

美容类化妆品技术

美容类化妆品是指涂敷于面部、指甲等部位，达到修饰矫形、赋予色彩、增添魅力等作用的化妆品。美容类化妆品能使人的皮肤、面部轮廓、眼、鼻、唇体现出不同要求的美。例如，粉底霜能修正调整肤色；香粉能吸收分泌物、抑制油光、固定底妆；胭脂能使人面颊红润健康，给人充满活力的感觉；眼影能使眼睛显得美丽传情；眉笔、眼线笔及睫毛油的使用则使人看起来眉清目秀、睫毛长密、充满动人美感；唇膏不仅使唇部色彩艳丽，还可以修饰过大、过小或过厚、过薄的唇形，并使唇部保持滋润；指甲油则使指甲的方寸之地尽显修饰美。总之，美容类化妆品对人物形象美的塑造起重要的作用。

美容类化妆品种类繁多，可分为修颜化妆品、眉眼部化妆品、唇部化妆品和指甲化妆品等。本模块主要介绍唇膏、粉饼、BB 霜配方设计。

课程思政小学堂

弘扬中华优秀传统文化，助力中国特色美容产品创新
——以中医美容类产品的创新研发为例

中华优秀传统文化博大精深、源远流长。中医药文化的思想观念与实践方法处处蕴含着中国哲学的大智慧，是中华优秀传统文化精华的集中表现。中医美容类产品的研发重点涉及中医养生、保健、美容等相关美容功能性产品的研发。这要求同学们对中医学知识、养生保健知识、美容知识有尽可能多地了解，对中医药文化产生民族认同感，并努力培养自身的创新意识，在中医美容类产品的研发中，融入创新元素，使产品功能更加适合当代消费者的养生、保健、美容需求。

例如，在学习过程中，同学们可以以历代中医学代表性人物的故事为例，从中了解中医学文化中"大医精诚、仁心仁术"等核心价值理念，形成爱国主义情怀，增强民族自豪感与文化自信心，从而提升自身的职业素养与个人品质，并将这些素养与品质运用到专业技能知识的学习中，从而提升职业技能，拓宽就业方向。

在对中医美容类产品的创新研发中，一方面可以引用中医学知识作为产品研发的基础，同时结合当代消费者对美容、护肤方面的实际需求，面向市场，满足社会需求，树立创新意识，善于发现问题并解决问题，在产品中融入创新成分，实现古今结合，推陈出新，并研发出具有安全性、稳定性和一定功效性的中国特色美容产品；另一方面在学习中医学代表人物故事中提炼意志品质，以他们为榜样，将中华优秀传统文化代代相传。

课题一　唇膏配方设计

唇用美容化妆品是一类用于唇部的蜡类固态、半固态或液态的化妆品，在室温下具有较好稳定性，具有赋予唇部亮丽色调、防止唇部干裂等作用，是日常生活中应用最广泛的一类化妆品，主要包括润唇膏、唇膏、美容膏、唇彩、唇釉等产品。

任务一　接受任务订单

》学习目标

【知识目标】能识读任务书；了解唇用美容化妆品的基本结构。

【技能目标】能初步评估订单的可行性（包括生产范围、生产能力、法规符合性等）；掌握唇用美容化妆品的配方开发工作流程。

【素养目标】通过对本模块课程思政小学堂关于中医美容类产品的发展过程的了解，引导学生在化妆品的研发过程中，培养崇高的爱国主义精神，厚植爱国情怀，笃行报国之志；引导学生积极主动地传承与弘扬中华优秀传统文化。

》任务引入

××化妆品公司接到 A 公司的唇膏 OEM 订单。生产×××牌唇膏 100 万支。

》任务分析

本次 OEM 订单任务为首次业务，需要 A 公司提交配方工艺资料，完成普通化妆品备案，公司研发部按客户提供的需求进行打版，经客户确认后，采购物料投入生产，在供货期内完成产品加工、检验合格。订单内容包括订单品牌、规格、数量、销售的国家或地区（涉及原料和产品的要求）、配方工艺、质量指标、成本核算、交货日期、储运条件等。

唇膏是点敷于嘴唇，使其具有红润健康的色彩并起滋润保护作用，是将色素溶解或悬浮在脂蜡基内制成的。

由于产品拟在国内销售，产品和所用原料符合《化妆品安全技术规范》（2015年版）和《已使用化妆品原料目录（2021年版）》的规定，产品符合行业标准《唇膏》（QB/T 1977—2004）。

相关知识

一、唇膏特性

1. 组织结构好，表面细腻光亮，软硬适度，涂敷方便，无油腻感觉，涂敷于嘴唇边不会向外化开。
2. 不受气候条件变化的影响，夏天不熔不软，冬天不干不硬，不易渗油，不易断裂。
3. 色泽鲜艳，均匀一致，附着性好，不易褪色。
4. 有舒适的香气。
5. 常温放置不变形、不变质、不酸败、不发霉。
6. 对唇部皮肤有滋润、柔软和保护作用。
7. 对唇部皮肤无刺激性，对人体无毒害。

二、唇膏的分类

一般来说，唇膏大致分为三种类型，即原色唇膏、变色唇膏和无色润唇膏。

原色唇膏是最普遍的一种类型，有各种不同的颜色，常见的有大红、桃红、橙红、玫红、朱红等，由色淀等颜料制成，为增加色彩的牢附性，常和溴酸红染料合用。

变色唇膏内仅使用溴酸红染料而不加其他不溶性颜料，当这种唇膏涂用时，其颜色会由原来的浅橙色变为玫瑰红色，故而得名。

无色唇膏则不加任何色素，其主要作用是柔软滋润、防止干裂、增加光泽。

三、唇膏质量标准

唇膏的质量指标见表5-1。

表5-1　　　　　　　　　　唇膏的质量指标

	项目	要求
感官指标	外观	表面平滑无气孔
	色泽	符合规定色泽
	香气	符合规定香型

续表

项目		要求
理化指标	耐热	(45±1)℃保持24 h，恢复至室温后外观无明显变化，能正常使用
	耐寒	(-10~-5)℃保持24 h，恢复至室温后能正常使用
微生物学指标	菌落总数/(CFU/g 或 CFU/mL)	≤500
	霉菌和酵母菌总数/(CFU/g 或 CFU/mL)	≤100
	耐热大肠菌群/(g 或 mL)	不得检出
	金黄色葡萄球菌/(g 或 mL)	不得检出
	铜绿假单胞菌/(g 或 mL)	不得检出
有害物质	汞/(mg/kg)	≤1
	铅/(mg/kg)	≤10
	砷/(mg/kg)	≤2
	镉/(mg/kg)	≤5

▶ 任务实施

对合同订单进行分析评价：根据合作方资质、提供资源、法规要求、质量标准、生产范围、生产能力等做出任务分析评估报告。

任务分析评价报告参考附表1。

▶ 任务测评

任务结束后填写任务测评表，见表5-2。

表5-2　　　　　任务测评表

序号	考核内容	考核标准	配分	得分
1	素质考核	课堂出勤率、学习态度、行为规范	30	
2	课堂表现	课堂互动、团队协作、创新建议	30	
3	专业知识	唇膏质量标准的解读能力	40	
		合计	100	

任务二　配方设计、打版与产品质量分析

▶ 学习目标

【知识目标】了解唇膏配方结构和配方设计原则。

【技能目标】掌握唇膏类原料的选择；熟悉配制设备的构造原理和操作要求；按唇膏配方工艺步骤操作；按唇膏配方打样后评价实施的可行性；制定唇膏生产工艺规程和操作规程；对打样样品进行质量评价和改进。

【素养目标】通过对本模块课程思政小学堂关于中医美容类产品的创新实例探究，培养学生树立中国特色社会主义共同理想，并转化为实现中华民族伟大复兴中国梦而不懈奋斗的信念和行动；从中西方文化交流的角度，引导学生理解人类命运共同体的内涵与价值，并立志通过努力让世界各国更多地了解中华优秀的文化。

任务引入

打版工作流程表参考附表2。

相关知识

一、配方结构

（一）唇膏的组成

唇膏的结构由着色剂、基质和其他成分组成。

1. 着色剂

着色剂是唇膏中重要的成分，唇膏常用的着色剂有溶解性染料和不溶性颜料，两者可以合用或单独使用。

（1）溶解性染料。最常用的溶解性染料是溴酸红染料（包括二溴荧光素、四氯四溴荧光素等）。溴酸红染料不溶于水，溶解于油脂，能染红嘴唇并使色泽持久牢附。单独使用它制成的唇膏表面是橙色的，但一经涂在嘴唇上，由于pH值的改变，就会变成鲜红色，这就是变色唇膏。溴酸红染料虽能溶解于油、脂、蜡，但溶解性很差，一般需借助于染料溶剂。

通常采用的染料溶剂包括蓖麻油、$C_{12} \sim C_{18}$脂肪醇、酯类、乙二醇、聚乙二醇、单乙醇酰胺等，因为它们含有羟基，对溴酸红染料有较好的溶解性，常见染料溶剂还有二异硬脂醇苹果酸酯。

（2）不溶性颜料。不溶性颜料是极细的固体粉粒，不溶解于水，也不溶解于油脂，经搅拌和研磨后混入油、脂、蜡基体中，制成的唇膏敷在嘴唇上能留下一层艳丽的色彩，且有较好的遮盖力，但附着力不好，所以必须与溴酸红染料同时并用。用量一般为8%~10%（质量分数）。这类颜料包括铝、钡、钙、钠、锶等的色淀，以及氧化铁的各种色调，还有炭黑、云母、铝粉、氯氧化铋、胡萝卜素、鸟嘌呤等，其他颜料有二氧化钛、硬脂酸锌、硬脂酸镁等。

为了提高唇膏的闪光效果，一般加入珠光颜料，主要包括合成珠光颜料、氯氧化铋、云母-二氧化钛。普遍使用的是氯氧化铋，其价格较低。使用方法是将70%的珠光颜料分散加入蓖麻油中，制成浆状备用，待模成形前加入唇膏基质中，加珠光颜料的唇膏基质不能在三辊研磨机中多次研磨，否则会失去珠光色调，这是因为多次研磨颗粒变细的缘故。

另外，为了化妆品企业更方便地使用颜料，有些颜料的生产厂家将颜料用油分散成色浆的形式出售，这大大简化了唇膏的生产工艺。

2. 基质

唇膏的基质原料由油、脂、蜡、增塑剂等组成。基质是唇膏的框架，并提供嘴唇润滑和光泽。

（二）配方结构表

唇膏的配方结构表见表5-3。

表5-3　　　　　　　　　　　唇膏的配方结构表

结构组成	主要功能	代表性原料
润滑剂	润滑、溶解	蓖麻油、酯类、羊毛脂/羊毛油、油醇（辛基十二醇）、苯基聚三甲基硅氧烷、烷基聚二甲基硅氧烷、白池花籽油、霍霍巴油、三甘油酯类等
蜡类	增稠、增加度	小烛树蜡、巴西棕榈树蜡、蜂蜡及其衍生物、微晶蜡、地蜡/纯地蜡、烷基聚硅氧烷、蓖麻蜡、聚乙烯、羊毛蜡、石蜡、合成蜡等
增塑剂	增加产品的塑性	鲸蜡醇乙酸酯、乙酰化羊毛脂、油醇、乙酰化羊毛脂醇、矿脂等
着色剂	赋予产品颜色	CI 15850 Ba色淀、CI 15850 Ca色淀、氧化铁（CI 77491、CI 77492、CI 77499）、二氧化钛（CI 77891）、氧化锌（CI 77947）、CI 77007、CI 77742等
珠光剂	赋予产品珠光效果	云母/二氧化钛
活性物	赋予产品特定功效	生育酚乙酸酯、抗坏血酸棕榈酸酯、硅烷醇、神经酰胺、泛醇、氨基酸、β-胡萝卜素等
填充剂	填充	云母、硅石、锦纶、聚甲基丙烯酸甲酯PMMA、氮化硼、氯氧化铋、淀粉、月桂酰赖氨酸、组合粉体、丙烯酸酯聚合物等
香精	赋予香味	按市场和消费群体需要配制香精
防腐剂	抑菌，使产品对微生物稳定	羟苯甲酯、羟苯丙酯等
抗氧化剂	抑制和防止产品氧化引起的酸败	BHA、BHT、生育酚等

二、原料

（一）常见油脂性质及选择

1. 蓖麻油

INCI中文名称：蓖麻油。

唇膏使用的蓖麻油是由粗天然蓖麻油经精炼制得的蓖麻油。在唇膏中，它有助于颜料分散作用（包括溴酸染料颜色），气味和味道是可接受的。价格远比合成替代品低。在典型唇膏中推荐用量为20%~45%（质量分数）。用量超过50%（质量分数）对唇膏稳定性有影响，并且在唇上留下黏稠和油腻感觉。蓖麻油与碳氢化合物和其他低极性溶剂不配伍。

2. 羊毛脂

INCI中文名称：羊毛脂。

羊毛脂及其衍生物用于提供颜料润湿和偶联，提升肤感和保湿的作用。羊毛脂、羊毛油、羊毛脂酸酯类和乙酰化羊毛脂等在配方中起着各种作用。化妆品用的羊毛脂是由羊毛油脂经过漂白和脱臭制得的。近20多年来，羊毛脂精炼技术不断发展，羊毛脂中农药和杂质含量很低，这也为羊毛脂安全使用提供了保证。

3. 支链酯类

一些支链酯类是唇膏中应用最广泛的无色和非蜡基的物质。有些支链酯类是由天然油脂分离制得的（如鸟毛腺分泌物），但是大量支链酯类是合成的。当这类物质涂抹在皮肤上，形成一层多孔性脂质膜。在唇膏中，这类支链酯类有助于降低透过皮肤的水分损失（TEWL），降低天然油脂用量，使产品稳定性提高，产生新颖的品质特性。支链酯类主要包括支链脂肪酸酯和脂肪酸支链脂肪醇酯，以及它们的丙氧基化酯类。

4. 脂肪酸酯类

脂肪酸酯类已广泛地用于唇膏的配方。这类酯可赋予配方一些特殊的性质。例如，肉豆蔻酸异丙酯与巴西棕榈树蜡和小烛树蜡形成油凝胶，但对溴酸染料溶解性较差。在现代唇膏配方中，脂肪酸酯类主要用途是降低唇膏中蓖麻油含量。可获得各类黏度的脂肪酸酯，由于这类酯固有的稳定性，所以可用于替代较易被氧化的天然油脂，可增强产品的黏附作用和改善铺展性。

（二）常见蜡类原料的性质及选择

1. 地蜡

INCI中文名称：地蜡。

来源：地蜡是邻近石油沉积物的地区，在中新世地质年代时所形成的沥青状的物质。

组成：相对分子质量高的固态饱和及不饱和的烃类化合物，还含有一些液态烃类化合物和其他成分。

性质：白色、黄色至深棕色硬的无定形蜡状固体。可溶于苯、乙醚和三氯乙烯。

纯地蜡相对密度：0.787 2（90 ℃/4 ℃）。

折射率：1.438 8（90 ℃）。

碘值：3。

酸值、皂化值、酯值和羟值均为0。

熔点：66~78 ℃。

冻凝点：70~71 ℃。

闪点：273 ℃。

地蜡是有较好延展性的无定形蜡，它有很强吸收油、脂和某些溶剂的能力，使其制品不会渗油。它不如石蜡滑润，并略带黏性。

应用：地蜡在化妆品中分为两个等级，一级品熔点在 74~78 ℃，主要作为乳液制品的原料；二级品熔点在 66~68 ℃，主要作为发蜡等的重要原料。精制地蜡用于乳化制品，稳定性好。一般地蜡用于制备融体软膏制品。

2. 微晶蜡

INCI 中文名称：微晶蜡。

来源：微晶蜡是从提炼润滑油后的残留物中，经过脱蜡精制而得到的产物，也称无定形蜡。

组成：主要由 C_{41}~C_{50} 带长侧链的环烷烃和异构烷烃、少量的直链烷烃和烷基芳烃所成。相对分子质量为 580~700。其含油量随不同级为 2%~12%。

性质：黄色或棕黄色，无臭、无味、无定形固体蜡，纯微晶蜡为白色。不溶于冷乙醇（质量分数为95%），微溶于无水乙醇，可溶于乙醚、四氯化碳、苯和二硫化碳等，与温热脂肪油可溶。

相对密度：0.90~0.92（15 ℃/4 ℃），0.78~0.80（99 ℃/4 ℃）。

折射率：1.435~1.445（99 ℃）。

闪点：≥260 ℃。

熔点：65~90 ℃。

微晶蜡的结晶结构和大小与石蜡不同，其韧性、柔软性和抗拉强度比石蜡高，熔点也较高，黏着性也好，但光泽和油性不如石蜡。与石蜡并用，可防止石蜡结晶变化和调节产品的熔点，它对油的亲和力强，可吸收较多油分，防止固融体渗油，保持产品稳定。

应用：主要用于唇膏、棒状除臭剂和润滑剂，以及膏霜和乳液类产品。

3. 巴西棕榈蜡

INCI 中文名称：巴西棕榈蜡。

来源：取自巴西蜡树叶，主产于巴西的北部和东北部。

组成（质量分数）：烷基蜡酸酯［主要是蜡酸蜂花酯（$C_{26}H_{53}COOC_{26}H_{61}$）和烷酸蜡酯（$C_{26}H_{53}COOC_{30}H_{61}$）］为 84%~85%，游离蜡酸为 3%~3.5%，C_{26}、C_{30} 和 C_{32} 的烷醇为 2%~3%，交酯为 2%~3%，烃类化合物为 1.5%~3%，少量醇不溶的树脂和无机物。

性质：精制品为白色至淡黄色无定形固体蜡，质硬，具有韧性和光泽，有光滑断面，有愉快的气味，可溶于热乙酸和乙醇。

相对密度：0.996~0.998（25 ℃/25 ℃）。

折射率：1.463（60 ℃）。

碘值：7~14。

皂化值（mg/g）：78~88。

酸值（mg/g）：2~10。

不皂化物：50%~55%。

熔点：82.5~86 ℃。

除小冠巴西棕榈蜡外，巴西棕榈蜡是最硬、熔点最高的天然蜡，它的配伍性好，可与各种蜡和大多数油脂相容。

应用:可提高唇膏等油膏类产品的熔点、硬度、韧性和光泽,有降低黏性、塑性的作用。可用于唇膏、睫毛膏、脱毛蜡和除臭膏等需要较好成型的制品。

4. 小烛树蜡

INCI 中文名称:小烛树蜡。

来源:取自小烛树的茎部,主产于墨西哥北部、美国加利福尼亚州和得克萨斯州南部。

组成(质量分数):小烛树蜡的组成为蜡酸酯类为 28% ~ 29%,高碳醇、交酯和天然树脂为 12% ~ 14%,烃类化合物为 50% ~ 51%,游离酸为 7% ~ 9%,无机物约为 0.7%。

性质:灰色至棕色蜡状固体,脆硬,有光泽,带芳香气味,略有黏性。它较容易乳化和皂化。熔融后,凝固很慢,有时需要几天后才可达到其最大硬度。加入油酸等可延缓其结晶和使其很快地变软。它可溶于热的乙醇、苯、四氯化碳、氯仿、松节油和石油醚等,冷却后呈胶冻状。它是碱性染料很好的溶剂。

应用:使用对象与巴西棕榈蜡相同。

5. 凡士林

INCI 中文名称:矿脂。

别名:凡士林。

来源:凡士林是由石油残油脱蜡精制而成的。

组成:烷烃 $C_{16}H_{34}$ ~ $C_{32}H_{66}$ 及少量不饱和烃。其中,烷烃 $C_{16}H_{34}$ ~ $C_{32}H_{66}$ 是石蜡的主要成分,成分随产地不同略有差异。

分子式:C_nH_{2n+2}。

性质:白色或淡黄色均匀膏状物,几乎无臭、无味。在阳光照射后略带荧光,白色凡士林冷冻至 0 ℃时仍能保持透明。不溶于水、甘油,难溶于乙醇,溶于苯、四氯化碳、乙醚和各种油脂。

相对密度:0.820 ~ 0.865(60 ℃/4 ℃)。

折射率:1.460 ~ 1.474(60 ℃)。

熔点范围:38 ~ 54 ℃。

应用:主要用作皮肤润滑剂和油溶性溶剂。它是较常用的化妆品油类原料,用于各类膏霜和乳液及固融体油膏等。凡士林几乎能与所有的药物配伍而不会使药物发生变化,可广泛用作软膏的基质。

(三)常见颜料原料的性质及选择

唇膏所用的着色剂主要包括有机着色剂、矿物颜料、溴酸红染料和珠光颜料四类。

1. 有机着色剂一般是用色淀,如红色、黄色、蓝色、橙色等多种颜色。
2. 矿物颜料主要有二氧化钛、氧化铁类(如铁红、铁黄、铁黑)等。
3. 溴酸红染料主要是二溴荧光素、四溴荧光素和四溴四氯荧光素。
4. 珠光颜料多采用合成珠光颜料,如二氧化钛覆盖云母片。

(四)常用辅助原料的选择

唇膏常用辅助原料包括防腐剂、抗氧化剂等。其中,常用防腐剂有羟苯甲酯、羟苯丙酯，常用抗氧化剂有 BHT、BHA、维生素 E（VE）等。

三、设备

常用设备有蜡基加热配制罐、加热保温填充料桶、灌装模具冻床或冷冻通道等。

四、工艺

（一）唇膏类工艺流程

唇膏类工艺流程图如图 5-1 所示。

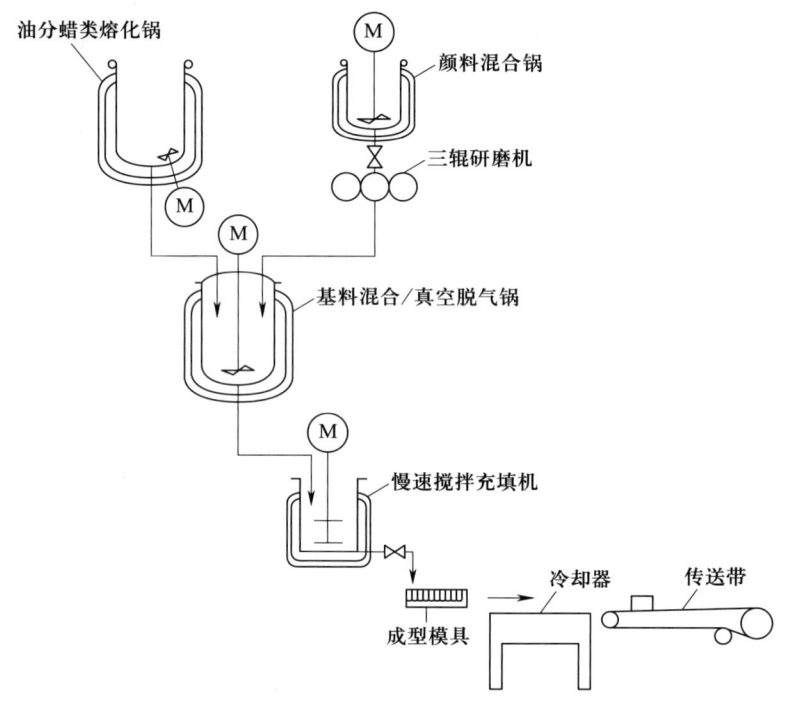

图 5-1　唇膏类工艺流程图

（二）工艺要点

1. 原料储存

（1）仓库的环境必须干燥、通风、明亮、清洁、通畅。

（2）仓库内应有防鼠、防潮、防霉变、隔热措施，严禁烟火，配置适量的消防器。

（3）必须要注意原料本身的理化特性，选择相关原料最佳的存放条件，并且应该将部分易燃、易爆、有挥发性的原料放到安全原料存放仓中，并需要定期检查安全原料仓的环境变化。

2. 预处理

色浆是否已按需提前做好预分散。色料过三辊研磨机或胶体磨前注意必须与用于分散的油搅拌并充分湿润，为尽量使聚结成团的颜料碾碎，需反复研磨数次并达到要求的细度

(一般要求色浆颗粒直径≤12 μm）。

3. 关键原料投料

对于关键原料的投料需要特别注意投料的顺序、温度和投料过程中的搅拌操作。

（1）油性增稠剂或硅树脂型增稠剂。最好提前一天配制待用，使用相应的油脂或硅油作为溶剂。按照不同油性增稠剂或硅树脂型增稠剂的具体特性，采用不同的温度、时长和搅拌方式预混合均匀使用。加入前必须确保这类原料已经分散均匀后才能使用，避免发生结团不均匀的现象。

（2）色浆。色浆在添加前必须搅拌均匀，边搅拌边加入。

（3）珠光颜料。珠光颜料不要与色浆同时加入，需要确保色浆加入并完全分散均匀没有色点后才能加入，且不可长时间强力搅拌，否则会使最终产品的颜色与目标颜色产生偏差。

（4）香精和植物提取物。调色完成后添加香精和植物提取物，且不能长期加热，以免发生变味、变性、失效等现象。

4. 中间过程控制

（1）应按照具体原料的熔点使用适当的加热配制罐。

（2）避免在搅拌过程带入空气，必要时可通过真空消泡。

（3）为避免因沉淀导致的调色问题，应将色浆部分均匀搅拌后放入，如有条件应将整体色浆过三辊研磨机后再放进锅内搅拌。最好使用带有塑胶刮板的搅拌桨，配制过程不时要刮锅边和搅拌锅的底部。

（4）悬浮剂、填充剂或珠光剂含量较高的唇膏，在存放时应使用方形盘状储存容器储存。当产品灌装时应将整盘容器内膏体同时返熔灌装。

5. 出料控制

出料温度需要控制在膏体熔程范围内较低的温度点。

（1）必须过滤出料，一般采用100目滤网过滤后出料。

（2）出料量控制为一个独立包装的量，最好与自身灌装产量匹配，以可一次完成灌装的量为宜。

（3）密封包装，避光，防止污染及带入异物。

6. 灌装

（1）金属模具灌装前模具需要进行擦油处理，降低粘模风险。模具擦油处理时必须均匀擦拭，使油在壁内分布均匀。

（2）灌装温度、速度要按工艺要求，同时注意灌装时膏体流动速度和灌装嘴流向的方位。

（3）膏体溶解过程注意搅拌速度，不要因搅拌带入气泡。

（4）如手动金属模具灌装起模，要注意对位。

（5）硅胶灌装应视配方、包材情况选择半硅胶灌装或全硅胶灌装方式。

五、产品的质量评价指标

(一) 感官指标表（见表5-4）

表5-4　　　　　　　　　　感官指标表

项目	指标
外观	表面平滑无气孔
色泽	符合规定色泽
香气	符合规定香型

(二) 理化指标表（见表5-5）

表5-5　　　　　　　　　　理化指标表

项目	指标
耐热	$(45±1)$℃保持24 h，恢复至室温后外观无明显变化，能正常使用
耐寒	$(-10\sim-5)$℃保持24 h，恢复至室温后能正常使用

(三) 微生物指标表（见表5-6）

表5-6　　　　　　　　　　微生物指标表

项目	指标
菌落总数/(CFU/g 或 CFU/mL)	≤1 000
霉菌和酵母菌总数/(CFU/g 或 CFU/mL)	≤100

(四) 加速试验表（见表5-7）

表5-7　　　　　　　　　　加速试验表

项目	指标
耐热稳定性试验	$(40±1)$℃保持7~30天，恢复至室温后外观无明显变化，能正常使用
耐寒稳定性试验	$(-8±2)$℃保持7~30天，恢复至室温后外观无明显变化，能正常使用
耐热耐寒循环试验	$(40±1)$℃保持7天，恢复至室温后，$(-8±2)$℃保持7天，恢复至室温后外观无明显变化，能正常使用

(五) 感官评价表（见表5-8）

表5-8　　　　　　　　　　感官评价表

项目	指标	结果
"看"色泽	色泽均匀，柔和与肤色配合融洽度好	
"闻"气味	气味纯正，与标样香型一致	

续表

项目	指标	结果
比较外质地	膏体软硬适度，应能牢固地保持棒状外形，表面光洁细腻、油润性好，不应有明显的划伤、裂纹，无气泡	
使用感	将唇膏完全旋出，在上下唇一次性涂满两层唇膏，观察和感觉唇膏的遮盖性、色泽均匀性、涂布性和软硬度，此时整个唇膏的色泽应均匀一致；无明显色斑，涂布时感觉平滑流畅，应无明显的黏滞阻塞感，软硬适中；随后将两唇上下开闭，应无明显的黏合和不适感，但也不能太滑腻；不与水分融合乳化而脱落，有较好的附着力，能保持较长的时间，但又不至于很难卸妆 将唇膏完全旋出，观察唇膏与外管应基本成直线，可如此反复进行多次，然后观察唇膏应无明显弯曲或倾斜	

六、常见配方工艺问题及其原因解析

唇膏常见的质量问题有异物缺陷、颜色差异、气味差异、出现杂色、出现气孔、出现收缩孔、灌装痕迹、模具印、膏体刮伤、发汗、粘模等。

（一）异物缺陷

可能原因：部分物料没有充分熔化。

措施：提高基质熔化温度，进料时用不锈网过滤。

（二）颜色差异

可能原因：批间在称量着色剂色浆的称量和操作存在一定的差别。称量前着色剂色浆没有搅拌均匀。

措施：出料前取少量膏体，装于模具，进行校色微调。

（三）气味差异

可能原因：唇膏的基质原料含有杂质和易氧化的油脂。

措施：采用杂质含量少的油脂和蜡，添加一定量的抗氧化剂。

（四）出现杂色

可能原因：着色剂质量差或着色剂与基质相容性差。

措施：调整配方。

（五）出现气孔

可能原因：膏体内有空气。

措施：膏体在高温时进行消泡。

（六）出现收缩孔

可能原因：收缩性的蜡用量太多，或液态油脂太少。

措施：减少地蜡用量，增加微晶蜡的用量，或增加液态油脂的用量。

（七）灌装痕迹

可能原因：模具不光滑或冷冻温度的时间不够、操作不熟练。

措施：更换模具，调低冷冻温度，延长冷冻时间，提高操作技能。

（八）模具印

可能原因：模具不光滑。

措施：更换模具，调低冷冻温度，延长冷冻时间。

（九）膏体刮伤

可能原因：模具不光滑、操作不熟练。

措施：更换模具，提高操作技能。

（十）发汗

唇膏热天"发汗"。

可能原因：基质的吸油性太差。

措施：减少凡士林和石蜡等吸油性差的蜡，增加吸油性较好的地蜡和微晶蜡，增加蜡的用量。

（十一）粘模

唇膏灌模具，脱模时出现粘模。

可能原因：配方不适当，冷冻温度和时间不够。

措施：调整配方，降低冷冻温度。

》任务实施

一、设计的配方及工艺（参考附表 3 配方设计记录表）

二、打样

（一）打样前准备

1. 按实训室 6S 做好打样前准备。
2. 准备原料和仪器。
3. 设备仪器的清洁消毒。
4. 原料进行预处理。

（二）打样的过程

填打样记录，打样记录表参考附表 4。

1. 仪器与原料

（1）仪器：烧杯、玻璃试管、温度计、电炉、搅拌器、玻璃棒、电子天平、恒温烘箱、冰箱。

（2）原料：1581 费托合成蜡、小烛树蜡、巴西棕榈蜡 3T、3977 地蜡、蜂蜡、2528 微晶蜡、辛酸/癸酸甘油三酯（GTCC）、棕榈酸异辛酯（2EHP）、26 号白油、维生素 E、羊毛脂、凡士林、异壬酸异壬酯（INO）、十三烷醇偏苯三酸酯（TDTM）、1668 月桂酸酯、羟苯丙酯、合成角鲨烷、色粉等。

2. 配方及操作步骤

(1) 配方表。唇膏配方表见表5-9。

表5-9　　　　　　　　　　　　唇膏配方表

项目	序号	原料商品名	作用	质量分数/%	备注
A	1	1581 费托合成蜡	增稠	3.00	
	2	小烛树蜡	增稠	3.00	
	3	巴西棕榈蜡 3T	增稠	9.00	
	4	3977 地蜡	增稠	15.00	
	5	蜂蜡	增稠	2.00	
	6	2528 微晶蜡	增稠	2.00	
	7	GTCC	润肤	3.60	
	8	2EHP	润肤	5.80	
	9	26 号白油	润肤	8.00	
	10	维生素 E	抗氧化、润肤	0.50	
	11	羊毛脂	润肤	3.00	
	12	凡士林	润肤	4.00	
	13	INO	润肤	8.00	
	14	TDTM	润肤	10.00	
	15	1668 月桂酸酯	润肤	5.00	
	16	羟苯丙酯	防腐	0.10	
	17	合成角鲨烷	润肤	8.00	
B	18	色粉	着色	10.00	

(2) 操作步骤：

①将 A 相原料依次加入适量的容器中，加热至 90~95 ℃，溶解至完全透明无颗粒；

②冷却至 70 ℃左右，加入 B 相，搅拌均匀；

③重新加热至 60 ℃左右，消泡，灌入包材，恢复至室温即可。

【操作提示】

1. 操作过程要防烫伤。

2. 注意确保 A 溶解完全。

3. 大规模工业化生产时，每批料体在出料前均再需进行颜色确认，必要时进行微调色。

三、质量评价及配方改进

（一）打样样品的质量评价

对打样样品进行质量评价，填写唇膏质量评价表 5-10。

化妆品配方设计

表 5-10 唇膏质量评价表

项目		指标	结果
感官指标	外观	表面平滑无气孔	
	色泽	符合规定色泽	
	香气	符合规定香型	
理化指标	耐热	（45±1）℃保持24 h，恢复至室温后外观无明显变化，能正常使用	
	耐寒	（-10~-5）℃保持24 h，恢复至室温后能正常使用	
微生物标准	菌落总数/（CFU/g 或 CFU/mL）	≤500	
	霉菌和酵母菌总数/（CFU/g 或 CFU/mL）	≤100	
稳定性试验	耐热稳定性试验	（40±1）℃保持7~30天，恢复至室温后能正常使用	
	耐寒稳定性试验	（-8±2）℃保持7~30天，恢复至室温后能正常使用	
	耐热耐寒循环试验	（40±1）℃保持7天，恢复至室温后，（-8±2）℃保持7天，恢复至室温后能正常使用	

（二）打样样品感官评价

对打样样品进行感官评价，填写感官评价表 5-8。

（三）配方改进

根据打样质量评估结果进行分析，确定改进措施和方法。

▶ 任务测评

任务结束后填写设计任务测评表，见表 5-11。

表 5-11 设计任务测评表

序号	考核内容	考核标准	配分	得分
1	配方设计项目	能准确选用唇膏原料设计配方	40	
2	配方打样项目	能按操作规程进行唇膏打样	40	
3	6S 管理	遵守 6S 管理	20	
		合计	100	

任务三　总结与归档

▶ 学习目标

【知识目标】能配合生产部门解决大规模工业化生产出现的偏差。

【技能目标】能评价生产产品的质量；能核对订单任务；审核打版记录；提供检验报

告；对产品审核放行；对产品留样及质量追溯管理；总结与归档。

【素养目标】通过对国内外现有品牌的唇膏类产品的消费者需求情况进行案例分析，培养学生的国际理解能力，具有全球意识和开放的心态，以开放包容的心态，促进中西方在唇膏类产品研发方面的相互交流与共同进步。

任务引入

接上一任务。

任务分析

上一任务已了解课题设计任务，进一步对设计结果进行统计、分析、总结归档。

任务实施

参考模块二——课题一——任务四的步骤。

任务测评

任务结束后填写任务测评表，见表5-12。

表 5-12　　　　　　　　　　任务测评表

序号	考核内容	考核标准	配分	得分
1	素质考核	课堂出勤率、学习态度、行为规范	30	
2	课堂表现	课堂互动、团队协作、创新建议	30	
3	专业知识	唇膏配方设计能力	40	
		合计	100	

思考与练习

1. 简述唇膏的配方结构及主要原料。
2. 唇膏的特点有哪些？
3. 分析唇膏"发汗"的原因，并提出解决措施。

课题二　粉饼配方设计

粉类化妆品主要是指以粉类为主要原料配制而成的，外观呈粉状或块状的一类制品，主要包括膜粉、香粉、爽身粉、粉饼、胭脂以及粉质眼影块等。本课题将介绍粉饼的配方设计。

任务一　接受任务订单

学习目标

【知识目标】能识读任务书；了解化妆粉的类型。

【技能目标】能初步评估订单的可行性（包括生产范围、生产能力、法规符合性等）；掌握化妆粉配方设计原则。

【素养目标】在进行粉饼安全生产合法的过程中，培养学生的社会责任感，维护社会的公平正义，维护粉饼消费者的合法权益；通过对国内外现有品牌粉饼配方的探究性学习，引导学生尊重与理解世界多元文化的多样性和差异性。

任务引入

××化妆品公司接到 A 公司的粉饼 OEM 订单。生产×××牌粉饼 100 万盒。

任务分析

本次 OEM 订单任务为首次业务，需要 A 公司提交配方工艺资料，完成普通化妆品备案，公司研发部按客户提供的需求进行打版，经客户确认后，采购物料投入生产，在供货期内完成产品加工、检验合格。订单内容包括订单品牌、规格、数量、销售的国家或地区（涉及原料和产品的要求）、配方工艺、质量指标、成本核算、交货日期、储运条件等。

由于产品拟在国内销售，产品和所用原料符合《化妆品安全技术规范》（2015 年版）和《已使用化妆品原料目录（2021 年版）》的规定，产品符合行业标准《化妆粉块》（QB/T 1976—2004）。

相关知识

粉饼的质量指标见表 5-13。

表 5-13　粉饼的质量指标

项目		要求
感官指标	外观	颜料及粉质分布均匀，无明显斑点
	香气	符合规定香型
	块型	表面应完整，无缺角、裂缝等缺陷
理化指标	涂擦性能	油块面积≤1/4 粉块面积
	跌落试验/份	破损≤1

续表

项目		要求
理化指标	pH 值（25 ℃）	6.0～9.0
	疏水性	粉质浮在水面保持 30 min 不下沉
微生物学指标	菌落总数/（CFU/g 或 CFU/mL）	≤1 000
	霉菌和酵母菌总数/（CFU/g 或 CFU/mL）	≤100
	耐热大肠菌群/（g 或 mL）	不得检出
	金黄色葡萄球菌/（g 或 mL）	不得检出
	铜绿假单胞菌/（g 或 mL）	不得检出
有害物质	汞/（mg/kg）	≤1
	铅/（mg/kg）	≤10
	砷/（mg/kg）	≤2
	镉/（mg/kg）	≤5
	甲醇/（mg/kg）	≤2 000

任务实施

对合同订单进行分析评价：根据合作方资质、提供资源、法规要求、质量标准、生产范围、生产能力等做出任务分析评估报告。

任务分析评价报告参考附表 1。

任务测评

任务结束后填写任务测评表，见表 5-14。

表 5-14　　　　　　　　　　任务测评表

序号	考核内容	考核标准	配分	得分
1	素质考核	课堂出勤率、学习态度、行为规范	30	
2	课堂表现	课堂互动、团队协作、创新建议	30	
3	专业知识	粉饼质量标准的解读能力	40	
		合计	100	

任务二　配方设计、打版与产品质量分析

学习目标

【知识目标】了解粉饼的基础知识和粉饼类配方结构及配方设计原则。

【技能目标】掌握粉饼类原料的选择；熟悉配制设备的构造原理和操作要求；按粉饼配方工艺步骤操作；按粉饼配方打样后评价实施的可行性；对打样样品进行质量评价和改进。

【素养目标】在进行粉饼类配方设计的过程中，培养学生的创新思维与创新意识，设计并生产出更符合消费者需求的粉饼产品；在进行粉饼生产工艺环保性的把关过程中，引导学生热爱并尊重自然，形成绿色的生产生活方式。

任务引入

打版工作流程表参考附表2。

任务分析

粉饼的主要成分由粉类、着色剂、香精、防腐剂等组成，从原料组成入手，设计粉饼配方打样步骤。

相关知识

一、配方结构

粉饼的配方结构表见表5-15。

表5-15　　　　　　　　　　粉饼的配方结构表

原料种类		代表性原料
粉类	无机粉类	滑石粉、高岭土、云母、绢云母、碳酸镁、碳酸钙、二氧化硅、硫酸钡、硅藻土、膨润土等
	有机粉类	纤维素微球、尼龙微球、聚乙烯微球、聚四氟乙烯微球、聚甲基丙烯酸酯微球等
	天然粉类	木粉、纤维素粉、丝素粉、淀粉、改性淀粉等
	白色颜料	钛白粉、氧化锌等
着色剂	无机着色剂	（合成）食品、药品及化妆品用焦油色素红色氧化铁、黄色氧化铁、黑色氧化铁、炭黑等
	有机着色剂	胭脂红、叶绿素、红花素等
	天然着色剂	硬脂酸镁、硬脂酸锌、硬脂酸铝、月桂酸锌、肉豆蔻酸锌等
胶合剂	水溶性胶合剂	甲基纤维素、羧甲基纤维、吡咯烷酮等
	油溶性胶合剂	液体石蜡、矿脂、脂肪酸酯类、羊毛脂及衍生物等
	乳化性胶合剂	硬脂酸、三乙醇胺、水、液体石蜡、单硬脂酸甘油酯等
	粉类胶合剂	硬脂酸锌、硬脂酸镁等
油脂		液体石蜡、单硬脂酸甘油酯等
防腐剂		羟苯丙酯

二、原料

常见原料的性质。

（一）高岭土

INCI 中文名称：高岭土。

市售的精制高岭土是白色或浅灰色粉末，有滑腻感、泥土味。常温下微溶于盐酸和乙酸，容易分散于水或其他液体中。具有抑制皮脂及吸收汗液的性质，对皮肤也略有黏附作用。高岭土是粉类化妆品主要原料，用于制造香粉、粉饼、胭脂、湿粉和面膜；与滑石粉配合使用时，可消除滑石粉的闪光性。

（二）滑石粉

INCI 中文名称：滑石粉。

商品名：UNI–Talc 250。

CAS 号：14807–96–6。

分子式：$Mg_3(Si_4O_{10})(OH)_2$。

相对分子质量：379.29。

滑石粉是滑石矿石经机械加工磨成一定细度的粉体产品。滑石矿与含有石棉成分的蛇纹岩共同埋藏在地下，因而在自然形态下常常含有石棉成分。

滑石粉属单斜晶系，通常呈致密的块状、叶片状、放射状、纤维状集合体。偶见晶体呈假六方或菱形的片状。硬度为1，相对密度为2.7~2.8。滑石粉具有润滑性、抗黏、助流、耐火性、抗酸性、绝缘性、熔点高、化学性质不活泼、遮盖力良好、柔软、光泽好、吸附力强等优良的物理化学特性，由于滑石的结晶构造是呈层状的，所以具有特殊的润滑性。滑石粉在化妆品中作为润滑剂、吸收剂、填充剂、抗结块剂、遮光剂等使用。滑石粉广泛应用于各种化妆品，特别是粉类彩妆产品。国际癌症研究中心（IARC）将"含石棉的滑石"列为致癌物。化妆品级都要求滑石粉中不得检出石棉。

三、生产设备

粉体搅拌机、粉体研磨机、粉饼压模机。

四、工艺

（一）粉饼工艺流程

粉饼工艺流程图（湿法）如图 5–2 所示。

（二）工艺要点

1. 原料储存

（1）仓库的环境必须干燥、通风、明亮、清洁、通畅。

（2）仓库内应有防鼠、防潮、防霉变、隔热措施，严禁烟火，并配置适量的消防器。

（3）必须要注意原料本身的理化特性，选择相关原料最佳的存放条件，应该将部分易

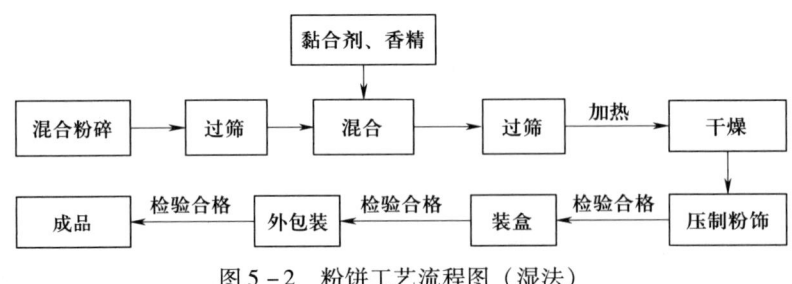

图 5-2 粉饼工艺流程图（湿法）

燃、易爆、有挥发性的原料放到安全原料存放仓中，并需要定期检查安全原料仓的环境变化。

2. 预处理

色浆是否已按需提前做好预分散。色料过三辊研磨机或胶体磨前注意必须与用于分散的油搅拌并充分湿润，为尽量使聚结成团的颜料碾碎，需反复研磨数次并达到要求的细度（一般要求色浆颗粒直径 $\leqslant 12\ \mu m$）。

3. 关键原料投料

（1）色素加入前必须预分散。

（2）粉相基础原料必须搅拌均匀后才加入预分散的色料色素。

4. 中间过程控制

中间过程控制需要关注粉相基础原料与色粉的分散程度。要检查色料是否完全分散，是否有色点，如没分散好，需要延长搅拌时间。还需要注意把粘在搅拌桨及锅壁上的色粉扫到搅拌锅里面分散均匀。

5. 出料控制

（1）出料前测试 pH 值等理化指标，合格后出料。

（2）出料必须检查锅壁是否有残留没分散均匀的油相、着色剂。

（3）压制成块状，检查料体是否有色点及油斑，测试硬度是否符合要求，跌落是否通过。

（4）出料前要检查出料口是否清洁干净。

（5）过 60 目筛网出料，如含珠光可选用 40 目。

（6）密封包装，避光，防止污染及带入异物。

（7）标识信息完整。

6. 压制粉饼

（1）压粉设备、工具、模具生产使用前用 75% 酒精清洁消毒。

（2）填粉：散粉要充填均匀以及满度适宜，否则影响外观。

（3）压力调试：压制粉块时，要注意选择合适的压力参数，如果压力过大，粉块硬，难涂抹；如果压力过小，粉块质地疏松，易飞粉，且通不过掉落测试和运输测试。也需要注意每个颜色相对应的压粉参数会有差异，应视实际情况而定，保证产品的上色度及跌落性合格。

（4）粉块试压完成后，再给品管做线上产品检测，如出现不良品则需继续调机，直到粉块压出来合格为止。

（5）粉块检验合格后，再开始批量生产。

五、产品的质量评价指标

（一）感官指标表（见表5-16）

表5-16　　　　　　　　　　　　感官指标表

项目	指标
外观	颜料及粉质分布均匀，无明显斑点
香气	符合规定香型
块型	表面应完整，无缺角、裂缝等缺陷

（二）理化指标表（见表5-17）

表5-17　　　　　　　　　　　　理化指标表

项目	指标
涂擦性能	油块面积≤1/4粉块面积
跌落试验/份	破损≤1
pH值（25 ℃）	6.0～9.0
疏水性	粉质浮在水面保持30 min不下沉

（三）微生物指标表（见表5-18）

表5-18　　　　　　　　　　　　微生物指标表

项目	指标
菌落总数/（CFU/g或CFU/mL）	≤1 000
霉菌和酵母菌总数/（CFU/g或CFU/mL）	≤100

（四）加速试验表（见表5-19）

表5-19　　　　　　　　　　　　加速试验表

项目	指标
耐热稳定性试验	（40±1）℃保持7～30天，24 h，恢复至室温后，性状与原样保持一致
耐寒稳定性试验	（-8±2）℃保持7～30天，恢复至室温后，性状与原样保持一致
耐热耐寒循环试验	（40±1）℃保持7天，恢复至室温后，（-8±2）℃保持7天，恢复至室温后，性状与原样保持一致

（五）感官评价表（见表 5-20）

表 5-20　　　　　　　　　　　　感官评价表

项目	指标	结果
"看"色泽	色泽均匀，柔和与肤色配合融洽度好	
"闻"气味	气味纯正，与标样香型一致	
比较外质地	均匀	
使用感	涂擦性能	

六、常见配方工艺问题及其原因解析

（一）粉类化妆品的黏附性差

可能原因：硬脂酸镁或硬脂酸锌用量不够或质量差，如含有杂质，另外粉粒颗粒粗也会使黏附性差。

措施：适当调整硬脂酸镁或硬脂酸锌的用量，选用色泽洁白、质量较纯的硬脂酸镁或硬脂酸锌；将产品尽可能磨得细一些，以改善产品对皮肤的黏附性能。

（二）粉类化妆品的吸收性差

可能原因：碳酸镁或碳酸钙用量不足。

措施：适当调整碳酸镁或碳酸钙的用量，但用量过多会使产品 pH 值上升，可采用陶土粉或天然丝粉代替碳酸镁或碳酸钙，降低产品 pH 值。

（三）杂色点（出现黑点、白点、异物）

可能原因：色粉分散不均匀，生产环节交叉污染，原料里面含有杂质。

措施：通过延长粉碎次数进行改善，也可以在前期预分散均匀后再加入，在生产环节需要注意清洁，如在生产环节受到杂质污染，容易造成报废，对原料用 60 目或 80 目筛网过筛，如还有杂质可以单独过几次粉碎机先行处理。

（四）加脂的粉类化妆品成团、结块

可能原因：加入产品中的乳剂油脂含量过多或烘干程度不够，使产品内残留少量乙醇或水分，油相分散不均匀，原料抱团带入。

措施：适当控制乳剂的油脂含量，并将产品中的水分尽量烘干。

（五）有色粉类化妆品色泽不均匀

可能原因：在混合、磨细过程中，采用的设备效能不好，或混合、磨细时间不够。

措施：采用较先进的设备，如高速混合机、超微粉碎机等，或适当延长混合、磨细时间，使之混合均匀，延长粉碎次数直至分散均匀，原料在加入前用 80 目筛网过滤或预先用粉碎设备对其先预分散处理。

（六）杂菌数超过规定范围

可能原因：原料含菌多，灭菌不彻底，生产过程中不注意清洁卫生和环境卫生等都会导致杂菌数超过规定范围，应加以注意。

措施：注意清洁卫生和环境卫生。

（七）LOGO 纹路不清晰

可能原因：模具 LOGO 深度不够，压粉布过厚，填粉不均匀或填粉量过少。

措施：加深 LOGO 的高度，更换薄一点的压粉布，增加填粉量，尽可能控制每个孔位的填粉量。

（八）粉墙过厚

可能原因：模具的公差过大，配套的压粉层过薄，铜片的位置贴歪。

措施：调整修改模具，加大公模的尺寸，更换厚一点的压粉布或者多垫几层压粉布，重新纠正贴歪的铜片。

（九）多色粉杂色

可能原因：模具的精度不够，容易杂色；脱模的角度不对，导致杂色；多色粉脱模前的压粉压力过小，导致脱模后粉质疏松，容易产生杂色。

措施：需要调整修改模具的精度，防止串色，多色粉脱模需要尽量直上直下，避免碰歪粉块产生杂色，多色粉脱模需要一定的压力，保证脱模前的粉有一定的硬度，避免脱模产生杂色。

（十）阴阳面

可能原因：压粉布的张力不够，母模的深度过高，母模的孔位过多。

措施：更换张力更好的压粉布。在保证产品其他理化指标的情况下，尽可能地降低压力，可以将母模的深度降低，然后多次填粉，减少母模的孔位数，降低孔位之间的密度，可以改善阴阳面。

》任务实施

一、设计的配方及工艺（参考附表 3 配方设计记录表）

二、打样

（一）打样前准备

1. 按实训室 6S 做好打样前准备。
2. 准备原料和仪器。
3. 设备仪器的清洁消毒。
4. 原料进行预处理。

（二）打样的过程

填打样记录。打样记录表参考附表 4。

1. 仪器与原料

（1）仪器：烧杯、玻璃试管、温度计、电炉、搅拌器、玻璃棒、电子天平等；

（2）原料：滑石粉、高岭土、钛白粉、硬脂酸锌、异十二烷、羟苯丙酯、颜料等。

2. 配方及操作步骤

（1）配方表。粉饼配方表见表 5-21。

表 5-21　　　　　　　　　　　粉饼配方表

序号	原料商品名	作用	质量分数/%	备注
1	滑石粉	稀释	加至100	
2	高岭土	增稠	10	
3	钛白粉	遮瑕	8	
4	硬脂酸锌	黏合	0.20	
5	异十二烷	滋润黏合	5.00	
6	羟苯丙酯	防腐	5.00	
7	颜料	着色	适量	

（2）打版流程图。粉类化妆品打版流程图如图5-3所示。

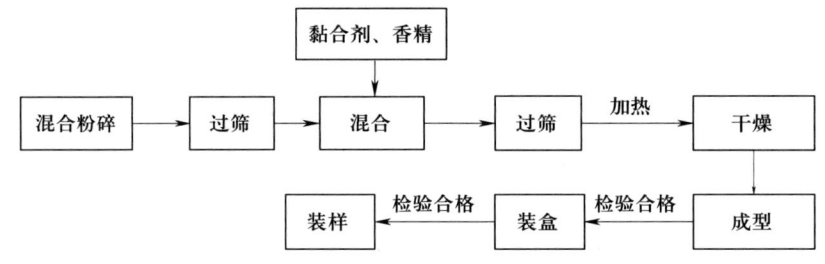

图5-3　粉类化妆品打版流程图

（3）操作步骤：
①将粉体与颜料等加入研磨机中混合均匀，过筛，再添加黏合剂，过筛后进行干燥；
②粉体干燥后的粉体用压模机形成；
③粉饼装盒。

【操作提示】
1. 操作过程防止粉尘飞扬。
2. 注意保证粉体混合均匀，干湿度合适。

三、质量评价及配方改进

（一）打样样品的质量评价

对打样样品进行质量评价，填写粉饼质量评价表5-22。

表 5-22　　　　　　　　　　　粉饼质量评价表

产品名称		生产日期		生产批号	
项目		指标			结果
外观		颜料及粉质分布均匀，无明显斑点			

续表

项目		指标	结果
香气		符合规定香型	
块型		表面应完整,无缺角、裂缝等缺陷	
涂擦性能		油块面积≤1/4 粉块面积	
跌落试验/份		破损≤1	
pH 值（25 ℃）		6.0~9.0	
疏水性		粉质浮在水面保持 30 min 不下沉	
菌落总数/ （CFU/g 或 CFU/mL）		≤1 000	
霉菌和酵母菌总数/ （CFU/g 或 CFU/mL）		≤100	
稳定性试验	耐热稳定性试验	（40±1）℃保持 7~30 天,24 h,恢复至室温后,性状与原样保持一致	
	耐寒稳定性试验	（-8±2）℃保持 7~30 天,恢复至室温后,性状与原样保持一致	
	耐热耐寒循环试验	（40±1）℃保持 7 天,恢复至室温后,（-8±2）℃保持 7 天,恢复至室温后,性状与原样保持一致	

（二）打样样品感官评价

对打样样品进行感官评价,填写感官评价表 5-20。

（三）配方改进

根据打样质量评估结果进行分析,确定改进措施和方法。

▶ 任务测评

任务结束后填写设计任务测评表,见表 5-23。

表 5-23　　　　　　　　　　设计任务测评表

序号	考核内容	考核标准	配分	得分
1	配方设计项目	能准确选用粉饼原料设计配方	40	
2	配方打样项目	能按操作规程进行粉饼打样	40	
3	6S 管理	遵守 6S 管理	20	
		合计	100	

任务三　总结与归档

》学习目标

【知识目标】能配合生产部门解决大规模工业化生产出现的偏差。

【技能目标】能评价生产产品的质量；能核对订单任务；审核打版记录；提供检验报告；对产品审核放行；对产品留样及质量追溯管理；总结与归档。

【素养目标】在完成对本项目设计结果进行统计、分析、总结归档的过程中，培养学生的奉献精神，做好自己的本职工作；培养学生爱岗敬业的意识，一丝不苟完成工作，努力实现自我价值。

》任务引入

接上一任务。

》任务分析

上一任务已了解课题设计任务，进一步对设计结果进行统计、分析、总结归档。

》任务实施

参考模块二——课题一——任务四的步骤。

》任务测评

任务结束后填写任务测评表，见表5-24。

表5-24　　　　　　　　　　任务测评表

序号	考核内容	考核标准	配分	得分
1	素质考核	课堂出勤率、学习态度、行为规范	30	
2	课堂表现	课堂互动、团队协作、创新建议	30	
3	专业知识	粉饼配方设计能力	40	
		合计	100	

思考与练习

1. 简述粉饼配方的主要组成。

2. 简述粉饼的工艺流程。

3. 分析粉饼出现黏附性差的原因，并提出解决措施。

课题三　BB 霜配方设计

任务一　接受任务订单

>> **学习目标**

【知识目标】能识读任务书。

【技能目标】能初步评估订单的可行性（包括生产范围、生产能力、法规符合性等）。

【素养目标】在进行 BB 霜配方设计的过程中，培养学生形成实践创新意识，设计出更符合消费者需求的创新 BB 霜产品；在 BB 霜生产运作过程中，培养学生的动手操作能力，掌握 BB 霜设计与生产的实践技能。

>> **任务引入**

××化妆品公司接到 A 公司的 BB 霜 OEM 订单。生产×××牌 BB 霜 100 万瓶。

>> **任务分析**

本次 OEM 订单任务为首次业务，需要 A 公司提交配方工艺资料，完成普通化妆品备案，公司研发部按客户的需求进行打版，经客户确认后，采购物料投入生产，在供货期内完成产品加工、检验合格。订单内容包括订单品牌、规格、数量、销售的国家或地区（涉及原料和产品的要求）、配方工艺、质量指标、成本核算、交货日期、储运条件等。

BB 霜具有保养与遮瑕等多重身份，基本集合了粉底+隔离+遮瑕+护肤的功能。

BB 霜一般为 W/O 型乳状液，生产工艺与一般的膏霜乳液相近，由于配方中含有大量的粉体，粉体用胶体磨研磨分散后加入体系中。

功效性的产品还应添加相应的功效成分，制成产品需符合产品执行标准，功效宣称的需有文献支持或功效试验等功效评价。

由于产品拟在国内销售，产品和所用原料符合《化妆品安全技术规范》（2015 年版）和《已使用化妆品原料目录（2021 年版）》的规定，产品符合行业标准《润肤膏霜》（QB/T 1857—2013）。

相关知识

BB 霜的质量指标见表 5-25。

表 5-25　　BB 霜的质量指标

	项目	水包油型（O/W）	油包水型（W/O）
感官指标	外观	膏体应细腻，均匀一致（添加不溶性颗粒或不溶粉末的产品除外）	
	香气	符合规定香型	
理化指标	pH 值（25 ℃）	4.0~8.5（pH 值在上述范围内的产品按企业标准执行）	—
	耐热	（40±1）℃保持 24 h，恢复室温后应无油水分离现象	（40±1）℃保持 24 h，恢复至室温后渗油率不应大于 3%
	耐寒	（-8±2）℃保持 24 h，恢复室温后与试验前无明显性状差异	
微生物学指标	菌落总数/（CFU/g 或 CFU/mL）	≤1 000	
	霉菌和酵母菌总数/（CFU/g 或 CFU/mL）	≤100	
	耐热大肠菌群/（g 或 mL）	不得检出	
	金黄色葡萄球菌/（g 或 mL）	不得检出	
	铜绿假单胞菌/（g 或 mL）	不得检出	
有害物质	汞/（mg/kg）	≤1	
	铅/（mg/kg）	≤10	
	砷/（mg/kg）	≤2	
	镉/（mg/kg）	≤5	

任务实施

对合同订单进行分析评价：根据合作方资质、提供资源、法规要求、质量标准、生产范围、生产能力等做出任务分析评估报告。

任务分析评价报告参考附表 1。

任务测评

任务结束后填写任务测评表，见表 5-26。

表 5-26　　任务测评表

序号	考核内容	考核标准	配分	得分
1	素质考核	课堂出勤率、学习态度、行为规范	30	
2	课堂表现	课堂互动、团队协作、创新建议	30	
3	专业知识	BB 霜质量标准的解读能力	40	
		合计	100	

任务二 配方设计、打版与产品质量分析

学习目标

【知识目标】能正确对原料进行辨识。

【技能目标】能正确操作搅拌机;掌握BB霜的制作流程;正确按产品制作流程完成制作;掌握产品质量评价及配方改进。

【素养目标】在进行BB霜的生产制作过程中,培养学生吃苦耐劳的劳动意识,尊重劳动,具有积极的劳动态度和良好的劳动习惯;培养学生形成改进和创新劳动方式、增强劳动效率的意识。

任务引入

打版工作流程表参考附表2。

任务分析

BB霜是具有免底妆美容类膏霜,通常由油脂(润肤剂)、水、乳化剂、着色剂、保湿剂、防腐剂、螯合剂、香精等组成。功效性的产品还添加相应的功效成分,制成产品需符合产品执行标准,功效宣称的需有文献支持或功效试验等功效评价。

相关知识

一、配方结构

BB霜主要是油包水含粉类膏体,配方结构按膏霜乳液的配方结构要求,BB霜的配方结构表见表5-27。

表5-27　　　　　　　　BB霜的配方结构表

结构组成	类别	主要功能	代表性原料
动植物类油脂和蜡	固体类	①固化剂提高产品稳定性 ②赋予摇变性和触变效果 ③改善肤感,增强疏水膜,赋予产品光泽	蜂蜡及其衍生物、鲸蜡、小烛树蜡、十六醇、十八醇、硬脂酸、纯羊毛脂等
	半固体	①具有固体状油脂和液体状油脂的特性 ②赋予皮肤柔软性、润滑性 ③促进皮肤功效成分吸收 ④形成疏水膜、润肤 ⑤减小摩擦,增加光泽	可可脂、牛油树脂、羊毛脂及其衍生物等
	液体类	①赋予皮肤柔软性、润滑性 ②促进皮肤功效成分吸收 ③形成疏水膜、润肤 ④减小摩擦,增加光泽	橄榄油、杏仁油、小麦胚芽油、山茶油、鳄梨油、角鲨烷、各种植物油溶性提取物等

续表

结构组成	类别	主要功能	代表性原料
矿物类蜡和油脂、合成油脂及半合成油脂	固体类	①固化剂提高产品稳定性 ②赋予摇变性和触变效果 ③改善肤感,增强疏水膜,赋予产品光泽	微晶蜡、固体石蜡、十六醇、十八醇、十六十八醇硬脂酸等
	半固体	①皮肤柔软性、润滑性 ②促进皮肤功效成分吸收 ③形成疏水膜、润肤 ④减小摩擦,增加光泽	凡士林等
	液体类	①赋予皮肤柔软性、润滑性 ②促进皮肤功效成分吸收 ③形成疏水膜、润肤	液体石蜡、支链脂肪醇、甘油三酯类、异壬酸异壬酯、聚二甲基硅氧烷、异十二烷、异十六烷、辛基十二醇等
乳化剂	油包水	油包水乳化剂	司盘系列乳化剂、硬脂醇醚-2、聚二甲基硅氧烷聚醚共聚物(EM 90)、乳化剂 P-135、乳化剂 TGI 等
保湿剂	—	①角质层保湿 ②改善使用感觉 ③溶解作用	甘油、丙二醇、丁二醇、氨基酸、吡咯烷酮羧酸钠、葡萄糖脂类、透明质酸钠、神经酰胺等
肤感调节剂	—	①改善肤感 ②分散和悬浮作用 ③增强稳定性 ④调节流变性	有机硅弹性体等
pH 调节剂	—	调节 pH 值	氢氧化钠、三乙醇胺、精氨酸等
抑菌	准用防腐剂	抑菌,使产品对微生物稳定	羟苯甲酯、羟苯丙酯、咪唑烷基脲、甲基异噻唑啉酮、碘丙炔醇丁基氨甲酸酯、苯氧乙醇等
	无受限制抗菌原料	未上化妆品准用目录,有抑菌,使产品对微生物稳定作用	辛甘醇、戊二醇、辛酰羟肟酸、甘油辛酸酯、对羟基苯乙酮等
抗氧化剂	—	抑制和防止产品氧化引起的酸败	2,6-二叔丁基对甲酚(BHT)、叔丁基对羟基茴香醚(BHA)、生育酚等
螯合剂	—	使金属离子螯合,防止产品变色、褪色,对防腐有协同作用	EDTA-二钠、EDTA-四钠等
着色剂	—	赋予产品颜色	二氧化钛、各种化妆品允许使用色素等
香精	—	产品赋香	各种化妆品用香精
活性成分	—	赋予产品特定功效	各种营养成分及功效成分
纯化水	—	起溶解、稀释的作用	纯化水

二、乳化剂性质

乳化剂为油包水乳化剂,常见油包水乳化剂有鲸蜡基 PEG/PPG-10/1 聚二甲基硅氧烷

(EM 90)、PEG-30-二聚羟基硬脂酸酯（P-135）、聚甘油 3-异硬脂酸酯、司盘类等。

（一）鲸蜡基 PEG/PPG-10/1 聚二甲基硅氧烷

INCI 中文名称：鲸蜡基 PEG/PPG-10/1 聚二甲基硅氧烷。

别名：ABIL EM 90、BALANCE。

性质：无色透明黏稠液体。

相对密度：1.00~1.04（25 ℃）。

HLB 值：约 5。

鲸蜡基 PEG/PPG-10/1 聚二甲基硅氧烷是一种液态非离子 W/O 型化妆品膏霜和乳液用硅油类乳化剂，具有高度的乳化稳定性和良好的耐热、耐冷稳定性。作为 W/O 型乳化剂，与植物油、化学和物理防晒剂均有很好的配伍性，可以冷配，推荐用量为 1.5%~2.5%（质量分数）。

（二）PEG-30-二聚羟基硬脂酸酯

INCI 中文名称：PEG-30-二聚羟基硬脂酸酯。

别名：Arlacel P-135、GLTEMU^{TM} DPHS、乳化剂 P-135。

结构式：为嵌段聚合物，中间的聚氧乙烯链是亲水基团，两侧的多羟基硬脂酸酯是憎水基团。

性质：市售产品为黄棕色至红棕色膏状至蜡状固体，具有轻微的脂肪酸特征气味。

相对密度：0.94。

熔点：27~40 ℃。

HLB 值：5~6。

皂化值（mg/g）：125~145。

PEG-30-二聚羟基硬脂酸酯相对分子质量为 5 000。与传统小分子的 W/O 型乳化剂相比，具有很大的优越性，它不受外相油脂极性的限制，可用于极性油脂配方、非极性油脂配方甚至硅油包水配方。可制备高水相比例的 W/O 型乳状液。

应用：高分子 W/O 型乳化剂，可以制备非常稳定的、可流动的、低黏度的微乳液；可以轻易地在皮肤上铺展，并带来轻盈、不油腻的肤感；也可用于制备高内相含量的油包水乳液、膏霜、喷雾产品，热稳定性高，用量为 2%~5%（质量分数）。

三、生产设备

有加热冷却系统的真空乳化系统。

四、工艺

（一）BB 霜工艺流程

BB 霜工艺流程图如图 5-4 所示。

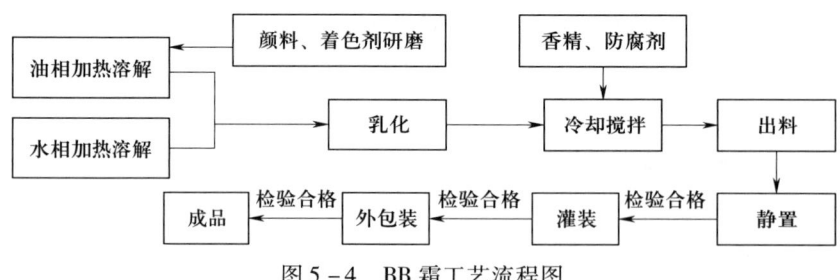

图 5-4　BB 霜工艺流程图

(二) 工艺要点

1. 原料的储存

配方中所用原料均需要在常温避光下保存，对于活性物或香精、香料需要在低温下保存。

2. 预处理

钛白粉、色粉类颜料均需要用适量的油脂过三辊研磨机或胶体磨进行预处理，一般研磨三遍以上方可保证粉体与油脂的充分润湿分散，预处理完成后，备用。

3. 关键原料的投料

香精、香料、防腐剂、活性物等均需要在温度低于 45 ℃ 时添加；部分特殊材料（如高分子聚合物卡波），需要提前进行浸泡，同时生产过程不可长时间均质分散，避免破坏聚合物的结构。

4. 中间过程控制

两相混合：水相温度应高于油相温度 3~5 ℃，抽料要均匀，搅拌速度要快。

搅拌乳化：乳化时间控制在 5 min 以内，搅拌时间控制在 25~30 min，让其充分分散混合。

混合顺序：对于 O/W 型产品，一般添加顺序为油相加入水相中形成水包油型结构，同时也可以把水相加入油相中，形成 W/O/W 结构。根据此种工艺操作，其体系的结构和稳定性更为牢固。对于 W/O 型产品，一般添加顺序为水相加入油相中，缓慢添加，同时搅拌均质，搅拌均质的时间同上。

5. 出料控制

乳化完成后，冷却降温到室温，中控检测，合格后出料。

五、产品的质量评价指标

(一) 感官指标表（见表 5-28）

表 5-28　　　　　　　　　　感官指标表

项目	指标
外观	膏体应细腻，均匀一致
香气	符合规定香型

（二）理化指标表（见表 5-29）

表 5-29　　理化指标表

项目	指标
耐热	(40±1)℃保持 24 h，恢复至室温后渗油率不应大于 3%
耐寒	(-8±2)℃保持 24 h，恢复室温后与试验前无明显性状差异

（三）微生物指标表（见表 5-30）

表 5-30　　微生物指标表

项目	指标
菌落总数/(CFU/g 或 CFU/mL)	≤1 000
霉菌和酵母菌总数/(CFU/g 或 CFU/mL)	≤100

（四）加速试验表（见表 5-31）

表 5-31　　加速试验表

项目	指标
耐热稳定性试验	(40±1)℃保持 7~30 天，恢复至室温后，观察膏体外观、油水分离现象、渗油率等
耐寒稳定性试验	(-8±2)℃保持 7~30 天，恢复至室温后，观察膏体外观、油水分离现象等
耐热耐寒循环试验	(40±1)℃保持 7 天，恢复至室温后，(-8±2)℃保持 7 天，恢复至室温后，观察膏体外观、油水分离现象等

（五）感官评价表（见表 5-32）

表 5-32　　感官评价表

项目	指标	结果
"看"色泽	色泽均匀，柔和与肤色配合融洽度好	
"闻"气味	气味纯正，与标样香型一致	
比较外质地	外观应光洁柔滑，稠度适当，料体细腻均匀，不得有结块、发稀、均匀无杂质、无粗颗粒，更不得有剧烈干缩等现象	
使用感	在使用过程中的感官效果一般指使用感（如滑爽、润滑、黏稠、干燥或油腻）、延展性（是否容易涂敷，涂布层均匀度）、清爽度、渗透性等	

六、常见配方工艺问题及其原因解析

（一）出油

可能原因：乳化剂和油脂的选择、搭配或用量不合理，如配方体系中含有大量油脂及防晒剂却使用了硅油包水的乳化剂，乳化剂的量过多或者过少都会引起配方体系的出油现象；油相各原料的相容性，如配方中使用了大量的彼此相容性并不好的硅油以及防晒剂，却未添加适量对两者均具有良好相容性的油脂,如异壬酸异壬酯等;增稠悬浮成分的添加,如增稠悬浮剂的添加量不够,易造成粉类的沉降,从而导致配方体系的出油现象。

措施:改进配方。

(二) 破乳

可能原因:乳化剂的添加量过少,会使得分散相和连续相的界面膜较薄,引起分散相的聚集等,从而导致破乳;低温测试下破乳;生产工艺中如果均质或乳化的时间及强度不够,易导致破乳。

措施:通过添加适量的无机盐及多元醇,帮助在分散相及连续相的界面形成双电子层,并且降低水相的冰点来改善;通过在乳化的时候增大乳化强度,以及增加乳化时间来改善。

(三) 色粉聚集

可能原因:配方中使用油脂与色粉表面处理剂不相容时也会导致色粉的聚集。

措施:改善色粉的分散工艺,如使用胶体磨、碾磨机等使得色粉在配方的油相中分散完全;尽可能选用同色粉表面处理剂相容性好的油脂。

(四) 色粉沉降

可能原因:色粉在油相中分散不完全容易引起色粉的聚集,从而导致色粉沉降;配方的黏度偏低也容易导致色粉沉降。

措施:适当提高配方黏度可改善这种现象,可提高增稠悬浮剂的添加量、调整水相油相配比增加水相的量等。

》任务实施

一、设计的配方及工艺(参考附表3 配方设计记录表)

二、打样

(一) 打样前准备

1. 按实训室6S做好打样前准备。
2. 准备原料和仪器。
3. 设备仪器的清洁消毒。
4. 原料进行预处理。

(二) 打样的过程

填打样记录。打样记录表参考附表4。

1. 仪器与原料

(1) 仪器:烧杯、玻璃试管、温度计、电炉、搅拌器、玻璃棒、电子天平、pH计、恒温烘箱、冰箱、黏度计。

(2) 原料:纯化水、甘油、丙二醇、硫酸镁、羟苯甲酯、乳化剂P-135、乳化剂TGI、油性纳米二氧化钛(NT200B)、肉豆蔻酸异丙酯、2EHP、GTCC、硬脂酸镁、铁黄、铁红、铁黑、羊毛脂、凡士林、蜂蜡、羟苯丙酯、环五聚二甲基硅氧烷、苯氧乙醇、香精等。

2. 配方及操作步骤

(1) 配方表。BB 霜配方表见表 5-33。

表 5-33　　　　　　　　　　BB 霜配方表

	序号	原料商品名	作用	质量分数/%	备注
A 相	1	纯化水	稀释	加至 100	
	2	甘油	保湿	5.0	
	3	丙二醇	保湿	5.0	
	4	硫酸镁	稳定	1.0	
	5	羟苯甲酯	防腐	0.2	
B 相	6	乳化剂 P-135	乳化	1.5	
	7	乳化剂 TGI	乳化	2.0	
	8	NT200B	遮瑕	9	
	9	肉豆蔻酸异丙酯	润肤	6	
	10	2EHP	润肤	3	
	11	GTCC	润肤	2	
	12	硬脂酸镁	稳定	0.5	
	13	铁黄	着色	0.3	
	14	铁红	着色	0.2	
	15	铁黑	着色	0.05	
	16	羊毛脂	润肤	1	
	17	凡士林	润肤	3	
	18	蜂蜡	增稠	2	
	19	羟苯丙酯	防腐	0.1	
C 相	20	环五聚二甲基硅氧烷	润肤	3	
D 相	21	苯氧乙醇	防腐剂	0.3	
	22	香精	芳香	0.1	

(2) 打版流程图。BB 霜打版流程图如图 5-5 所示。

(3) 操作步骤：

①准确称取 A 相（水相）于烧杯中，温度控制在 80~85 ℃，加热搅拌溶解，保温 10 min；

②准确称取 B 相（油相）于烧杯中，温度控制在 85~90 ℃，加热搅拌溶解，均质 2~3 min（4 000~5 000 r/min）；

③将水相缓慢倒入油相中，搅拌乳化 3~5 min，均质 3~5 min（4 000~5 000 r/min）；

④搅拌冷却至 50 ℃以下，加入 C 相，搅拌均匀；

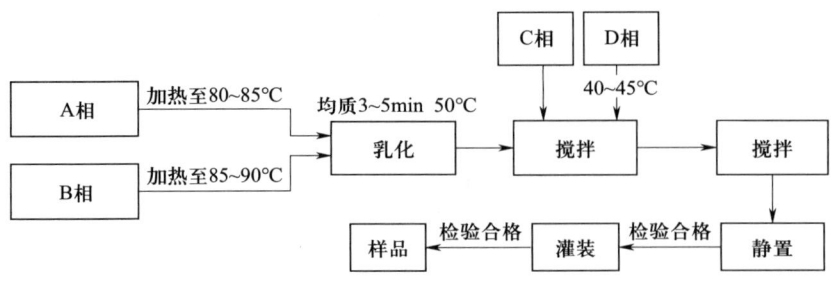

图5-5 BB霜打版流程图

⑤搅拌冷却至40~45℃以下,加入D相,搅拌均匀,再均质2~3 min(4 000~5 000 r/min);

⑥继续搅拌冷却至常温,即可出料。

【操作提示】

1. 操作过程要加1%~2%(质量分数)的补充水。

2. 液体状防腐剂和活性物质要低温加入,防止香精挥发或活性成分降解。

三、质量评价及配方改进

(一)打样样品的质量评价

对打样样品进行质量评价,填写BB霜质量评价表5-34。

表5-34　　　　　　　　　　BB霜质量评价表

产品名称		生产日期		生产批号	
项目		指标			结果
外观		膏体应细腻,均匀一致(添加不溶性颗粒或不溶粉末的产品除外)			
香气		符合规定香型			
pH值(25 ℃)		—			
耐热		(40±1)℃保持24 h,恢复至室温后渗油率≤3%			
耐寒		(-8±2)℃保持24 h,恢复室温后与试验前无明显性状差异			
菌落总数/(CFU/g 或 CFU/mL)		≤1 000			
霉菌和酵母菌总数/(CFU/g 或 CFU/mL)		≤100			
稳定性试验	耐热稳定性试验	(40±1)℃保持7~30天,恢复至室温后,观察膏体外观、油水分离现象、渗油率等			
	耐寒稳定性试验	(-8±2)℃保持7~30天,恢复至室温后,观察膏体外观、油水分离现象等			
	耐热耐寒循环试验	(40±1)℃保持7天,恢复至室温后,(-8±2)℃保持7天,恢复至室温后,观察膏体外观、油水分离现象、渗油率等			

（二）打样样品感官评价

对打样样品进行感官评价，填写感官评价表 5-32。

（三）配方改进

根据打样质量评估结果进行分析，确定改进措施和方法。

任务测评

任务结束后填写设计任务测评表，见表 5-35。

表 5-35　　　　　　　　　　设计任务测评表

序号	考核内容	考核标准	配分	得分
1	配方设计项目	能准确选用 BB 霜原料设计配方	40	
2	配方打样项目	能按操作规程进行 BB 霜打样	40	
3	6S 管理	遵守 6S 管理	20	
		合计	100	

任务三　总结与归档

学习目标

【知识目标】能配合生产部门解决大规模工业化生产出现的偏差。

【技能目标】能评价生产产品的质量；能核对订单任务；审核打版记录；提供检验报告；对产品审核放行；对产品留样及质量追溯管理；总结与归档。

【素养目标】在对已生产的 BB 霜进行质量评估的实践过程中，培养学生的诚信意识，形成通过诚实合法劳动创造成功生活的意识和行动；在指导学生完成生产实践的过程中，引导学生做好自我规划与自我管理，提升对所学专业的认同感与归属感，并依据自身个性和潜质选择适合的发展方向。

任务引入

接上一任务。

任务分析

上一任务已了解课题设计任务，进一步对设计结果进行统计、分析、总结归档。

任务实施

参考模块二——课题一——任务四的步骤。

任务测评

任务结束后填写任务测评表，见表 5-36。

表 5-36　　　　　　　　　　　任务测评表

序号	考核内容	考核标准	配分	得分
1	素质考核	课堂出勤率、学习态度、行为规范	30	
2	课堂表现	课堂互动、团队协作、创新建议	30	
3	专业知识	BB 霜配方设计能力	40	
		合计	100	

思考与练习

1. 简述 BB 霜配方结构和主要成分。
2. 分析 BB 霜出现色粉聚集的原因，并提出调整和改进方法。
3. 分析 BB 霜出现出油的原因，并提出解决措施。

模块六

清洁类化妆品技术

清洁类化妆品也称洗涤类化妆品，即去除皮肤上的污物、汗液、皮脂、其他分泌物、脱屑细胞、微生物及美容化妆的残留物，以保持皮肤卫生健康的化妆品。清洁类化妆品包括洗手液、沐浴露、洗发水、洗面奶、清洁霜、卸妆水、卸妆油等。普通香皂不按化妆品管理。本模块主要介绍沐浴类的氨基酸沐浴露、卸妆类的卸妆油、洁面类的皂基洗面奶、洗发类的透明洗发水等内容。

课程思政小学堂

坚持可持续发展理念，建设美丽中国
——"清洁生产"理念在清洁类产品研发中的运用

党的十九大报告指出，加快生态文明体制改革，建设美丽中国；党的二十大报告指出，坚持"绿水青山就是金山银山"的理念，生态文明制度体系更加健全，生态环境保护发生历史性、转折性、全局性变化，我们的祖国天更蓝、山更绿、水更清。

在清洁类产品研发中，我们应该树立"清洁生产"理念，注意在对资源进行开发利用的过程中，必须遵循自然发展规律，尊重自然、顺应自然、保护自然，才能实现环境的改善，实现经济的可持续发展。绿色发展是指建立在生态环境容量和资源承载力的约束条件下，将环境保护作为实现可持续发展重要支柱的一种新型发展模式。

在落实清洁生产理念中，应该注重以下两个全过程控制：生产过程控制和产品整个生命周期循环过程的控制。第一，在宏观层次上，组织工业生产的全过程控制，包括资源和地域的规划、评价、组织、实施、运营管理和效益评价等环节；第二，在微观层次上，实现物料转化生产全过程控制，包括原料的采集、储运、预处理、加工、成型、包装、产品和储存等环节。在清洁生产的理念中应包括技术上的可行性，也应包括经济上的可营利性，实现社会效益、环境效益和经济效益的统一。

有必要对传统产业升级改造，严格控制高污染、高能耗的生产过程；以绿色新兴产业发展为导向，研发出更多低碳清洁、受消费者广泛青睐的清洁类的产品。并注意坚持可持续发展理念，做到减污降碳协同增效，为建设美丽中国奉献自己的力量。

课题一 氨基酸沐浴露配方设计

沐浴类产品包括浴皂、浴盐、浴油、泡沫浴、淋浴制品、浴后皮肤护理品、其他浴用制品。本课题将介绍氨基酸沐浴露的配方设计。

任务一 接受任务订单

▶▶ 学习目标

【知识目标】能识读任务书；了解沐浴类的类型。

【技能目标】能初步评估订单的可行性（包括生产范围、生产能力、法规符合性等）；掌握沐浴类产品的设计原则。

【素养目标】在对沐浴类产品的设计与生产的过程中，培养学生形成环境保护意识，树立可持续发展的理念；引导学生理解"绿水青山就是金山银山"的相关内容，并运用到沐浴类产品的设计与生产中。

▶▶ 任务引入

××化妆品公司接到A公司的氨基酸沐浴露OEM订单。生产×××牌氨基酸沐浴露10万瓶。

▶▶ 任务分析

本次OEM订单任务为首次业务，需要A公司提交配方工艺资料，完成普通化妆品备案，公司研发部按客户提供的需求进行打版，经客户确认后，采购物料投入生产，在供货期内完成产品加工、检验合格。订单内容包括订单品牌，规格、数量、销售的国家或地区（涉及原料和产品的要求）、配方工艺、质量指标、成本核算、交货日期、储运条件等。

氨基酸沐浴露是添加有氨基酸表面活性剂的淋浴清洁剂，氨基酸沐浴露要做到泡沫丰富，适度的清洁力，较一般沐浴露对皮肤作用更温和。氨基酸沐浴露和其他沐浴露配方结构大致相同。

由于产品拟在国内销售，产品和所用原料符合《化妆品安全技术规范》（2015年版）和《已使用化妆品原料目录（2021年版）》的规定，产品符合国家标准《沐浴剂》（GB/T 34857—2017）。

》》 相关知识

一、清洁类化妆品的作用原理

皮肤清洁化妆品主要是清除、乳化或溶解体表的油脂、污垢、汗液混合物。

（一）皮肤污垢的组成

皮肤污垢是指附着在皮肤或黏膜表面的垢着物，主要包括以下四种。

1. 人体皮肤新陈代谢不断在死亡的角质形成细胞、黏膜上皮细胞。
2. 皮肤表面寄生着大量的微生物，如细菌、真菌、病毒、螨虫等。
3. 皮脂腺分泌的皮脂和汗腺分泌的汗液形成的皮脂膜，虽然是皮肤表面最理想的保护层，但是长久停留极易腐败变质；汗液蒸发后的残留成分（如盐、尿素等皮肤代谢产物）会留在皮肤表面，过多堆积后在体表容易产生微生物。
4. 直接暴露在外界环境中的皮肤黏附灰尘、煤烟颗粒、化妆品残留粉末、油脂、蜡状物、颜料等。

（二）皮肤污垢的危害

皮肤污垢如果不及时清除，不仅会散发异味，还会影响皮肤和黏膜正常生理功能，阻碍腺体以及毛孔的通畅，导致皮肤粗糙，加速衰老。

（三）清除皮肤污垢的方法

正常人体皮肤具有自然清洁的功能，如死细胞自然脱落、皮脂的抗菌功能等，然而很多污垢仅靠皮肤自身的洁净功能是清除不掉的，必须使用外力和清洁剂。由于污垢不同或与皮肤表面结合力牢固程度不同，被清除的过程和方法也有很大不同。一般情况下，靠重力作用在皮肤表面沉降堆积的污垢附着力很弱，较容易从表面上去除；靠静电吸引力附着在皮肤表面的污垢，在水中很容易从表面解离；靠化学吸附作用结合于皮肤表面的污垢吸附力很强，用通常的清洗方法很难去除。

二、清洁剂原料

（一）清洁剂的结构和性质

清洁剂是指具有清洁作用的表面活性剂，通过润湿皮肤表面、乳化或溶解体表的油脂、污垢、汗液混合物，以达到清洁作用。清洁剂的 HLB 值一般大于15，主要用于洗面奶、洗发水、沐浴露、洗手液等清洁类化妆品。

(二) 理想的清洁剂要求

泡沫丰富，脱脂力适中，刺激性低，生物降解性能好。与乳化剂的分类方式相似，清洁剂也分为阴离子清洁剂、非离子清洁剂和两性清洁剂，其中以阴离子清洁剂为主，非离子清洁剂和两性清洁剂为辅。

(三) 清洁剂结构与性能的关系

1. 在溶解度允许的范围内，清洁剂的洗涤能力随着疏水链的增长而增强。
2. 疏水链的碳原子数目相同时，直链的清洁剂比支链的清洁剂具有更强的洗涤能力。
3. 亲水基团在端基上的清洁剂较亲水基团在链内的洗涤效果要好。
4. 对非离子清洁剂来说，当洗涤时的溶液温度稍低于清洁剂的浊点时，可达到最佳的洗涤效果。
5. 对于聚氧乙烯型非离子清洁剂来说，聚氧乙烯链长度增大，溶解度越大，常导致洗涤能力下降。

三、清洁类化妆品的组成

清洁类化妆品的主要原料是表面活性剂，尤以阴离子表面活性剂常见，它既能将各种污渍清除掉，还可以帮助形成泡沫达到更好的清洗效果。表面活性剂的缺点是要用大量水才能冲洗干净，而且脱脂力和刺激性较大，会不同程度地损伤皮脂膜，使皮肤屏障功能减弱、容易变得干燥粗糙。为了减少皮肤表面损伤，清洁类化妆品中除含有微量的防腐剂、香料和着色剂外，常加入具有保湿和修复皮脂膜功能的原料，如甘油、乳酸等保湿剂，还包括一些润肤剂。清洁类产品中常用表面活性剂的分类及应用特点见表6-1。

表6-1　清洁类产品中常用表面活性剂的分类及应用特点

种类	常用原料	应用特点
阴离子清洁剂	烷基硫酸酯盐：月桂醇硫酸酯钠、月桂醇硫酸酯铵、月桂醇硫酸酯 TEA 盐	优良发泡性和去污力，良好的水溶性，但去脂力过强、刺激性大，常用于油性皮肤或男性专用洗面乳、香波中；不能用于敏感性皮肤和干性皮肤
	烷基聚醚硫酸酯盐：月桂醇聚醚硫酸酯钠、月桂醇聚醚硫酸酯铵、月桂醇聚醚硫酸酯 TEA 盐	优良的发泡性和去污力，刺激性稍小，与多种表面活性剂和添加剂相容性好，易调节稠度，且生物降解性极好，适宜于配制液状香波
	琥珀酸酯磺酸盐：月桂醇磺基琥珀酸酯二钠	良好的洗涤性和发泡性，对皮肤和眼睛温和，刺激性小，且有良好的渗透性能。与其他表面活性剂混合使用，可配制各种不同性能香波
	脂肪酰氨酸及其盐类：月桂谷氨酸钠、月桂肌氨酸钠、椰油酰甘氨酸钾、椰油酰甘氨酸钠、甲基椰油酰基磺酸钠、椰油酰氨基丙酸钠	温和、刺激性低，泡沫丰富，洗后肤感好，调理性能好，并有抗静电效应，有很好的相容性，适合正常皮肤使用和敏感肌；缺点是较难增稠
	羧酸盐：月桂酸钾、肉豆蔻酸钾、棕榈酸钾、硬脂酸钾	pH值较高，不同碳酸脂肪酸盐的溶解度外观差异较大，发泡性和脱脂力较强
	磷酸酯盐：月桂醇磷酸酯钾	优异的渗透性和耐受性，洗涤、去污力好，优良的生物降解性，泡沫适中。耐碱、抗氧化、无毒无刺激

续表

种类	常用原料	应用特点
两性清洁剂	甜菜碱类：月桂基甜菜碱、月桂羟基磺酸甜菜碱、椰油酰胺丙基碱甜菜碱	在酸性和碱性条件下均有优良的稳定性，刺激性低，可降低脂肪醇硫酸盐（AS）、月桂醇醚聚硫酸酯钠（AES）等清洁剂的刺激性，有一定有增稠作用
	咪唑啉类：月桂酰两性基乙酸钠	良好的去污、发泡、杀菌和柔软等性能，耐硬水，对酸、碱和各种金属都比较稳定，对皮肤刺激性低，具有良好的生物降解性，且起泡性能好，去脂力属中等，适用于干性皮肤和婴儿清洁配方
非离子清洁剂	烷基醇酰胺：椰油酰胺DEA、椰油酰MEA	具有清洁、增稠、稳泡、抗沉积作用
	吐温类：聚山梨醇酯-20	可用于透明剂、增溶剂、乳化剂，耐硬水，刺激性低，毒性小，应用广泛
	烷基糖苷：辛基葡糖苷、椰油基辛基葡糖苷	天然来源，绿色可降解，对皮肤和环境没有任何的刺激和毒性，清洁力适中，低敏性
	氧化胺类：月桂酰胺丙基胺氧化物	有良好的增稠、抗静电、增泡稳泡和去污性能

四、氨基酸沐浴露质量标准

氨基酸沐浴露的质量指标（成人）见表6-2。

表6-2　　　　　　　　　氨基酸沐浴露的质量指标（成人）

	项目	普通型	浓缩型
感官指标	外观	液体或膏状产品不分层，无明显悬浮物（加入均匀悬浮颗粒组分的产品除外）或沉淀；块状产品色泽均匀、光滑细腻、无明显机械杂质和污迹	
	香气	无异味	
理化指标	耐热：（40±2）℃保持24 h	恢复至室温后观察，不分层，无沉淀，无异味和变色现象，透明产品不混浊	
	耐寒：（-5±2）℃保持24 h	恢复至室温后观察，不分层，无沉淀，无变色现象，透明产品不混浊	
	总有效物%	≥7.0	≥11.0
	pH值（25 ℃）	4.0~10.0	
微生物学指标	菌落总数/(CFU/g或CFU/mL)	≤1 000	
	霉菌和酵母菌总数/(CFU/g或CFU/mL)	≤100	
	耐热大肠菌群/(g或mL)	不得检出	
	金黄色葡萄球菌/(g或mL)	不得检出	
	铜绿假单胞菌/(g或mL)	不得检出	
有害物质	汞/(mg/kg)	≤1	
	铅/(mg/kg)	≤10	
	砷/(mg/kg)	≤2	

续表

项目		普通型	浓缩型
有害物质	镉/(mg/kg)	≤5	
	甲醛/(mg/kg)	≤500	
	二噁烷/(mg/kg)	≤30	

▶ 任务实施

对合同订单进行分析评价：根据合作方资质、提供资源、法规要求、质量标准、生产范围、生产能力等做出任务分析评估报告。

任务分析评价报告参考附表1。

▶ 任务测评

任务结束后填写任务测评表，见表6-3。

表6-3　　　　　　　　　　　任务测评表

序号	考核内容	考核标准	配分	得分
1	素质考核	课堂出勤率、学习态度、行为规范	30	
2	课堂表现	课堂互动、团队协作、创新建议	30	
3	专业知识	氨基酸沐浴露质量标准的解读能力、清洁类产品常用表面活性剂	40	
		合计	100	

任务二　配方设计、打版与产品质量分析

▶ 学习目标

【知识目标】了解氨基酸沐浴露配方结构和配方设计原则。

【技能目标】掌握氨基酸沐浴露类原料的选择；熟悉配制设备的构造原理和操作要求；按氨基酸沐浴露配方工艺步骤操作；按氨基酸沐浴露配方打样后评价实施的可行性；制定氨基酸沐浴露生产工艺规程和操作规程；对打样样品进行质量评价和改进。

【素养目标】结合课程思政小学堂的案例，引导学生形成"清洁生产"的理念，了解沐浴露研发方面创新的技术与方法；引导学生树立尊重自然、顺应自然、保护自然的意识，并运用到沐浴露的设计与生产实践中。

▶ 任务引入

打版工作流程表参考附表2。

相关知识

一、配方结构和配方设计原则

(一) 氨基酸沐浴露的配方结构表见表6-4。

表6-4　　　　　　　　　　　氨基酸沐浴露的配方结构表

结构组成	主要功能	代表性原料
主表面活性剂	提供去污力和丰富的泡沫	月桂醇聚醚硫酸酯钠（AES）、十二烷基聚氧乙烯醚硫酸酯铵（AESA）、十二烷基硫酸钠铵（$K_{12}A$）、脂肪酸甲酯磺酸盐（MES）、烷基磷酸酯钾盐、烷基糖苷等
助表面活性剂	增泡，降低刺激，调节黏度	氨基酸表面活性剂、两性表面活性剂（如月桂酰两性基乙酸钠L32、椰油酰胺丙基甜菜碱CAB-35）、椰子油脂肪酸二乙醇酰胺6501、氧化胺等
增稠剂	调节黏稠度，改善肤感	CAB-35、6501、氯化钠、氯化铵、改性纤维素等
润肤剂	防止过度脱脂，滋润皮肤	水溶性油脂（如水溶性GTCC、水溶性橄榄油、水溶羊毛酯等）、乳化硅油、聚季铵盐等
珠光剂	提供产品亮丽的珠光效果	乙二醇硬脂酸酯、乙二醇二硬脂酸酯、珠光浆等
pH调节剂	调节pH值	氢氧化钠、柠檬酸等
防腐剂	抑菌，使产品对微生物稳定	羟苯甲酯、羟苯丙酯、卡松、DMDMH、咪唑烷基脲、苯氧乙醇等
螯合剂	使金属离子螯合，防止产品变色、褪色，对防腐有协同作用	EDTA-二钠、EDTA-四钠等
着色剂	赋予产品颜色	各种化妆品允许使用色素
香精	产品赋香	各种化妆品用香精
活性成分	赋予产品特定功效	各种营养成分及功效成分
水	起溶解、稀释的作用	纯化水

(二) 沐浴露配方设计原则

1. 具有丰富的泡沫和适度的清洁效力。
2. 作用温和，对皮肤刺激作用低。
3. 具有合适的黏度，一般黏度为3~7Pa·s。
4. 易于清洗，不会在皮肤上留下黏性残留物、干膜或硬水引起的沉淀物。
5. 使用时，肤感润滑，不黏腻；使用后，润湿和柔软，不会感到干燥和收紧。
6. 香气较浓郁、清新。
7. 产品质量稳定，结构细腻，色泽亮丽。

(三) 原料的选择

1. **主要和辅助表面活性剂**

沐浴类产品使用的主要表面活性剂是阴离子表面活性剂，它具有优异的泡沫性能，中等或较低的刺激作用，易于配制具有一定稠度的制品。辅助表面活性剂主要是两性或非离子型的表面活性剂。此外，有时还需添加聚山梨醇酯-20、蓖麻油 PEG-40，作为香精和天然油类的增溶剂，表面活性剂类型和主要原料及功能见表 6-5。

表 6-5　　　　　　　　　　　表面活性剂类型和主要原料及功能表

表面活性剂类型	主要原料	功能
阴离子表面活性剂	脂肪醇硫酸酯盐类（钠、铵和 TEA 盐）、脂肪醇聚醚硫酸酯盐类（钠、铵和 TEA 盐）磺基琥珀酸酯盐类、月桂酰肌氨酸钠、椰油酰谷氨酸钾、N-酰基牛磺酸、羟乙磺酸盐、α-烯基磺酸盐	价廉、有效、钙皂分散剂
两性表面活性剂	甜菜碱（烷基、烷基酰胺基、磺化）椰油酰两性基丙酸钠、椰油酰两性乙酸钠、月桂酰两性乙酸钠、月桂酰两性丙酸钠、氨基酸类表面活性剂、单烷基或双烷基磷酸酯	降低阴离子表面活性剂对眼睛和皮肤的刺激作用
非离子表面活性剂	胺氧化物、烷基葡萄糖苷（APC）、乙氧基化烷基葡糖苷、PEG-40 蓖麻油、聚山梨醇酯-20	温和，优质闪泡，增溶香精

2. 增泡剂

增泡剂的作用是改善泡沫质量和稳定泡沫。月桂醇聚醚硫酸酯钠（AES）产生的体积较大、较疏松的闪泡，不易为消费者接受。最常用的增泡剂是烷基醇酰胺。烷基醇酰胺主要的缺点是可能成为有害物质亚硝胺的来源，添加少量生育酚和抗坏血酸可抑制亚硝胺的生成。现今主要使用甜菜碱类表面活性剂（CAB）作为增泡剂。添加少量聚合物和氨基酸类表面活性剂可改善泡沫质量。

3. pH 调节剂

一般沐浴类产品的 pH 值范围为 5.5~7.0。皂基沐浴类产品 pH 值范围为 9~10。甜菜碱类表面活性剂（CAB）和季铵化的聚合物在 pH 值 <6 时，表现出最佳的调理作用。碱性介质会影响到一些杀菌剂和防腐剂的功效，如羟苯酯类防腐剂在 pH 值为 7 时活性减少或失活。

一般工艺过程是在全部组分添加后再调节 pH 值，但 pH 值的变化对产品颜色和黏度都有影响。调节 pH 值后需重新检查和调节颜色及黏度。

4. 黏度调节剂

黏度调节剂有水溶性聚合物、有机和无机盐两类，其中有机和无机盐有氯化钠、氯化铵、硫酸钠等。盐类调节黏度使产品电解质浓度增大，对其他性质也有影响。对于月桂醇聚醚硫酸酯钠（AES）体系，氯化钠的质量分数为 2%~2.5%，黏度达到最大值，黏度-氯化钠质量分数的关系图线呈钟形。

水溶性聚合物用作黏度调节剂不仅可调节黏度，而且可以改善产品的质地结构和外观。

5. 香精

沐浴露应具有清新的香气，pH 值范围为 5~7.5，香精选用范围较广。加入的香精必须被完全溶解，以防止混浊和影响其他方面的稳定性。选择香精应考虑到以下四个方面：

（1）香精应能掩盖基质油脂和表面活性剂的气味，打开瓶盖即可闻到其散发的清新香气，且留香时间长；

（2）用水稀释后，香气特征不变，香气具有可接受的强度；

(3)在使用时或浴后擦干后,皮肤上仍保留香精特有的清新气味;

(4)使用后,在浴室留下持久的香气。

总之,香精必须有令人清新的感觉。一些运动后使用的沐浴露应包含清凉剂,如薄荷醇和薄荷醇乳酸酯。

6. 特殊添加剂

特殊添加剂主要包括各种润肤剂、天然提取物、杀菌剂等。特别是天然提取物更为突出,各国有其流行的天然提取物,这方面在功效宣传和市场竞争中都起到了重要的作用。

(四)主要原料的性质

1. AES

INCI 中文名称:月桂醇聚醚硫酸酯钠。

别名:肪醇聚氧乙烯醚硫酸盐、十二烷基醚硫酸钠、椰油基醚硫酸钠、烷基聚氧乙烯醚硫酸钠盐、AES、ALES、SLES。

分子式:RO(CH_2CH_2O)nSO_3Na(R 主组分为 $C_{12} \sim C_{15}$ 烷基;$n = 1 \sim 3$)。

外观(25 ℃):为白色或浅黄色液体至凝胶状膏体。

pH 值(1% 水溶液):6.5~9.5。

气味:无味。

脂肪醇聚氧乙烯醚硫酸盐(简称 AES),是醇系表面活性剂中最重要的阴离子表面活性剂。月桂醇聚醚硫酸酯盐是 AES 的常见一种,为淡黄色的黏稠液体,其物理性质不但与烷基"R"中的碳原子数有关,而且与环氧乙烷(EO)的加成数 n 密切相关。一般烷基 R 多为十二烷基,当 EO 的加成数 n 为 4 时,其溶解性最佳;随着 n 数的增大,其溶解性越好;当 n 为 1~2 时,其去污力强;当 n 为 4~6 时,其发泡性好;当 $n > 20$ 时,其发泡力便急剧下降;另外,n 越大其耐热性越好。市售 AES 的质量分数一般为 25%~70%,其亲油基可以是天然醇,也可以是合成醇。平均乙氧基化度为 2~3,实际上是不同加成数的混合物。

2. 甲基椰油酰基牛磺酸钠

INCI 中文名称:甲基椰油酰基牛磺酸钠。

别名:椰子油脂肪酸甲基牛磺酸钠、AMT、SCMT、CT paste。

制法:甲基椰油酰基牛磺酸钠是由天然来源的脂肪酸与甲基牛磺酸钠缩合而成。

性质:甲基椰油酰基牛磺酸钠是白色浆状液体或粉末(与活性物含量有关)。

它在较宽的 pH 值范围内都具有良好的发泡能力;具有优异的洗涤、润湿、乳化和分散能力;低刺激性,并能降低其他表面活性剂的刺激性。甲基椰油酰基牛磺酸钠的理化性质和具有相同链长的烷基硫酸钠相似。由于酰基牛磺酸的亲水基是磺酸基,所以它耐酸、耐碱、耐硬水,因为在弱酸性范围内,甚至在硬水中也有良好的起泡性,所以比烷基硫酸盐使用范围更广。

应用:甲基椰油酰基牛磺酸钠对皮肤刺激性与月桂酰谷氨酸钠相近,远比月桂醇聚醚硫酸酯钠(AES)低,属低刺激、温和的清洁剂。用于低刺激、温和的洗面奶、香波、沐浴露、牙膏等清洁类产品。

3. 椰油酰胺 MEA

INCI 中文名称：椰油酰胺 MEA。

别名：椰子油酸单乙醇酰胺、CMEA。

性质：常温下为白色至淡黄色片状固体。

它与其他表面活性剂的配伍性能好，具有很强的泡沫稳定性、浸透性、净洗性及耐硬水性，并可提高污垢颗粒的分散性，减轻对皮肤刺激等，在洗发水、沐浴露中可提高黏度，促进泡沫稳定。

应用：广泛用于洗发水、沐浴露、固体及粉末肥皂、洗涤清洁剂等产品中。在香皂中有特殊的留香作用，可使皂香持久。

4. CAB-35

INCI 中文名称：椰油酰胺丙基甜菜碱。

别名：月桂酰胺丙基甜菜碱；CAB-35。

结构式：

$$R-\overset{O}{\underset{}{C}}-NH-(CH_2)_3-\overset{CH_3}{\underset{CH_3}{\overset{|}{N^+}}}-CH_2-COO^-$$

性质：无色至淡黄色透明液体（25 ℃），易溶于水。

pH 值（5% 水溶液）：4.0~7.0。

CAB-35 是一种温和的两性表面活性剂，具有优良的去污、柔软、抗静电、发泡和增稠等性能，抗硬水性好，对皮肤刺激性小，易生物降解，能与阴离子、阳离子和非离子表面活性剂完全相溶，同时还可降低阴离子表面活性剂（如 AS、AES 等）的刺激性，并具有抗菌、调理效能。CAB-35 为低黏度液体，活性物含量一般为 (30±2)%。在化妆品中其可以取代 BS-12，用于配制香波、浴液、洗面奶、婴儿洗涤用品。另外，CAB-35 结构与性质相似的还有油酸酰胺丙基甜菜碱等，而油酸酰胺丙基甜菜碱比椰油酰胺丙基甜菜碱有更佳的增黏性，适于配制高黏稠度的香波等产品。

5. 咪唑啉 L-32

INCI 中文名称：月桂酰两性基乙酸钠。

别名：月桂基两性基醋酸钠、咪唑啉 L-32、咪唑啉 C32、咪唑啉 ML。

结构式：

$$HO\underset{HO}{\overset{}{\diagdown}}\underset{N^+}{\overset{}{N}}\diagup\overset{O}{\underset{}{C}}-ONa \quad (CH_2)_{10}-CH_3$$

外观（25 ℃）：无色至淡黄色透明液体。

pH 值（5% 水溶液）：8.0~10.0。

两性咪唑啉类表面活性剂是温和的洗涤剂，其乳化能力较弱，一般使用的 pH 值范围为 6.5~7.5。它们可与所有类型的表面活性剂配伍，对硬水的容忍度较高。与阴离子表面活性剂复配后，可减小阴离子表面活性剂对眼睛产生的刺激，但又不影响其发泡作用。两性咪唑啉类表面活性剂广泛应用于温和香波和沐浴制品。含有两性咪唑啉类表面活性剂的香波能使头发柔软，易梳理和抗静电。

6. M550

INCI 中文名称：聚季铵盐-7。

别名：二甲基二烯丙基氯化铵-丙烯酰胺共聚物、M550。

性质：市售产品为无色至淡黄色黏稠液体，浓度为 10%（质量分数）左右，有轻微醇味。易溶于水，水解稳定性好，对 pH 值变化适应性强。

M550 电荷密度高，有良好的润滑、柔软、成膜及抗静电和杀菌性能。与阴离子、非离子、两性离子表面活性剂有良好的复配性能，用于洗涤剂中可形成多盐配合物，从而可增加黏度。

应用：在洗面奶、沐浴露等洁肤产品中，能够减少月桂醇聚醚硫酸酯钠（AES）、K_{12} 类表面活性剂在冲水时出现的洗不净的滑腻感，对皮肤有吸附性和护肤润肤性能。在洗发、护发产品中对头发的调理、保湿、光泽感、滑爽感等具有明显的效果，推荐用量为 0.5%~3%（质量分数）。

7. 其他原料

防腐剂可以防止微生物使产品腐败变质，如卡松、DMDMH、苯氧乙醇等。如果要做无添加防腐剂的产品，可添加具有无受限抗菌原料，如乙基己基甘油、辛甘醇、辛酰羟肟酸、甘油辛酸酯、对羟基苯乙酮等。

二、设备

带有加热冷却的搅拌配制罐。

三、工艺

（一）氨基酸沐浴露工艺流程。

氨基酸沐浴露工艺流程如图 6-1 所示。

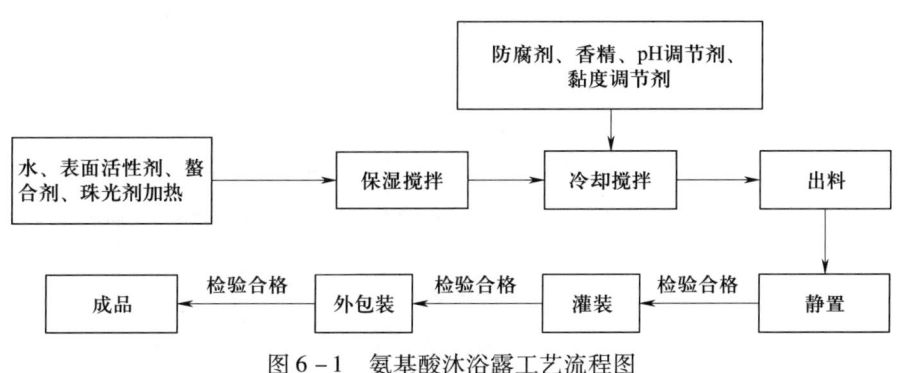

图 6-1 氨基酸沐浴露工艺流程图

(二) 工艺要点

1. 原料储存

保持仓库环境合格,按不同原料、不同储存条件存放。

2. 预处理

将特定原料提前分散。

3. 关键原料投料

(1) 按加料顺序加料。

(2) 控制加热温度。

(3) 控制速度。

4. 中间过程控制

冷却至 45 ℃ 以下加香、调色、调黏度、调 pH 值。

5. 出料控制

出料管先排水,排出前端少量料体。

6. 储存

储存环境的清洁消毒。在储存时限内尽快灌完。

7. 灌装

消毒,定时检查装量及密封性。

四、产品的质量评价指标

(一) 感官指标表(见表 6-6)

表 6-6　　　　　　　　　　感官指标表

项目	指标
外观	液体或膏状产品不分层,无明显悬浮物(加入均匀悬浮颗粒组分的产品除外)或沉淀
香气	无异味

(二) 理化指标表(见表 6-7)

表 6-7　　　　　　　　　　理化指标表

项目	指标
耐热,(40±2)℃保持 24 h	恢复至室温后观察,不分层,无沉淀,无异味和变色现象,透明产品不混浊
耐寒(-5±2)℃保持 24 h	恢复至室温后观察,不分层,无沉淀,无变色现象,透明产品不混浊
活性物	普通型:7.0　浓缩型:11.0
pH 值(25 ℃)	4.0~10.0

（三）微生物指标表（见表 6-8）

表 6-8　　　　　　　　　　微生物指标表

项目	指标
菌落总数/(CFU/g 或 CFU/mL)	≤1 000
霉菌和酵母菌总数/(CFU/g 或 CFU/mL)	≤100

（四）加速试验表（见表 6-9）

表 6-9　　　　　　　　　　加速试验表

项目	指标
耐热稳定性试验	(40±1)℃保持 7~30 天，恢复至室温后外观无明显变化，能正常使用
耐寒稳定性试验	(-8±2)℃保持 7~30 天，恢复至室温后外观无明显变化，能正常使用
耐热耐寒循环试验	(40±1)℃保持 7 天，恢复至室温后，(-8±2)℃保持 7 天，恢复至室温后外观无明显变化，能正常使用

（五）感官评价表（见表 6-10）

表 6-10　　　　　　　　　　感官评价表

项目	指标	结果
"看"色泽	色泽均匀，柔和	
"闻"气味	气味纯正，与标样香型一致	
比较外质地	膏体黏稠适度，料体细腻均匀，无杂质、无分层、无沉淀	
使用感	冲洗时：清洁力、泡沫大小和细腻度适度，涂布性、冲洗性好 干洗后：皮肤光洁度，有弹性，有滑爽感和清洁感	

五、常见配方工艺问题及其原因解析

沐浴露常见的质量问题有混浊分层、黏度不稳定、变色、变味、泡沫不稳定、珠光不好、刺激性大等。

（一）混浊分层

可能原因：高熔点原料含量过高，无机盐含量过高，pH 值过高或过低，温度变化。

措施：调整原料比例，控制配方中无机盐含量，严格控制制品 pH 值范围（必要时加入缓冲盐），储存环境选择阴凉的环境。

（二）黏度不稳定

黏度随温度变化大，夏天太稀，冬天太稠，出现果冻现象。

可能原因：表面活性剂的含量太低。

措施：提高表面活性剂［如月桂醇聚醚硫酸酯钠（AES）］含量，添加改性纤维素或其他高分子增加稠剂。

(三) 变色

可能原因：香精使用不当，色素不稳定，某些成分容易被氧化，含有易引起变色的金属离子。

措施：选用合适的香精和色素，添加抗氧化剂和螯合剂。

(四) 变味

可能原因：香精使用不当，香精与其他组分发生反应，防腐剂使用不当。

措施：选用合适的香精和防腐剂。

(五) 泡沫不稳定

可能原因：表面活性剂有效成分含量少或表面活性剂的发泡性能低，油脂和硅油没有分散或乳化完全，珠光剂没有很好溶解析出。

措施：采取合适的生产工艺，确保每个原料发挥其作用。

(六) 珠光不好

可能原因：珠光剂用量过少，体系油性成分过多，操作时温度过高或过低，搅拌速度过快或过慢。

措施：加入合适量的珠光剂和油性成分，严格控制生产工艺中的温度、搅拌速度。

(七) 刺激性大

可能原因：表面活性剂用量过多，脱脂力强，防腐剂用量多或品种差，pH 值过高，刺激皮肤，阳离子表面活性剂或阳离子聚合物含量过高，刺激皮肤。

措施：加入适量的温和氨基酸表面活性剂，添加适量的防腐剂，把 pH 值调到合适范围，加入适量的阳离子表面活性剂或阳离子聚合物。

》 任务实施

一、设计的配方及工艺（参考附表 3 配方设计记录表）

二、打样

(一) 打样前准备

1. 按实训室 6S 做好打样前准备。
2. 准备原料和仪器。
3. 设备仪器的清洁消毒。
4. 原料进行预处理。

(二) 打样的过程

填打样记录。打样记录表参考附表 4。

1. 仪器与原料

(1) 仪器：烧杯、玻璃试管、温度计、电炉、搅拌器、玻璃棒、电子天平、pH 计、离心管、恒温烘箱、冰箱、旋转黏度计。

(2) 原料：纯化水、月桂醇聚醚硫酸酯钠（AES）、CMEA、EDTA-二钠、甲基椰油基牛磺酸钠、珠光片、L32（或C32）、CAB-35、聚季铵盐-7（M550）、卡松、香精、柠檬酸、氯化钠等。

2. 配方及操作步骤

（1）配方表。氨基酸沐浴露配方表见表6-11。

表6-11　　　　　　　　　　　氨基酸沐浴露配方表

序号	原料商品名	作用	质量分数/%	备注
1	纯化水	稀释	加至100	
2	AES	主清洁	11.0	
3	CMEA	稳泡、增稠	2.0	
4	EDTA-二钠	螯合	0.05	
5	甲基椰油基牛磺酸钠	温和清洁	4	
6	珠光片	珠光	1.5	
7	L32（或C32）	助清洁	1.0	
8	CAB-35	助清洁	4.0	
9	聚季铵盐-7（M550）	抗静电	0.5	
10	卡松	防腐	0.09	
11	香精	芳香	0.2	
12	柠檬酸	调节pH值	0.1	
13	氯化钠	增稠	约0.6	

（2）操作步骤：

①将1、2、3、4、5、6加入烧杯中，搅拌加热至70~80℃溶解；

②降温至50℃时加入7、8、9搅拌10 min；

③降温至45℃以下加入10、11、12、13搅拌至溶解均匀。

【操作提示】

1. 注意确保月桂醇聚醚硫酸酯钠（AES）等原料溶解完全。

2. 柠檬酸用于调节pH值，氯化钠用于调节黏度。用量可根据实际情况调整。

三、质量评价及配方改进

（一）打样样品的质量评价

对打样样品进行质量评价，填写氨基酸沐浴露质量评价表6-12。

表6-12　　　　　　　　　　　氨基酸沐浴露质量评价表

项目		指标	结果
感官指标	外观	液体或膏状产品不分层，无明显悬浮物（加入均匀悬浮颗粒组分的产品除外）或沉淀	
	香气	无异味	

续表

项目		指标	结果
理化指标	耐热，（40±2）℃保持24 h	恢复至室温后观察，不分层，无沉淀，无异味和变色现象，透明产品不混浊	
	耐寒（-5±2）℃保持24 h	恢复至室温后观察，不分层，无沉淀，无变色现象，透明产品不混浊	
	活性物	普通型≥7 浓缩型≥11	
	pH 值（25 ℃）	4.0~10.0	
微生物标准	菌落总数/(CFU/g 或 CFU/mL)	≤1 000	
	霉菌和酵母菌总数/(CFU/g 或 CFU/mL)	≤100	
稳定性试验	耐热稳定性试验	（40±1）℃保持7~30天，恢复至室温后不分层，无沉淀，无变色现象	
	耐寒稳定性试验	（-8±2）℃保持7~30天，恢复至室温后不分层，无沉淀，无变色现象	
	耐热耐寒循环试验	（40±1）℃保持7天，恢复至室温后，（-8±2）℃保持7天，恢复至室温不分层，无沉淀，无变色现象	

（二）打样样品感官评价

对打样样品进行感官评价，填写感官评价表6-10。

（三）配方改进

根据打样质量评估结果进行分析，确定改进措施和方法。

》任务测评

任务结束后填写设计任务测评表，见表6-13。

表6-13　　　　　　　　　设计任务测评表

序号	考核内容	考核标准	配分	得分
1	配方设计项目	能准确选用氨基酸沐浴露原料设计配方	40	
2	配方打样项目	能按操作规程进行氨基酸沐浴露打样	40	
3	6S 管理	遵守 6S 管理	20	
		合计	100	

任务三　总结与归档

》学习目标

【知识目标】能配合生产部门解决大规模工业化生产出现的偏差。

【技能目标】能评价生产产品的质量；能核对订单任务；审核打版记录；提供检验报告；对产品审核放行；对产品留样及质量追溯管理；总结与归档。

【素养目标】在对沐浴露项目任务的设计结果进行统计、分析、总结归档的过程中，培养学生形成"绿色发展、循环发展、低碳发展"的理念，引导学生理解建设美丽中国是民意所在、民心所向，对实现中华民族永续发展的重要意义，并通过自己的努力建设美丽中国。

任务引入

接上一任务。

任务分析

上一任务已了解课题设计任务，进一步对设计结果进行统计、分析、总结归档。

任务实施

参考模块二——课题一——任务四的步骤。

任务测评

任务结束后填写任务测评表，见表6-14。

表6-14　　　　　　　　　　任务测评表

序号	考核内容	考核标准	配分	得分
1	素质考核	课堂出勤率、学习态度、行为规范	30	
2	课堂表现	课堂互动、团队协作、创新建议	30	
3	专业知识	氨基酸沐浴露配方设计能力	40	
		合计	100	

思考与练习

一、单项选择题

1. 理想的清洁剂要求（　　）。
   A. 泡沫丰富　　　　B. 脱脂力适中　　　C. 刺激性低
   D. 生物降解性能好　E. 以上都是

2. 下列属于氨基酸型表面活性剂的是（　　）。
   A. 月桂醇磷酸酯钾　　　　　　　　　　B. 甲基椰油酰基磺酸钠
   C. 椰油酰胺丙基碱甜菜碱　　　　　　　D. 辛基葡糖苷

3. 下列属于两性型表面活性剂的是（   ）。
A. 椰油酰氨基丙酸钠　　　　　　　　B. 聚山梨醇酯-20
C. 月桂羟基磺酸甜菜碱　　　　　　　D. 聚山梨醇酯-20

二、简答题

1. 简述氨基酸沐浴露的配方结构及主要原料。
2. 氨基酸沐浴露打样与生产时如何调节黏度？
3. 皮肤污垢的组成有哪些？
4. 简述理想的清洁剂要求。
5. 简述清洁剂结构与性能的关系。

课题二　卸妆油配方设计

面部皮肤除了正常清洁外，在以下两种情况下一般需要使用卸妆产品：一是擦了粉底、唇膏、眼影、腮红等，不论是浓妆或淡妆；二是使用了防晒用品、隔离霜（尤其是具有修饰肤色功能的产品）等。卸妆类化妆品包括卸妆油、卸妆水、卸妆乳、卸妆膏等，起到清除皮肤上的美容修饰物的残留成分。本课题将介绍卸妆油的配方设计。

任务一　接受任务订单

▶ 学习目标

【知识目标】能识读任务书；了解卸妆类化妆品的类型。

【技能目标】能初步评估订单的可行性（包括生产范围、生产能力、法规符合性等）；掌握卸妆类配方设计原则。

【素养目标】在对卸妆类化妆品进行设计与生产的过程中，引导学生探索环境保护新路，正确处理经济发展与环境保护关系，引导学生了解我国在"资源节约型、环境友好型社会建设"方面的相关举措，并做到学以致用。

▶ 任务引入

××化妆品公司接到A公司的卸妆油OEM订单。生产×××牌卸妆油100万瓶。

▶ 任务分析

本次OEM订单任务为首次业务，需要A公司提交配方工艺资料，完成普通化妆品备案，公司研发部按客户提供的需求进行打版，经客户确认后，采购物料投入生产，在供货期内完成产品加工、检验合格。订单内容包括订单品牌，规格、数量、销售的国家或地区（涉及原料和产品的要求）、配方工艺、质量指标、成本核算、交货日期、储运条件等。

卸妆油基本成分包括矿物油、植物油、合成油，还有乳化剂等。制成产品需符合产品执行标准，功效宣称的需有文献支持或功效试验等功效评价。

由于产品拟在国内销售，产品和所用原料符合《化妆品安全技术规范》（2015年版）和《已使用化妆品原料目录（2021年版）》的规定，产品符合国家标准《卸妆油（液、乳、膏、霜）》（GB/T 35914—2018）。

相关知识

卸妆油（Ⅰ型）的质量指标见表6-15。

表6-15　　　　　　　　　　　卸妆油的质量指标

项目		Ⅰ型指标
感官指标	外观	均匀一致
	色泽	与对照样一致
	香气	与对照样一致
理化指标	耐热	(40±1)℃保持24 h，恢复至室温后与试验前比较无明显性状差异
	耐寒	(-8±2)℃保持24 h，恢复至室温后，与试验前无明显差异
微生物学指标	菌落总数/(CFU/g 或 CFU/mL)	≤1 000
	霉菌和酵母菌总数/(CFU/g 或 CFU/mL)	≤100
	耐热大肠菌群/(g 或 mL)	不得检出
	金黄色葡萄球菌/(g 或 mL)	不得检出
	铜绿假单胞菌/(g 或 mL)	不得检出
有害物质	汞/(mg/kg)	≤1
	铅/(mg/kg)	≤2
	砷/(mg/kg)	≤10
	镉/(mg/kg)	≤5
	甲醇/(mg/kg)	≤2 000

任务实施

对合同订单进行分析评价：根据合作方资质、提供资源、法规要求、质量标准、生产范围、生产能力等做出任务分析评估报告。

任务分析评价报告参考附表1。

任务测评

任务结束后填写任务测评表，见表6-16。

表6-16 任务测评表

序号	考核内容	考核标准	配分	得分
1	素质考核	课堂出勤率、学习态度、行为规范	30	
2	课堂表现	课堂互动、团队协作、创新建议	30	
3	专业知识	卸妆油质量标准的解读	40	
		合计	100	

任务二 配方设计、打版与产品质量分析

学习目标

【知识目标】了解卸妆油配方结构和配方设计原则。

【技能目标】能正确操作搅拌机；掌握卸妆油的制作流程；正确按产品制作流程完成制作；对打版样品的考察结果，判断产品的稳定；会根据感官评价初步判断数据的有效性，确定样品是否符合客户需求。

【素养目标】在进行卸妆油的配方设计与生产的实践中，引导学生理解"清洁的能源、清洁的生产过程、清洁的产品、清洁的服务"的相关知识，引导学生理解"人与自然生命共同体"先进理念的内容，通过自己的努力为我国生态文明建设出一份力。

任务引入

打版工作流程表参考附表2。

任务分析

从人们开始化妆起，就相应有卸妆流程。相比今日，古人的卸妆方式比较简单，有使用淘米水、澡豆卸日常妆容，也有使用菜籽油处理浓妆。卸妆作为日常清洁的一部分，在长期的历史进程中发展得越来越成熟。

近几年国内卸妆市场开始扩容。随着彩妆的不断发展和护肤意识的增强，卸妆成了不可或缺的流程。

"卸妆是护肤的第一步"，这是众多美妆在普及护肤方式时反复强调的内容，卸妆的重要性正在形成一种普遍的共识。

不同类型和不同部位的皮肤在选择卸妆及清洁产品时，要充分考虑功效性和安全性。根据皮肤状况和卸妆产品的作用特点选择不同的卸妆产品。不同卸妆产品的特点见表6-17。

表6-17　　　　　　　　　　　　　　不同卸妆产品的特点

项目	卸妆油	卸妆膏	卸妆乳/霜	卸妆啫喱	卸妆水/液	卸妆湿巾
核心成分	油脂+表面活性剂	水+油+乳化剂	水+油+表面活性剂	水+表面活性剂+油+表面活性剂	水+表面活性剂	水+有机溶剂+多元醇
卸妆原理	通过"以油溶质"的方式来溶解彩妆化妆品的油性残留物和毛孔皮脂分泌物	利用油脂溶妆的原理，充分与彩妆融合	通过滋润彩妆后带走皮肤油垢达到卸妆效果，可以减少皮肤油脂的流逝	不会带走过多的皮肤水分，卸妆时需要配合按摩	通过产品中的水溶性成分与皮肤上污垢结合	以无纺布为载体，加入含有卸妆精华等成分的清洁液，通过擦拭达到卸妆的目的
卸妆力	强─────────────────────────────────→弱					
清洁度	弱─────────────────────────────────→强					
适用人群	适合浓妆者	妆容相对较浓	干性肌肤	敏感性肌肤	适合淡妆者	适合油性肤质
产品特点	卸妆力最强	方便携带	温和保湿	适合每天使用	清爽不油腻	应急之用

在开发卸妆类产品时需要根据产品特点进行设计。

» 相关知识

卸妆油是在油性成分中配合少量表面活性剂和乙醇等，用后需用水冲洗，当水洗时形成O/W型乳状液。使用后有柔软和湿润感。

一、配方结构

卸妆油由基础油脂、表面活性剂、抗氧化体系、水等组成。基础油脂和功效成分如果含有天然油脂类，则容易发生氧化，一般加入维生素E作为抗氧化剂，同时也起到营养作用。若是合成油或者是纯硅油体系，化学稳定性会更好。卸妆油的配方结构表见表6-18。

表6-18　　　　　　　　　　　　　　卸妆油的配方结构表

结构组成	主要功能	代表性原料
基础油脂	赋予产品清爽的油润感、柔润、溶解油性成分	异十二烷、肉豆蔻酸异丙酯、2EHP、异壬酸异壬酯
表面活性剂	乳化、柔润作用	PEG-20甘油三异硬脂酸酯、PEG-7椰油酸甘油酯
溶剂	溶解水性成分	水、甘油、丙二醇、丁二醇
营养成分	起皮肤调理、舒缓、抗刺、抗炎等作用	洋甘菊提取物、积雪草提取物、马齿苋提取物等
抗氧化剂	抗氧化	维生素E
防腐剂	防腐，抑菌	苯氧乙醇

二、主要原料的性质

（一）常见油脂的选择

油脂常选择清爽的具有油润感、柔润、溶解性好的油性成分，常见油脂可选择植物油（如茶籽油）、矿物油（如异十二烷）、合成酯（如肉豆蔻酸异丙酯、2EHP、异壬酸异壬酯）等。

（二）常见乳化剂的选择

常见乳化剂可选聚甘油-10 二油酸酯、聚甘油-2 倍半辛酸酯、聚甘油-2 油酸酯、聚甘油-3 聚蓖麻醇酸酯、聚甘油-4 癸酸酯。

（三）常见辅助原料的选择。

目前卸妆产品中较流行的养肤成分有透明质酸钠、生育酚（维生素 E）、积雪草提取物、茶叶提取物、霍霍巴籽油、母菊花提取物、马齿苋提取物、泛醇、油橄榄果油、精氨酸等。

三、设备

生产设备为普通和搅拌罐。

四、工艺

（一）卸妆油工艺流程

卸妆油工艺流程图如图 6-2 所示。

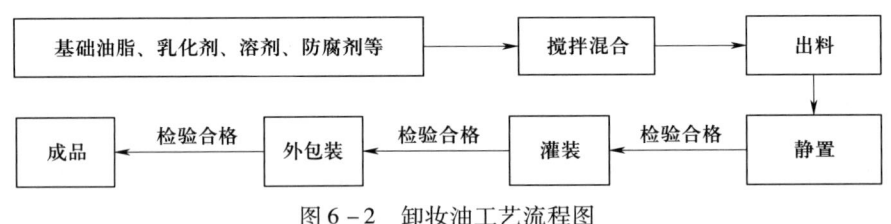

图 6-2 卸妆油工艺流程图

（二）工艺要点

1. 原料储存

保持仓库环境合格，按不同原料、不同储存条件存放，通风防火。

2. 预处理

将特定原料提前分散。

3. 关键原料投料

（1）按加料顺序加料。

（2）控制加热温度。

（3）控制速度。

4. 出料控制

出料前查检料体均匀性，过滤出料。

5. 灌装

消毒,定时检查装量及密封性。

五、产品的质量评价指标

(一)感官指标表(见表 6-19)

表 6-19   感官指标表

项目	指标
外观	均匀一致
色泽	与对照样一致
香气	与对照样一致

(二)理化指标表(见表 6-20)

表 6-20   理化指标表

项目	指标
耐热	(45±1)℃,保持 24 h,恢复至室温后,与试验前无明显性状差异
耐寒	(-8±2)℃,保持 24 h,恢复至室温后,与试验前无明显差异

(三)微生物指标表(见表 6-21)

表 6-21   微生物指标表

项目	指标
菌落总数/(CFU/g 或 CFU/mL)	≤1 000
霉菌和酵母菌总数/(CFU/g 或 CFU/mL)	≤100

(四)加速试验表(见表 6-22)

表 6-22   加速试验表

项目	指标
耐热稳定性试验	(40±1)℃保持 7~30 天,恢复至室温后,无浮油,无分层,性状与原样保持一致
耐寒稳定性试验	(-8±2)℃保持 7~30 天,恢复至室温后,性状与原样保持一致
耐热耐寒循环试验	(40±1)℃保持 7 天,恢复至室温后,(-8±2)℃保持 7 天,恢复至室温后,无浮油,无分层,性状与原样保持一致

(五)感官评价指标表(见表 6-23)

表 6-23   感官评价指标表

项目	指标	结果
"看"色泽	色泽均匀,柔和与肤色配合融洽度好	

续表

项目	指标	结果
"闻"气味	气味纯正,与标样香型一致	
比较外质地	外观稠度适当,料体细腻均匀,不得有结块、发稀、均匀无杂质、无粗颗粒,颗粒应分散均匀,不应下沉结块	
使用感	将卸妆油摇匀,用刷子蘸取卸妆油,在口唇上均匀涂布一层,再用面巾纸擦干,观察卸妆油的卸妆力性、卸妆均匀性和刺激性	

六、常见配方工艺问题及其原因解析

卸妆油常见的质量问题有料体混浊、变味、卸妆效果差、刺激性大等。

(一) 料体混浊

可能原因:油脂与表面活性剂等兼容性差,溶解度低。

措施:调整配方,对相关原料进行兼容性试验,优化配方结构。

(二) 变味

可能原因:原料品质差,容易氧化。

措施:选用优质原料,添加适量抗氧化剂。

(三) 卸妆效果差

可能原因:油脂和乳化剂的用量不足,溶解乳化力差。

措施:优化配方结构。

(四) 刺激性大

可能原因:原料刺激性大。

措施:采用刺激性小的原料,添加舒缓成分。

▶ 任务实施

一、设计的配方及工艺(参考附表3 配方设计记录表)

二、打样

(一) 打样前准备

1. 按实训室6S做好打样前准备。
2. 准备原料和仪器。
3. 设备仪器的清洁消毒。
4. 原料进行预处理。

(二) 打样的过程

填打样记录。打样记录表参考附表4。

1. 仪器与原料

(1) 仪器:烧杯、玻璃试管、温度计、电炉、搅拌器、玻璃棒、电子天平、pH 计、恒温烘箱、冰箱。

(2) 原料:PEG-20 甘油三异硬脂酸酯(EMU POWER 518)、PEG-7 椰油酸甘油酯(HE)、异壬酸异壬酯(KLD INO)、肉豆蔻酸异丙酯(IPM)、棕榈酸乙基己酯(2EHP)、丁二醇、甘油、纯化水、苯氧乙醇等。

2. 配方及操作步骤

(1) 配方表。卸妆油配方表见表 6-24。

表 6-24　　　　　　　　　　　卸妆油配方表

序号	原料商品名	作用	质量分数/%	备注
1	EMU POWER 518	乳化	20.0	
2	HE	乳化	13.0	
3	KLD INO	油脂	2.0	
4	IPM	油脂	6.0	
5	2EHP	油脂	12.0	
6	丁二醇	保湿	10.0	
7	甘油	保湿	10.0	
8	纯化水	稀释	26.0	
9	苯氧乙醇	防腐	0.4	

(2) 操作步骤:

将所有原料依次加入适量的容器中,搅拌均匀,即可。

【操作提示】

灌装时要搅拌均匀,以确保比例不出现较大偏差。

三、质量评价及配方改进

(一) 打样样品的质量评价

对打样样品进行质量评价,填写卸妆油质量评价表 6-25。

表 6-25　　　　　　　　　　　卸妆油质量评价表

项目		指标	结果
感官指标	外观	均匀一致	
	色泽	与对照样一致	
	香气	与对照样一致	
理化指标	耐热	(40±1)℃保持 24 h,恢复至室温后,与试验前比较无明显性状差异	
	耐寒	(-8±2)℃保持 24 h,恢复至室温后,与试验前无明显差异	

续表

项目		指标	结果
微生物标准	菌落总数/(CFU/g 或 CFU/mL)	≤1 000	
	霉菌和酵母菌总数/(CFU/g 或 CFU/mL)	≤100	
稳定性试验	耐热稳定性试验	(40±1)℃保持7~30天，恢复至室温后能正常使用	
	耐寒稳定性试验	(-8±2)℃保持7~30天，恢复至室温后能正常使用	
	耐热耐寒循环试验	(40±1)℃保持7天，恢复至室温后，(-8±2)℃保持7天，恢复至室温后能正常使用	

（二）打样样品感官评价

对打样样品进行感官评价，填写感官评价表6-23。

（三）配方改进

根据打样质量评估结果进行分析，确定改进措施和方法。

任务测评

任务结束后填写设计任务测评表，见表6-26。

表6-26　　　　　　　　　设计任务测评表

序号	考核内容	考核标准	配分	得分
1	配方设计项目	能准确选用卸妆油原料设计配方	40	
2	配方打样项目	能按操作规程进行卸妆油打样	40	
3	6S管理	遵守6S管理	20	
	合计		100	

任务三　总结与归档

学习目标

【知识目标】能配合生产部门解决大规模工业化生产出现的偏差。

【技能目标】能评价生产产品的质量；能核对订单任务；审核打版记录；提供检验报告；对产品审核放行；对产品留样及质量追溯管理；总结与归档。

【素养目标】在对卸妆油进行产品检验的实践过程中，留意产品成分中包含的环保元素，引导学生了解我国在建立健全绿色低碳循环发展的经济体系进程中的相关举措。

任务引入

接上一任务。

任务分析

上一任务已了解课题设计任务,进一步对设计结果进行统计、分析、总结归档。

任务实施

参考模块二——课题一——任务四的步骤。

任务测评

任务结束后填写任务测评表,见表6-27。

表6-27 任务测评表

序号	考核内容	考核标准	配分	得分
1	素质考核	课堂出勤率、学习态度、行为规范	30	
2	课堂表现	课堂互动、团队协作、创新建议	30	
3	专业知识	卸妆油配方设计能力	40	
		合计	100	

思考与练习

1. 简述卸妆油的配方结构。
2. 如何评价卸妆油的使用效果?

课题三 皂基洗面奶配方设计

洁面类化妆品属于清洁类化妆品,常见膏体、半固体、液体等产品,对脸部皮肤有较好的清洁力,洁面类化妆品有的具有补充水分使角质层柔软,使皮肤保持正常的功能,有的还具有收敛、营养等作用。主要产品有皂基洗面奶、脸部清洁霜、氨基酸洗面奶、清洁蜜、洁面慕斯等。本课题将介绍皂基洗面奶的配方设计。

任务一　接受任务订单

》学习目标

【知识目标】能识读任务书；了解洁面类化妆品的类型。

【技能目标】能初步评估订单的可行性（包括生产范围、生产能力、法规符合性等）；掌握洗面奶的配方设计技术。

【素养目标】在对洁面类化妆品的设计与生产的过程中，引导学生树立环保意识，自觉保护环境，坚持可持续发展理念，理解"碳中和"这种节能减排方式的相关知识。

》任务引入

××化妆品公司接到A公司的皂基洗面奶OEM订单。生产×××牌皂基洗面奶100万支。

》任务分析

本次OEM订单任务为首次业务，需要A公司提交配方工艺资料，完成普通化妆品备案，公司研发部按客户提供的需求进行打版，经客户确认后，采购物料投入生产，在供货期内完成产品加工、检验合格。订单内容包括订单品牌、规格、数量、销售的国家或地区（涉及原料和产品的要求）、配方工艺、质量指标、成本核算、交货日期、储运条件等。

皂基洗面奶属于清洁类化妆品，是一种乳白或珠光状的膏体，多数皂基洗面奶洁面清洁力好，使用后有一定的紧绷感，需要添加一定的保湿剂和润肤剂。

由于产品拟在国内销售，产品和所用原料符合《化妆品安全技术规范》（2015年版）和《已使用化妆品原料目录（2021年版）》的规定，产品符合国家标准《洗面奶、洗面膏》（GB/T 29680—2013）。

》相关知识

皂基洗面奶的质量指标见表6-28。

表6-28　　　　　　　　皂基洗面奶的质量指标

项目		非乳化型（Ⅱ型）
感官指标	色泽	符合规定色泽
	香气	符合规定香型
	质感	均匀一致（含颗粒或罐装成特定外观的产品除外）

续表

项目		非乳化型（Ⅱ型）
理化指标	耐热	(40±1)℃保持24 h，恢复至室温后无分层现象
	耐寒	(-8±2)℃保持24 h，恢复至室温后无分层、泛粗、变色现象
	pH值（25℃）	4.0~11.0（含α-羟基酸、β-羟基酸产品可按企标执行）
	离心分离	—
微生物学指标	菌落总数/(CFU/g 或 CFU/mL)	≤1 000
	霉菌和酵母菌总数/(CFU/g 或 CFU/mL)	≤100
	耐热大肠菌群/(g 或 mL)	不得检出
	金黄色葡萄球菌/(g 或 mL)	不得检出
	铜绿假单胞菌/(g 或 mL)	不得检出
有害物质	汞/(mg/kg)	≤1
	铅/(mg/kg)	≤2
	砷/(mg/kg)	≤10
	镉/(mg/kg)	≤5
	甲醇/(mg/kg)	≤2 000
	二噁烷/(mg/kg)	≤30

》任务实施

对合同订单进行分析评价：根据合作方资质、提供资源、法规要求、质量标准、生产范围、生产能力等做出任务分析评估报告。

附件：任务分析评价报告参考附表1

》任务测评

任务结束后填写任务测评表，见表6-29。

表6-29 任务测评表

序号	考核内容	考核标准	配分	得分
1	素质考核	课堂出勤率、学习态度、行为规范	30	
2	课堂表现	课堂互动、团队协作、创新建议	30	
3	专业知识	洗面奶质量标准的解读	40	
		合计	100	

任务二　配方设计、打版与产品质量分析

》学习目标

【知识目标】了解皂基洗面奶的基础知识和皂基洗面奶类配方结构及配方设计原则。

【技能目标】掌握皂基洗面奶类原料的选择；熟悉配制设备的构造原理和操作要求；按皂基洗面奶配方工艺步骤操作；按皂基洗面奶配方打样后评价实施的可行性；对打样样品进行质量评价和改进。

【素养目标】在皂基洗面奶类配方设计与生产的过程中，引导学生严格依照环保的工艺进行生产，并做出合理的质量评价，在实践中理解生态文明建设，建设美丽中国的相关内容。

》任务引入

打版工作流程表参考附表2。

》任务分析

在开发皂基洗面奶时需要根据产品特点进行配方设计。

》相关知识

一、配方结构

皂基洗面奶的配方结构表见表6-30。

表6-30　　　　　　　　　皂基洗面奶的配方结构表

结构组成	主要功能	代表性原料
脂肪酸	提供去污力和赋型	月桂酸、肉豆蔻酸、棕榈酸、硬脂酸等
碱	与脂肪酸皂化	氢氧化钾、氢氧化钠、三乙醇胺等
乳化剂	乳化作用，提高体系稳定性	乳化剂A165
珠光剂	提供产品亮丽的珠光效果	乙二醇硬脂酸酯等
水溶性聚合物	①分散和悬浮作用 ②调节流变性 ③增强稳定性	聚丙烯酸酯类共聚物、卡波姆940、羟乙基纤维素等
多元醇	溶解分散皂基，降低皂化过程皂液的黏度	甘油、丙二醇、丁二醇等
表面活性剂	增加泡沫，提高分散皂基，降低皂化过程皂液的黏度	氨基酸类表面活性剂、MAP类表面活性剂、磺酸类表面活性剂等

续表

结构组成	主要功能	代表性原料
润肤剂	降低皮肤刺激、减小洗后紧绷感	水溶性橄榄油、聚甘油脂肪酸酯、水溶性GTCC、乳化硅油等
抑菌	抑菌，使产品对微生物稳定	羟苯甲酯、羟苯丙酯、卡松、DMDMH、碘丙炔醇丁基氨甲酸酯、苯氧乙醇等
	未列为化妆品准用防腐剂，有抑菌，使产品对微生物稳定作用	辛甘醇、戊二醇、辛酰羟肟酸、甘油辛酸酯、对羟基苯乙酮等
抗氧化剂	抑制和防止产品氧化引起的酸败	2,6-二叔丁基对甲酚（BHT）、叔丁基对羟基茴香醚（BHA）、生育酚等
螯合剂	使金属离子螯合，防止产品变色、褪色，对防腐有协同作用	EDTA-二钠、EDTA-四钠等
香精	产品赋香	各种化妆品用香精
活性成分	赋予产品特定功效	各种营养成分及功效成分
水	起溶解、稀释的作用	纯化水

其中脂肪酸和碱是构成洗面奶体系的骨架，产品的稳定性以及清洁能力、泡沫效果、珠光外观、刺激性等都取决于脂肪酸的选择和配比。

常用的脂肪酸有月桂酸、肉豆蔻酸、棕榈酸、硬脂酸。根据各种酸的性质以及对产品要求的不同，一般采用以一种脂肪酸为主体，其他脂肪酸为辅助的搭配比例。脂肪酸在配方体系中的用量一般为28%~35%（质量分数）。

用于和脂肪酸中和皂化的碱有氢氧化钾、氢氧化钠、三乙醇胺等，洗面奶中的碱基本上主要有氢氧化钾一种。氢氧化钾的中和度一般应该控制在75%~90%（质量分数）。

洗面奶常用的多元醇有甘油、丙二醇、丁二醇三种。多元醇对洗面奶体系的作用不仅仅表现在分散或溶解皂上，多元醇对最终产品的珠光性质和稳定性也有很大的影响。

乳化剂在洗面奶产品中最主要的作用是解决体系稳定性的问题，准确地说应该是辅助稳定作用，添加适量的乳化剂可以有效地解决洗面奶的高温稳定性，并防止产品体系在恢复常温后泛粗的现象。

常用的表面活性剂有氨基酸类表面活性剂、维生素 C 磷酸酯镁（MAP）类表面活性剂、磺酸类表面活性剂。表面活性剂的用量一般控制在10%（质量分数）左右。

二、主要原料的性质及选择

（一）月桂酸

INCI 中文名称：月桂酸。

别名：十二酸、十二烷酸、正十二酸。

分子式：$C_{12}H_{24}O_2$。

相对分子质量：200.32。

性质：常温时为白色结晶蜡状固体，不溶于水，溶于乙醚、石油醚、氯仿及其他有机溶剂。

熔点：44.2 ℃。

沸点：272 ℃（0.1 MPa）。

一般和氢氧化钠、氢氧化钾或三乙醇胺中和生成肥皂，作为制造化妆品的乳化剂和分散剂。月桂酸起泡性好，泡沫稳定，主要用于香波、洗面奶及剃须膏等制品。

（二）肉豆蔻酸

INCI 中文名称：肉豆蔻酸。

别名：十四酸、十四烷酸、正十四碳酸。

分子式：$C_{14}H_{28}O_2$。

相对分子质量：228.32。

性质：白色至带黄白色硬质固体，偶有光泽的结晶状固体，或者为白色至带黄白色粉末，无气味，能溶于无水乙醇、醚、甲醇、氯仿、苯和石油醛，不溶于水。

相对密度：0.862 2（54 ℃/4 ℃）。

熔点：58.5 ℃。

沸点：199 ℃（2.1 kPa）。

折射率：1.427 3（70 ℃）。

酸值（mg/g）：245.68。

（三）棕榈酸

INCI 中文名称：棕榈酸。

别名：十六烷酸，十六酸，软脂酸。

分子式：$C_{16}H_{32}O_2$。

相对分子质量：256.42。

沸点：351.5 ℃。

具有饱和脂肪酸的性质。不溶于水，溶于乙醚、石油醛、氯仿及其他有机溶剂。

应用：在化妆品中常用于皂基的合成，也可用作润肤剂，或用于表面活性剂、食品、香精、香料等行业。

（四）硬脂酸

INCI 中文名称：硬脂酸。

别名：硬蜡酸，十八烷酸、十八酸。

分子式：$C_{18}H_{36}O_2$。

相对分子质量：284.48。

性质：白色或微黄色的蜡状固体，微带牛油气味。溶于乙醇、乙醚、氯仿、二硫化碳、四氯化碳等溶剂，不溶于水。

相对密度：0.84。

熔点：69.4 ℃。

硬脂酸是棕榈酸与硬脂酸的混合物。化妆品配方中最常使用的是三压硬脂酸，它实际上是 C_{18} 和 C_{16} 直链脂肪酸为主的混合酸。

应用：作为润肤剂用于各种雪花膏、唇膏等，也可用作制皂的原料。另外，可用于表面活性剂、食品、药品等行业。

（五）氢氧化钾

INCI 中文名称：氢氧化钾。

别名：苛性钾、钾灰。

分子式：KOH。

相对分子质量：56.11。

性质：白色斜方结晶，市售产品为白色或淡灰色的块状或棒状。易溶于水，溶于乙醇，微溶于醛，有强烈腐蚀性，溶于水放出大量热。

熔点：360 ℃。

沸点：1 320 ℃。

具有碱的通性，在化妆品中用作 pH 调节剂。

（六）羟丙基甲基纤维素

INCI 中文名称：羟丙基甲基纤维素。

别名：纤维素羟丙基甲基醚、HPMC。

性质：无臭、无味的白色粉末或颗粒。溶于水和某些有机溶剂，不溶于乙醇、乙醚。水溶液具有表面活性，干燥后形成薄膜，经加热和冷却，依次经历从溶胶至凝胶的可逆转变。

HPMC 属于非离子型增稠剂，在较宽的 pH 值范围内保持稳定；有一定表面活性，能提高产品洗涤能力及产生泡沫的能力。HPMC 具有保持产品水分的能力，可形成清澈透明的凝胶。HPMC 的性质取决于相对分子质量的大小，甲基与羟烷基的取代比例、取代程度以及取代均匀度。HPMC 的种类繁多，应用范围很广。不同的规格在性能上也有很大差异。

（七）乙二醇二硬脂酸酯

INCI 中文名称：乙二醇二硬脂酸酯。

别名：珠光片双酯、珠光双酯、EGDS、乙二醇双硬脂酸酯。

性质：微黄至乳白色固体，熔点 61~66 ℃。

具有良好的乳化、分散、润滑、柔软、抗静电和珠光性能。

应用：用于香波、沐浴露、润肤膏及高档液体洗涤剂等。产品冷配时需将珠光片提前配制成珠光浆。

三、生产设备

有加热冷却系统的真空乳化锅。

四、工艺

(一) 皂基洗面奶工艺流程

皂基洗面奶工艺流程图如图 6-3 所示。

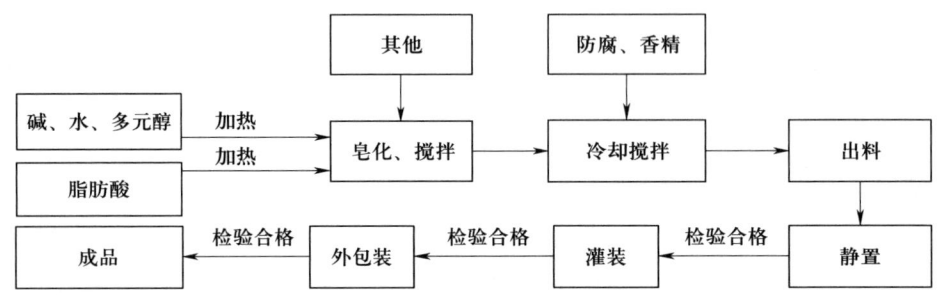

图 6-3 皂基洗面奶工艺流程图

(二) 工艺要点

1. 原料储存

保持仓库环境合格，按不同原料、不同储存条件存放。

2. 预处理

将特定原料提前分散。

3. 关键原料投料

(1) 按加料顺序加料。

(2) 控制加热温度。

(3) 控制速度。

4. 中间过程控制

(1) 皂化前水相和油相的温度不应过高，一般控制在 70~75 ℃，以免最终皂化体系的温度过高。

(2) 从皂化开始一直到生产结束的整个过程中，应避免加热和抽真空。

(3) 表面活性剂应该选择在水相添加结束，体系中的皂块完全溶解后添加，也可以在皂化结束后添加。添加表面活性剂的温度不应该低于 60 ℃。

五、产品的质量评价指标

(一) 感官指标表 (见表 6-31)

表 6-31 感官指标表

项目	指标
色泽	符合规定色泽
香气	符合规定香型
质感	均匀一致 (含颗粒或罐装成特定外观的产品除外)

（二）理化指标表（见表6-32）

表6-32　　　　　　　　　　　　理化指标表

项目	（非乳化型）指标
耐热	(40±1)℃保持24 h，恢复至室温后无分层现象
耐寒	(-8±2)℃保持24 h，恢复至室温后无分层、泛粗、变色现象
pH值（25℃）	4.0~11.0（含α-羟基酸、β-羟基酸产品可按企标执行）

（三）微生物指标表（见表6-33）

表6-33　　　　　　　　　　　　微生物指标表

项目	指标
菌落总数/(CFU/g 或 CFU/mL)	≤1 000
霉菌和酵母菌总数/(CFU/g 或 CFU/mL)	≤100

（四）加速试验表（见表6-34）

表6-34　　　　　　　　　　　　加速试验表

项目	指标
耐热稳定性试验	(40±1)℃保持7~30天，24 h，恢复至室温后，性状与原样保持一致
耐寒稳定性试验	(-8±2)℃保持7~30天，恢复至室温后，性状与原样保持一致
耐热耐寒循环试验	(40±1)℃保持7天，恢复至室温后，(-8±2)℃保持7天，恢复至室温后，性状与原样保持一致

（五）感官评价表（见表6-35）

表6-35　　　　　　　　　　　　感官评价表

项目	指标	结果
"看"色泽	色泽均匀，柔和	
"闻"气味	气味纯正，与标样香型一致	
比较外质地	膏体黏稠适度，料体细腻均匀无杂质，无分层	
使用感	冲洗时：清洁力、泡沫大小和细腻度适度，涂布性、冲洗性好 干洗后：皮肤光洁度好，有弹性，不紧绷，有滑爽感和清洁感	

六、常见配方工艺问题及其原因解析

皂基洗面奶常见的质量问题有膏体变粗、低温变硬，变黄，变味，分层出水，结膏点过低，脱脂力过大、刺激性大，膏体气泡太多等。

（一）膏体变粗、低温变硬

可能原因：皂化中和度太低，硬脂酸的比例太大。

措施：调整中和度，调整脂肪酸的比例。

（二）变黄

可能原因：脂肪酸质量差，含有金属铁离子，香精不耐碱性。

措施：选用优质脂肪酸，添加螯合剂，选用合适香精。

（三）变味

可能原因：脂肪酸质量差，含有易氧化酸败杂质。

措施：选用优质脂肪酸，添加抗氧化剂，选用合适香精。

（四）分层出水

可能原因：皂化中和度太低，表面活性剂的含量太多。

措施：调整合适的中和度，控制表面活性剂的含量。

（五）结膏点过低

可能原因：脂肪酸皂的含量过低，低碳链脂肪酸的比例过大，中和度太低。

措施：调整增加皂的含量，适当降低低碳链脂肪酸，增加高碳链脂肪酸，适当提高中和度。

（六）脱脂力过大、刺激性大

可能原因：pH值太高。

措施：调整合适的pH值，添加适量的富脂剂。

（七）膏体气泡太多

可能原因：搅拌速度过快，表面活性剂搅拌过久。

措施：控制搅拌速度，配方中的表面活性剂尽量在皂块分散后的阶段加入。

》任务实施

一、设计的配方及工艺（参考附表3 配方设计记录表）

二、打样

（一）打样前准备

1. 按实训室6S做好打样前准备。
2. 准备原料和仪器。
3. 设备仪器的清洁消毒。
4. 原料进行预处理。

（二）打样的过程

填打样记录。打样记录表参考附表4。

1. 仪器与原料

（1）仪器：烧杯、玻璃试管、温度计、电炉、搅拌器、玻璃棒、电子天平、pH计、恒温烘箱、冰箱、NDJ-1型旋转黏度计。

（2）原料：十二酸、十四酸、十六酸、十八酸、甘油、纯化水、氢氧化钾、氯化钾、乳化剂 A165、辛酸/癸酸甘油酯类聚甘油-10 酯类（KLD PGCA）、CAB-35、聚季铵盐-7（M550）、香精、防腐剂（DMDMH）等。

2. 配方及操作步骤

（1）配方表。皂基洗面奶配方表见表 6-36。

表 6-36　　　　　　　　　　　皂基洗面奶配方表

	序号	原料商品名	作用	质量分数/%	备注
A	1	十二酸	清洁	5.8	
	2	十四酸	清洁	6.8	
	3	十六酸	清洁	12.8	
	4	十八酸	清洁	4	
	5	甘油	保湿	14.5	
B	6	纯化水	稀释	加至100	
	7	氢氧化钾	调节 pH 值	6.48	
	8	氯化钾	增稠	0.5	
C	9	乳化剂 A165	乳化	4.0	
	10	KLD PGCA	皮肤调理	1.5	
D	11	CAB-35	增稠	8.0	
	12	M550	皮肤调理	0.5	
E	13	香精	芳香	0.3	
	14	DMDMH	防腐	0.3	

（2）打版流程图。皂基洗面奶打版流程如图 6-4 所示。

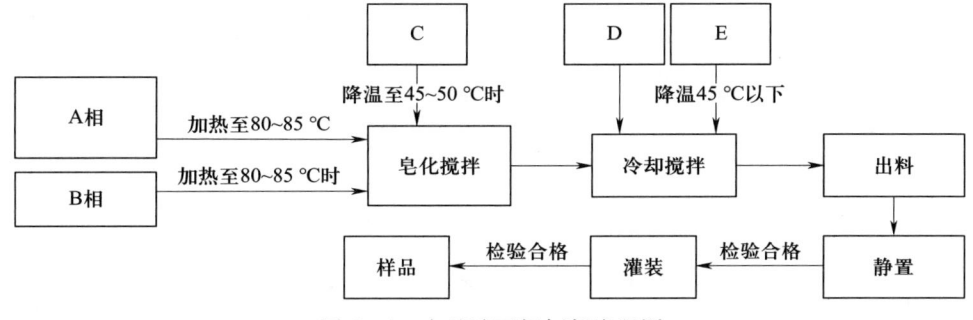

图 6-4　皂基洗面奶打版流程图

（3）操作步骤：

①A 相：将 1、2、3、4、5 加入烧杯中，搅拌加热至 80~85 ℃；

②B 相：将 6、7、8 加入另一烧杯中，搅拌加热至 80~85 ℃；

③将 B 相加入 A 相中搅拌皂化 30 min，再加入 C 相，搅拌 5 min；

④降温至 45~50 ℃时加入 D 相，搅拌 10 min；

⑤降温至 45 ℃以下，将 E 相混合均匀后，加入水相中搅拌至溶解均匀，出料。

【操作提示】

1. 操作过程要加1%~2%（质量分数）的补充水。
2. 注意保证皂化完全。
3. 香精、液体状防腐剂和活性物质要低温加入，防止香精挥发或活性成分降解。

三、质量评价及配方改进

（一）打样样品的质量评价

对打样样品进行质量评价，填写皂基洗面奶质量评价表见表6-37。

表6-37　　　　　　　　　皂基洗面奶质量评价表

产品名称		生产日期		生产批号	
项目		指标			结果
外观		不分层，无明显悬浮物（加入均匀悬浮颗粒组分的产品除外）或沉淀，无明显机械杂度的均匀产品			
香气		无异味			
耐热		(40 ± 1) ℃保持24 h，恢复至室温后与试验前无明显性状差异			
耐寒		(-5 ± 2) ℃保持24 h，恢复至室温后与试验前无明显性状差异			
pH值（25 ℃）		4.0~8.5（α-、β-羟基类产品除外）			
菌落总数/(CFU/g 或 CFU/mL)		≤1 000			
霉菌和酵母菌总数/(CFU/g 或 CFU/mL)		≤100			
稳定性试验	耐热稳定性试验	(40 ± 1) ℃保持7~30天，恢复至室温后，观察膏体外观，是否絮凝、混浊、变稀现象等			
	耐寒稳定性试验	(-8 ± 2) ℃保持7~30天，恢复至室温后，观察膏体外观，是否絮凝、混浊、变稀现象等			
	耐热耐寒循环试验	(40 ± 1) ℃保持7天，恢复至室温后，(-8 ± 2) ℃保持7天，恢复至室温后，观察膏体外观，是否絮凝、混浊、变稀现象等			

（二）打样样品感官评价

对打样样品进行感官评价，填写感官评价表6-35。

（三）配方改进

根据打样质量评估结果进行分析，确定改进措施和方法。

》 任务测评

任务结束后填写设计任务测评表，见表6-38。

表 6-38　　　　　　　　　　设计任务测评表

序号	考核内容	考核标准	配分	得分
1	配方设计项目	能准确选用洗面奶原料设计配方	40	
2	配方打样项目	能按操作规程进行洗面奶打样	40	
3	6S 管理	遵守 6S 管理	20	
		合计	100	

任务三　总结与归档

▶ 学习目标

【知识目标】能配合生产部门解决大规模工业化生产出现的偏差。

【技能目标】能评价生产产品的质量；能核对订单任务；审核打版记录；提供检验报告；对产品审核放行；对产品留样及质量追溯管理；总结与归档。

【素养目标】在进行洗面奶配方的设计与生产过程中，培养学生形成新发展理念；引导学生理解"碳达峰"，了解我国全面建立绿色低碳循环发展的经济体系和清洁低碳安全高效的能源体系的相关内容。

▶ 任务引入

接上一任务。

▶ 任务分析

上一任务已了解课题设计任务，进一步对设计结果进行统计、分析、总结归档。

▶ 任务实施

参考模块二——课题———任务四的步骤。

▶ 任务测评

任务结束后填写任务测评表，见表 6-39。

表 6-39　　　　　　　　　　任务测评表

序号	考核内容	考核标准	配分	得分
1	素质考核	课堂出勤率、学习态度、行为规范	30	
2	课堂表现	课堂互动、团队协作、创新建议	30	
3	专业知识	皂基洗面奶配方设计能力	40	
		合计	100	

思考与练习

一、单项选择题

1. 下列属于面部清洁剂的是（　　）。
   A. 皂基洗面奶　　　　B. 脸部清洁霜　　　C. 氨基酸洗面奶
   D. 清洁蜜　　　　　　E. 洁面慕斯　　　　F. 以上都是
2. 洗面奶常用的多元醇不包括（　　）。
   A. 鲸蜡硬脂醇　　　　B. 甘油　　　　　　C. 丙二醇　　　　　D. 1,3 丁二醇

二、简答题

1. 简述皂基洗面奶的配方结构。
2. 分析皂基洗面奶膏体变粗、低温变硬的可能原因，并说明如何进行调整和改进。

课题四　透明洗发水配方设计

任务一　接受任务订单

》学习目标

【知识目标】能识读任务书；了解洗发水类产品的类型。
【技能目标】能初步评估订单的可行性（包括生产范围、生产能力、法规符合性等）；掌握洗发水产品的设计原则。
【素养目标】在进行透明洗发水配方的设计与生产的过程中，以头发与头皮的护理为例，培养学生树立健康生活的意识，形成健康文明的行为习惯和生活方式；生产出更多符合消费者需求的个性化洗发水产品，引导学生尊重客观规律，按照客观规律办事。

》任务引入

××化妆品公司接到 A 公司的透明洗发水 OEM 订单。生产×××牌透明洗发水 10 万瓶。

》任务分析

本次 OEM 订单任务为首次业务，需要 A 公司提交配方工艺资料，完成普通化妆品备

案,公司研发部按客户提供的需求进行打版,经客户确认后,采购物料投入生产,在供货期内完成产品加工、检验合格。订单内容包括订单品牌,规格、数量、销售的国家或地区(涉及原料和产品的要求)、配方工艺、质量指标、成本核算、交货日期、储运条件等。

功效性的产品还添加相应的功效成分,制成产品需符合产品执行标准,功效宣称的需有文献支持或功效试验等功效评价。

由于产品拟在国内销售,产品和所用原料符合《化妆品安全技术规范》(2015年版)和《已使用化妆品原料目录(2021年版)》的规定,产品符合国家标准《洗发液、洗发膏》(GB/T 29679—2013)。

》相关知识

洗发水的质量指标见表6-40。

表6-40　　　　　　　　　　洗发水的质量指标

	项目	指标
感官指标	外观	无异物
	色泽	符合规定色泽
	香气	符合规定香气
理化指标	耐热	(40±1)℃保持24 h,恢复至室温后无分层现象
	耐寒	(-8±2)℃保持24 h,恢复至室温后无分层现象
	pH值(25℃)	成人产品4.0~9.0(含α-羟基酸、β-羟基酸产品可按企标执行)
	泡沫(40℃)/mm	透明型≥100
	有效物含量/%	成人产品≥10.0
微生物学指标	菌落总数/(CFU/g或CFU/mL)	≤1 000
	霉菌和酵母菌总数/(CFU/g或CFU/mL)	≤100
	耐热大肠菌群/(g或mL)	不得检出
	金黄色葡萄球菌/(g或mL)	不得检出
	铜绿假单胞菌/(g或mL)	不得检出
有害物质	汞/(mg/kg)	≤1
	铅/(mg/kg)	≤2
	砷/(mg/kg)	≤10
	镉/(mg/kg)	≤5
	甲醇/(mg/kg)	≤2 000
	二噁烷/(mg/kg)	≤30

任务实施

对合同订单进行分析评价：根据合作方资质、提供资源、法规要求、质量标准、生产范围、生产能力等做出任务分析评估报告。

任务分析评价报告参考附表1。

任务测评

任务结束后填写任务测评表，见表6-41。

表6-41　　任务测评表

序号	考核内容	考核标准	配分	得分
1	素质考核	课堂出勤率、学习态度、行为规范	30	
2	课堂表现	课堂互动、团队协作、创新建议	30	
3	专业知识	洗发水质量标准的解读	40	
		合计	100	

任务二　配方设计、打版与产品质量分析

学习目标

【知识目标】能正确对原料进行辨识。

【技能目标】能正确操作搅拌机；掌握透明洗发水的制作流程；正确按产品制作流程完成制作；掌握产品质量评价及配方改进。

【素养目标】在进行透明洗发水的配方设计与生产方面，引导学生掌握人类社会与自然界和谐发展的原理，应该设计与生产出环保且实用的透明洗发水；在透明洗发水配方用量方面，引导学生掌握质量互变规律的内涵及其方法论意义，在每种成分的用量方面都应该严格依照配方用量执行。

任务引入

打版工作流程表参考附表2。

任务分析

在开发透明洗发水时需要根据产品特点进行配方设计。

相关知识

一、配方结构

透明洗发水通常由表面活性剂、调理剂、增稠剂、pH调节剂、防腐剂、螯合剂、着色

剂、香精等组成。

透明洗发水的配方结构表见表6-42。

表6-42　　　　　　　　　　　透明洗发水的配方结构表

结构组成	主要功能	代表性原料
表面活性剂	提供去污力和丰富的泡沫	月桂醇聚醚硫酸酯钠（AES）、AESA、$K_{12}A$、月桂肌氨酸钠等
调理剂	改善头发的手感和发质防止过度脱脂，滋润	阳离子瓜尔胶、油脂、聚季铵盐、水溶性油脂（如水溶性GTCC、水溶性橄榄油、水溶羊毛酯等）、泛醇等
增稠剂	调节黏稠度，改善肤感	椰油酰胺丙基碱甜菜碱、椰油酰MEA（6501）、氯化钠、氯化铵等
去屑剂	减少头皮屑的产生	吡啶硫酮锌（ZPT）、吡罗克酮乙醇胺盐（OCT）、氯咪巴唑等
pH调节剂	调节pH值	氢氧化钠、柠檬酸等
防腐剂	抑菌，使产品对微生物稳定	羟苯甲酯、羟苯丙酯、卡松、DMDMH、咪唑烷基脲、苯氧乙醇等
螯合剂	使金属离子螯合，防止产品变色、褪色，对防腐有协同作用	EDTA-二钠、EDTA-四钠等
着色剂	赋予产品颜色	各种化妆品允许使用色素
香精	产品赋香	各种化妆品用香精
活性成分	赋予产品特定功效	各种营养成分及功效成分
水	起溶解、稀释的作用	纯化水

二、主要原料的性质

（一）阳离子瓜尔胶

INCI中文名称：瓜尔胶羟丙基三甲基氯化铵。

别名：阳离子瓜尔胶C14S、C162、E120。

性质：市售产品为浅黄色粉末。易溶于水和乙醇。

阳离子瓜尔胶对角蛋白有很好的亲和作用，有较耐久的柔软性和抗静电性，可赋予头发光泽、蓬松感。可与阴离子、两性离子和非离子表面活性剂配伍，有很好的发泡和稳泡的性能。

阳离子瓜尔胶也是一种很好的增稠剂、悬浮剂和稳定剂。阳离子瓜尔胶根据其溶液黏度的不同，分为高、中、低三种黏度。

1. 高黏度：3 200～3 500 mPa·s（25℃，质量分数为1%溶液），如Jaguar C13S、Jaguar C14S、Jaguar E120。

2. 中黏度：黏度2 000 mPa·s，如Jaguar C17。

3. 低黏度：黏度为125 mPa·s，如Jaguar C15。

根据水溶液透明度的不同，阳离子瓜尔胶可分为普通瓜尔胶和透明瓜尔胶。市售产品

Jaguar C162、Jaguar excel 为中等黏度透明型瓜尔胶，与其他阴离子体系有很好的相容性，可做成透明体系。

阳离子瓜尔胶的应用：调理香波提供良好的干湿梳理性能，使头发清爽飘逸。通常用量 0.1%~0.3%（质量分数）。与乳化硅油、聚季铵盐系列搭配使用可达更好的调理效果。加入阳离子瓜尔胶后的洗手液、洗面奶、沐浴露和液体皂能使皮肤在干燥时具有柔软、光滑和滋润肤感，在湿润时无滑腻感。

（二）阳离子纤维素

INCI 中文名称：聚季铵盐-10。

别名：羟乙基纤维素醚-2-羟丙基三甲基氯化铵，阳离子纤维素。

主要商品型号：阳离子纤维素 JR400、阳离子纤维素 400H、阳离子纤维素 H3000。

性质：市售产品为白色至微黄色颗粒状粉末；在水或水-醇溶液体系中，形成一种澄清透明的溶液，可用在透明的多功能香波中。对蛋白质有牢固的附着力，能形成透明无黏性的薄膜；改善受损伤头发的外观，使其保持柔软，并具有光泽；有不同相对分子质量以及取代度。

三、生产设备

有加热冷却系统的真空乳化系统。

四、工艺

（一）透明洗发水工艺流程

透明洗发水工艺流程图如图 6-5 所示。

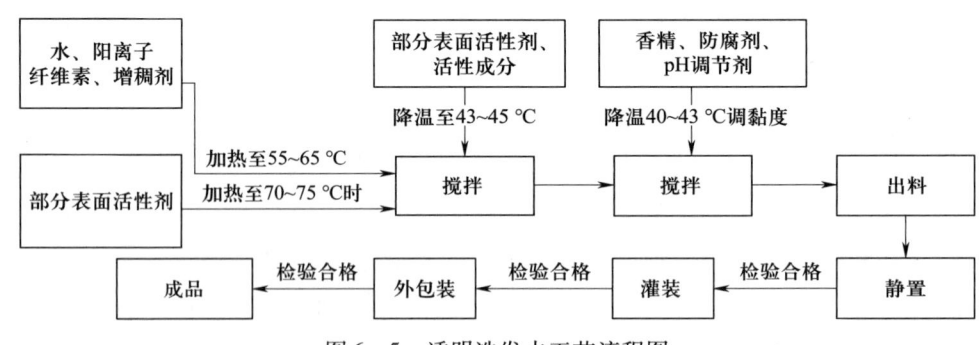

图 6-5 透明洗发水工艺流程图

（二）工艺要点

1. 原料储存

保持仓库环境合格，按不同原料、不同储存条件存放。

2. 预处理

将特定原料提前分散。

3. 关键原料投料

①按加料顺序加料。

②控制加热温度。

③控制速度。

4. 中间过程控制

冷却至 45 ℃以下加香、调色、调黏度、调节 pH 值。

5. 出料控制

出料管先排水，排出前端少量料体，经 80～100 目过滤出料。

6. 储存

储存环境的清洁消毒。在储存时限内尽快灌完。

7. 灌装

消毒，定时检查装量及密封性。

五、产品的质量评价指标

（一）感官指标表（见表 6-43）

表 6-43　　　　　　　　　　感官指标表

项目	指标
外观	无异物
色泽	符合规定色泽
香气	符合规定香气

（二）理化指标表（见表 6-44）

表 6-44　　　　　　　　　　理化指标表

项目	指标
耐热	(40±1)℃保持 24 h，恢复至室温后无分层现象
耐寒	(-8±2)℃保持 24 h，恢复至室温后无分层现象
pH 值（25 ℃）	成人产品 4.0～9.0（含 α-羟基酸、β-羟基酸产品可按企标执行）
泡沫（40 ℃）/mm	透明型≥100
有效物含量/%	成人产品≥10.0

（三）微生物指标表（见表 6-45）

表 6-45　　　　　　　　　　微生物指标表

项目	指标
菌落总数/(CFU/g 或 CFU/mL)	≤1 000
霉菌和酵母菌总数/(CFU/g 或 CFU/mL)	≤100

（四）加速试验表（见表6-46）

表6-46　　　　　　　　　　　加速试验表

项目	指标
耐热稳定性试验	（40±1）℃保持7~30天，恢复至室温后无分层现象
耐寒稳定性试验	（-8±2）℃保持7~30天，恢复至室温后无分层现象
耐热耐寒循环试验	（40±1）℃保持7天，恢复至室温后，（-8±2）℃保持7天，恢复至室温后无分层现象

（五）感官评价表（见表6-47）

表6-47　　　　　　　　　　　感官评价表

项目	指标	结果
"看"色泽	色泽均匀，柔和与肤色配合融洽度好	
"闻"气味	气味纯正，与标样香型一致	
比较外质地	外观应光洁柔滑，稠度适当，料体细腻均匀，不得有结块，发稀、均匀无杂质、无粗颗粒，更不得有剧烈干缩等现象	
使用感	在使用过程中的感官效果一般指使用感（清洁能力、泡沫细腻性、涂布性、漂洗性）、洗后头发质地（易梳理性、光泽度、飘逸、无枯燥感）、手感（滑爽、柔软）等感觉	

六、常见配方工艺问题及其原因解析

透明洗发水常见的质量问题有混浊分层、黏度不稳定、变色、变味、泡沫不稳定、刺激性大等。

（一）**混浊分层**

可能原因：高熔点原料含量过高或表面活性剂点较高的原料含量过高，无机盐含量过高，pH值过高或过低，温度变化。

措施：调整原料比例，控制配方中无机盐含量，严格控制制品pH值范围（必要时加入缓冲盐），储存环境选择阴凉的环境。

（二）**黏度不稳定**

黏度随温度变化大，夏天太稀，冬天太稠。

可能原因：表面活性剂的含量太低。

措施：提高表面活性剂［如月桂醇聚醚硫酸酯钠（AES）］含量，添加改性纤维素或其他高分子增稠剂。

（三）**变色**

可能原因：香精使用不当，色素不稳定，某些成分容易被氧化，含有易引起变色的金属离子。

措施：选用合适的香精和色素，添加抗氧化剂和螯合剂。

（四）变味

可能原因：香精使用不当，香精与其他组分发生反应，防腐剂使用不当。

措施：选用合适的香精和防腐剂。

（五）泡沫不稳定

可能原因：表面活性剂有效成分含量少或表面活性剂的发泡性能低，油脂和水溶性硅油消泡。

措施：采取合适的生产工艺，确保每个原料发挥其作用。

（六）刺激性大

可能原因：表面活性剂用量过多，脱脂力强，防腐剂用量或品种差，pH 值过高，刺激皮肤，阳离子表面活性剂或阳离子聚合物含量过高，刺激皮肤。

措施：加入适量的温和氨基酸表面活性剂，添加适量的防腐剂，把 pH 值调到合适范围，加入合适阳离子表面活性剂或阳离子聚合物。

任务实施

一、设计的配方及工艺（参考附表 3 配方设计记录表）

二、打样

（一）打样前准备

1. 按实训室 6S 做好打样前准备。
2. 准备原料和仪器。
3. 设备仪器的清洁消毒。
4. 原料进行预处理。

（二）打样的过程

填打样记录。打样记录表参考附表 4。

1. 仪器与原料

（1）仪器：烧杯、玻璃试管、温度计、电炉、搅拌器、玻璃棒、电子天平、pH 计、恒温烘箱、冰箱、密度计、阿贝折光仪。

（2）原料：纯化水、阳离子瓜尔胶（C162）、EDTA-二钠、柠檬酸、月桂醇聚醚硫酸酯钠（AES）、十二烷基硫酸铵（$K_{12}A$）、甲基椰油酰基牛磺酸钠、6501、L32、CAB35、倍润丝 QMC［辛酸/癸酸/琥珀酸甘油三酯（和）聚乙二醇-8］、氯化钠、香精、卡松、苯氧乙醇等。

2. 配方及操作步骤

（1）配方表。透明洗发水配方表见表 6-48。

表 6-48　　　　　　　　　　　　　透明洗发水配方表

	序号	原料商品名	作用	质量分数/%	备注
A	1	纯化水	稀释	加至100	
	2	阳离子瓜尔胶	调理剂	0.3	
	3	EDTA-二钠	螯合	0.05	
	4	柠檬酸	调节 pH 值	0.1	
B	5	AES	主清洁	12	
	6	$K_{12}A$	主清洁	4.0	
	7	甲基椰油酰基牛磺酸钠	增稠	2	
	8	6501	清洁	1	
C	9	L32	助清洁	1	
	10	CAB35	助清洁	5	
	11	倍润丝 QMC	调理	0.5	
D	12	氯化钠	增稠	适量	
	13	香精	芳香	0.4	
	14	卡松	防腐	0.08	
	15	苯氧乙醇	防腐	0.3	

（2）打版流程图。透明洗发水打版流程如图 6-6 所示。

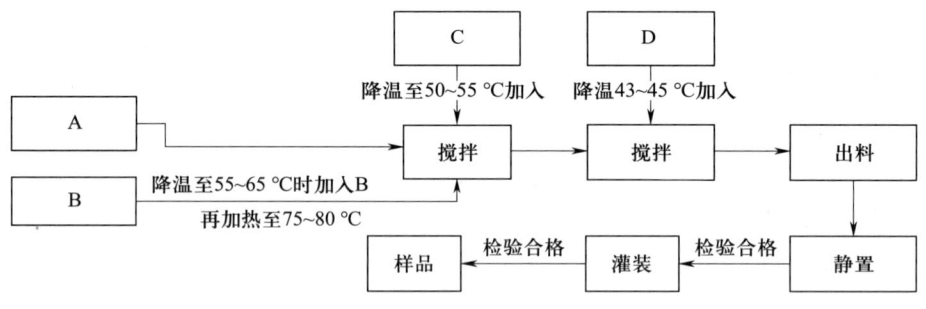

图 6-6　透明洗发水打版流程图

（3）操作步骤：

①将 A 相中的纯化水加入水相中，搅拌后加入阳离子瓜尔胶，等阳离子瓜尔胶分散后再加入 EDTA-二钠和柠檬酸，搅拌加热至 55~65 ℃，再加入 AES、$K_{12}A$、甲基椰油酰基牛磺酸钠和 6501，搅拌加热至 75~80 ℃，搅拌至完全溶解；

②降温至 50~55 ℃，加入 C 相搅拌 15~30 min；

③降温至 43~45 ℃，加入 D 相搅拌 15~30 min；

④降温至 40 ℃，出料。

【操作提示】

1. 操作过程要加1%~2%（质量分数）的补充水。

2. 阳离子瓜尔胶加入水相分散后再加入EDTA-二钠、柠檬酸，不能先将柠檬酸加入水中再加入阳离子瓜尔胶。

3. 保证AES和$K_{12}A$溶解完全再降温。

4. 液体状防腐剂和活性物质要低温加入，防止香精挥发或活性成分降解。

三、质量评价及配方改进

（一）打样样品的质量评价

对打样样品进行质量评价，填写透明洗发水质量指标考察表见表6-49。

表6-49　　　　　　　　　　透明洗发水质量指标考察表

项目		指标	结果
感官指标	外观	无异物	
	色泽	符合规定色泽	
	香气	符合规定香气	
理化指标	耐热	（40±1）℃保持24 h，恢复至室温后无分层现象	
	耐寒	（-8±2）℃保持24 h，恢复至室温后无分层现象	
	pH值（25 ℃）	成人产品4.0~9.0（含α-羟基酸、β-羟基酸产品可按企标执行）	
	泡沫（40 ℃）/mm	（透明型）≥100	
	有效物含量/%	（成人产品）≥10.0	
微生物学指标	菌落总数/(CFU/g或CFU/mL)	≤1 000	
	霉菌和酵母菌总数/(CFU/g或CFU/mL)	≤100	
	耐热大肠菌群/(g或mL)	不得检出	
	金黄色葡萄球菌/(g或mL)	不得检出	
	铜绿假单胞菌/(g或mL)	不得检出	
有害物质	汞/(mg/kg)	≤1	
	铅/(mg/kg)	≤10	
	砷/(mg/kg)	≤2	
	镉/(mg/kg)	≤5	
	甲醇/(mg/kg)	≤2 000	
	二噁烷/(mg/kg)	≤30	

（二）打样样品感官评价

对打样样品进行感官评价，填写感官评价表 6-47。

（三）配方改进

根据打样质量评估结果进行分析，确定改进措施和方法。

》任务测评

任务结束后填写设计任务测评表，见表 6-50。

表 6-50　　　　　　　　　　任务测评表

序号	考核内容	考核标准	配分	得分
1	配方设计项目	能准确选用透明洗发水原料设计配方	40	
2	配方打样项目	能按操作规程进行透明洗发水打样	40	
3	6S 管理	遵守 6S 管理	20	
	合计		100	

任务三　总结与归档

》学习目标

【知识目标】能配合生产部门解决大规模工业化生产出现的偏差。

【技能目标】能评价生产产品的质量；能核对订单任务；审核打版记录；提供检验报告；对产品审核放行；对产品留样及质量追溯管理；总结与归档。

【素养目标】在进行透明洗发水的配方设计、生产与使用的过程中，培养学生自我保护的能力，引导学生珍爱生命，严格把关配方成分的安全性，树立安全意识，在对设计结果进行统计、分析、总结归档的过程中，引导学生理解生命意义和人生价值。

》任务引入

接上一任务。

》任务分析

上一任务已了解课题设计任务，进一步对设计结果进行统计、分析、总结归档。

》任务实施

参考模块二——课题一——任务四的步骤。

》任务测评

任务结束后填写任务测评表，见表 6-51。

表6-51　　　　　　　　　　　　　任务测评表

序号	考核内容	考核标准	配分	得分
1	素质考核	课堂出勤率、学习态度、行为规范	30	
2	课堂表现	课堂互动、团队协作、创新建议	30	
3	专业知识	透明洗发水配方设计能力	40	
		合计	100	

思考与练习

一、单项选择题

1. 下列属于洗发水调理剂的是（　　）。
   A. 阳离子瓜尔胶　　　　　　　　B. 月桂肌氨酸钠
   C. 椰油酰胺丙基碱甜菜碱　　　　D. 椰油酰MEA
2. 下列不属于洗发水去屑剂的是（　　）。
   A. 吡啶硫酮锌　　　　　　　　　B. 泛醇
   C. 吡罗克酮乙醇胺盐　　　　　　D. 氯咪巴唑

二、简答题

1. 简述透明洗发水的配方结构和主要成分。
2. 分析透明洗发水出现泡沫不稳定的可能原因，并说明如何进行调整和改进。

模块七

特殊化妆品类化妆品技术

根据我国《化妆品监督管理条例》第十六条规定，用于染发、烫发、祛斑美白、防晒、防脱发的化妆品以及宣称新功效的化妆品为特殊化妆品。特殊化妆品以外的化妆品为普通化妆品。

课程思政小学堂

注重细节培养，锤炼工匠精神
——化妆品配方设计与生产中的工匠精神

工匠精神是一种对自己所从事的事业精益求精、精雕细琢的精神理念，是中华优秀传统文化中世代推崇与传承的精神。2016年3月，国务院政府工作报告中提出，鼓励企业开展个性化定制、柔性化生产，培育精益求精的工匠精神，增品种、提品质、创品牌。这是"工匠精神"在政府工作报告中首次被提出。

自古以来，中国一直是具有工匠精神和创新传统观念的国度。中国古代各类手工匠人以精湛的技艺为社会创造价值，做出不少重要的创新与发明，为中华文明的形成做出了重要的贡献。中国古代关于工匠精神的诠释事例无不体现中华文化中推崇与代代相传的精益求精的理念。例如，先秦工匠始祖鲁班，代表了当时中国最高水平的土木工匠，他发明的工具使当时工匠们的劳动效率得以显著提高，根据《事物绀珠》《物原》《古史考》等古籍的记载，他发明创造的锯子、刨子、钻子、农业机具石磨、古代兵事工具云梯等，使当时工匠们从原始而繁重的劳动中得到一定程度的解放，鲁班在学艺中体现出的对土木工艺的执着，在拜师中体现出的潜心钻研、坚韧不拔的毅力，都是工匠精神的集中体现。

国家药品监督管理局发布的《化妆品生产质量管理规范》于2022年7月1日正式

施行，该规范共九章67条，重点明确了化妆品生产企业在产品质量的保证与控制、产品质量管理机构与人员、生产过程管理、物料与产品管理、厂房设施与设备管理、产品销售管理方面的具体要求。同时，该规范进一步明确了生产工艺参数与生产过程的关键控制点。这一规范的颁布与实施，对化妆品生产质量管理提出更加细致的要求，这就要求化妆品配方设计与生产更应该坚持精益求精的工匠精神，严格依照化妆品生产质量管理的规范要求，进行规范化生产。

除了在化妆品的研发与生产中倾注工匠精神外，对于工匠精神的传承与发展，还可以结合化妆品作为快速消费品、时尚产品等行业的实际情况，在化妆品企业发展中产生重要的价值精神。

课题一 防晒乳配方设计

防晒类化妆品是指具有屏蔽或吸收紫外线作用，减轻因日晒伤引起皮肤损伤的特殊化妆品，产品包括防晒乳、防晒霜、防晒微乳液、防晒凝胶、防晒摩丝和棒型防晒产品等。本课题将介绍防晒乳的配方设计。

任务一 接受任务订单

▶ 学习目标

【知识目标】能识读任务书；了解防晒化妆品的类型。

【技能目标】能初步评估订单的可行性（包括生产范围、生产能力、法规符合性等）；掌握防晒化妆品的设计原则。

【素养目标】结合课程思政小学堂的案例进行分析，了解化妆品配方设计与生产中体现的工匠精神，引导学生形成精益求精的意识，培养工匠精神，注重细节，形成科学严谨的学习与工作态度。

▶ 任务引入

××化妆品公司接到A公司的防晒乳OEM订单。生产×××牌防晒乳10万瓶。

▶ 任务分析

本次OEM订单任务为首次业务，需要A公司提交配方工艺资料，取得特殊化妆品注册批件，公司研发部按客户提供的需求进行打版，经客户确认后，采购物料投入生产，经客户确认后，取得特殊化妆品注册批件后，方可采购物料投入生产，在供货期内完成产品加工、检验合格。订单内容包括订单品牌、规格、数量、销售的国家或地区（涉及原料和产品的要求）、配方工艺、质量指标、防晒功效评价、成本核算、交货日期、储运条件等。

防晒乳是添加有防晒剂的乳液，防晒乳除防晒作用外，兼有抗自由基、免疫保护、防沙、防昆虫叮咬以及美容作用。

由于产品拟在国内销售，产品和所用原料符合《化妆品安全技术规范》（2015年版）和《已使用化妆品原料目录（2021年版）》的规定，产品符合国家标准《护肤乳液》（GB/T 29665—2013）。根据《化妆品功效宣称评价规范》规定，自2022年1月1日起，新申请注册的防晒类化妆品，应当由化妆品注册和备案检验机构按照强制性国家标准、技术规范的要求开展人体功效评价试验，并出具报告。由化妆品注册人、备案人在国家药品监督管理局指定的专门网站上传产品功效宣称依据的摘要。同时，自2022年5月1日起施行的《化妆品标签管理办法》规定，化妆品中文标签应当标示全成分，化妆品配方中存在含量不超过0.1%（质量分数）的成分的，所有不超0.1%（质量分数）的成分应当以"其他微量成分"作为引导语引出另行标注，可以不按照成分含量的降序列出。

》相关知识

一、防晒乳质量标准

防晒乳的质量指标见表7-1。

表7-1　防晒乳的质量指标

项目	水包油型（O/W）	油包水型（W/O）
外观	均匀一致（添加不溶性颗粒或不溶粉末的产品除外）	
香气	符合企业规定	
pH值（25 ℃）	4.0~8.5（含α-羟基酸、β-羟基酸的产品可按企标执行）	—
耐热	（40±1）℃保持24 h，恢复至室温后分层现象	
耐寒	（-8±2）℃保持24 h，恢复至室温后无分层现象	
离心考验	2000 r/min，30 min不分层（添加不溶颗粒或不溶粉末的除外）	
菌落总数/(CFU/g或CFU/mL)	≤1 000	
霉菌和酵母菌总数/(CFU/g或CFU/mL)	≤100	
耐热大肠菌群/(g或mL)	不得检出	
金黄色葡萄球菌/(g或mL)	不得检出	
铜绿假单胞菌/(g或mL)	不得检出	
汞/(mg/kg)	≤1	

续表

项目	水包油型（O/W）	油包水型（W/O）
铅/(mg/kg)	≤2	
砷/(mg/kg)	≤10	
镉/(mg/kg)	≤5	

注：防晒乳除了符合润肤乳液的质量标准外，还需检测防晒剂含量是否符合限量要求，需与配方含量一致。

二、紫外线与皮肤

（一）紫外线的分类

紫外线的分类表见表7-2。

表7-2　　　　　　　　　　紫外线的分类表

类别	波长	皮肤影响	穿透能力
短波紫外线（UVC）	200~290 nm	具有较强的生物破坏作用，可由人造光源发射用于环境消毒，又称"杀菌区"	其透射能力只能到皮肤的角质层，而且绝大部分被大气中臭氧层阻留，不会对人体皮肤产生危害
中波紫外线（UVB）	290~320 nm	导致红肿等晒伤反应，诱发皮肤红斑，又称"红斑区"	透射能力可达表皮层
长波紫外线（UVA）	320~400 nm	导致皮肤黑化，又称"黑光区"	能够穿透人体皮肤的角质层、表皮层达到真皮层

（二）影响地球表面紫外辐射的因素

影响地球表面紫外辐射的因素包括地球臭氧层、空气分子、尘埃颗粒、云层和烟雾、海拔高度、纬度（赤道）、季节（6~8月）、每天时间段（正午）、玻璃、墙面、地面等。

（三）紫外线对皮肤的伤害

紫外线引起的皮肤伤害包括日晒红斑、日晒黑化、光老化、光敏感性皮肤病、皮肤免疫损伤等。

1. 日晒红斑

日晒红斑又称皮肤日光灼伤，是由紫外线照射而引起的一种急性光毒性反应，表现为皮肤出现红色斑疹，甚至出现水肿、水疱和蜕皮反应，同时伴有灼热、灼痛等不适症状。根据紫外线照射后出现反应的时间分为即时性红斑和延迟性红斑。即时性红斑是由于大剂量紫外线照射引起的，一般在照射几分钟内出现微弱的红斑反应，数小时内很快消退；延迟性红斑是紫外线照射引起的主要生物学损伤，通常在照射4~6 h后，皮肤出现红斑反应，并逐渐增强，通常红斑可持续数日，然后逐渐消退，继而引发脱屑和色素沉着。

不同波长紫外线的红斑效应不同，其中中波紫外线（UVB）引起的日晒红斑最强，因此，UVB波段通常被称为红斑光谱或红斑区。

2. 日晒黑化

晒黑不仅使皮肤失去了白皙亮丽，而且给皮肤细胞带来一系列生理损伤，甚至诱发皮肤癌。因此，防晒黑也成为防晒化妆品的重要功效指标。

皮肤晒黑是指紫外线照射后引起的黑化现象，通常于照射后几分钟、几小时或数天后在照射部位出现弥漫性灰黑色色素沉着，色素可持续数小时、数天甚至数月。晒黑反应的三个阶段包括即时性晒黑反应、持久性晒黑反应、迟发性晒黑反应。

3. 光老化

皮肤的光老化是指由于长期的日光照射导致的皮肤衰老现象，是由反复日晒而致的累积性损伤。临床表现为皮肤粗糙肥厚、皮沟加深、斑驳状色素沉着等症状。

光老化与自然老化不同，是一种累积性的致病因素，随着年龄增长，皮肤的光老化不断发生与发展。

4. 光敏感性皮肤病

许多皮肤病可造成皮肤对紫外线照射的敏感性增强，其特点是在光感物质的介导下，皮肤对紫外线的耐受性降低或感受性增加，从而引起皮肤光毒反应或光变态反应。

5. 皮肤免疫损伤

长期大剂量紫外线照射能抑制某些免疫反应的产生，造成免疫功能系统失调。对皮肤有直接破坏作用和光毒作用，还可诱发基底细胞癌、鳞状细胞癌和黑色素瘤的产生。

（四）紫外线对皮肤伤害的防护机制

1. 对紫外线的反射

波长越长，反射越强；皮肤色泽越白，反射越强。

2. 对紫外线的散射

皮肤各层组织细胞影响光线进入皮肤深度，减弱对皮肤伤害；波长越短，散射就越显著；波长越长，散射越弱。

3. 对紫外线的吸收

在皮肤角质层，吸收紫外线的主要成分有角蛋白、尿苷酸等，覆盖皮肤表面的脂质和汗液（脂化膜）对紫外线也有一定的吸收作用；在表皮的棘细胞层和基底细胞层，吸收紫外线的物质主要是大量的核酸分子和核蛋白，大小和密度各不相同的黑色素颗粒，芳香族氨基酸（如色氨酸、酪氨酸等）以及小分子肽、胆固醇和磷脂等；在皮肤的真皮层仍然有上述核酸分子、核蛋白和氨基酸成分。除此以外，结缔组织中的弹力纤维、胶原纤维，血管中的血红素，脂肪中的胡萝卜素等也能吸收紫外线。

》任务实施

对合同订单进行分析评价：根据合作方资质、提供资源、法规要求、质量标准、生产范围、生产能力等做出任务分析评估报告。

任务分析评价报告参考附表1。

》任务测评

任务结束后填写任务测评表，见表7-3。

表 7-3　　　　　　　　　　　任务测评表

序号	考核内容	考核标准	配分	得分
1	素质考核	课堂出勤率、学习态度、行为规范	30	
2	课堂表现	课堂互动、团队协作、创新建议	30	
3	专业知识	防晒乳的质量指标、紫外线与皮肤	40	
		合计	100	

任务二　配方设计、打版与产品质量分析

▶ 学习目标

【知识目标】了解防晒乳配方结构和配方设计原则。

【技能目标】掌握防晒化妆品的配方设计、工艺步骤操作和质量评价。

【素养目标】在防晒乳的配方设计与生产过程中，培养学生形成务实肯干、坚持不懈、精雕细琢的敬业精神；引导学生形成"干一行、爱一行、专一行、精一行"的意识，一丝不苟地专注于化妆品专业知识学习与技能实践。

▶ 任务引入

打版工作流程表参考附表 2。

▶ 任务分析

在开发防晒乳时需要根据产品特点进行配方设计。防晒产品配方主要由防晒剂和基质配方构成。

▶ 相关知识

一、防晒乳的配方设计

防晒产品是发展较快的化妆品之一，市售防晒产品有各种各样的剂型，如膏霜、乳液、微乳液、凝胶、喷雾剂、摩丝和棒型防晒产品等。在功效方面，除防晒作用外，兼有抗自由基、免疫保护、防沙、防昆虫叮咬以及美容作用。

（一）防晒产品配方设计要求

防晒产品是一种功能性明确且专一的产品，主要是确保其防晒功能真实有效。要做到这一点，需考虑各种因素，如防晒剂的选择、基本的配伍、抗水性能、光稳定性、剂型和包装等。防晒产品目标配方设计应考虑以下几方面因素。

1. 根据防晒系数要求，设定产品防晒系数（SPF）

防晒产品 SPF 值为 8~12，提供一般的防晒伤作用；防晒产品 SPF 值为 12~20，提供较高的防晒伤作用；防晒产品 SPF 值为 20~30，最高达到 $SPF50^+$，可提供更高的防护晒伤作用。

2. 产品的目标防护波段

产品除标识 SPF 值外（UVB 波段防护），有的还标识 UVA 波段防护（如 PA^+、PA^{++}、PA^{+++} 和 PA^{++++}）。

3. 防水性能

如果产品宣称具有防水性能，则必须符合防水性能测试。防水性能可分为一般抗水性能和优越抗水性能。

4. 产品目标人群

根据产品主要销售对象确定产品预计 SPF 值、PA 类别、防晒剂类别和用量。例如，一般防晒产品的 SPF 值为 12~15，海滨日光浴用的产品需要高 SPF 值（SPF 值为 25~30，甚至 $SPF50^+$），皮肤易过敏的人群，应避免使用可能产生致敏作用的防晒产品。

5. 产品功能性

如含防晒剂的彩妆产品，有驱虫功效的防晒产品，含活性物、抗氧化剂、自由基淬灭剂的防晒抗衰老产品。

6. 产品剂型

如乳液（O/W 或 W/O）、膏霜（O/W 或 W/O）、油、凝胶或气雾等。

7. 产品包装

产品使用包装材料、外形等。

8. 产品目标成本

防晒剂的价格较贵，与其他组分相比，所占成本比例较大，必然在最终产品的价格中反映出来，要有明确的市场定位。

9. 产品外观

尽管防晒产品的主要功能是预防紫外线对皮肤的伤害，产品的外观不会影响其主要功效，但消费者喜欢外观良好的产品，一般外观不够细腻、肤感油腻、在皮肤上留下一层乳白包膜的产品是不受顾客欢迎的。在配方设计中应该综合考虑。

近年来，防晒剂复配使用已成为配方研究的重点，包括 UVB 防晒剂与 UVA 防晒剂之间的复配，也包括有机吸收剂和无机散射剂之间的复配。

（二）防晒剂的作用

1. 防晒剂的选择

各国化妆品法规都列出允许使用的防晒剂的清单及其最高允许含量。不同国家和地区销售的产品，在选择防晒剂时首先考虑这个问题。根据我国《化妆品安全技术规范》（2015 年版）规定，化妆品包括 27 项准用防晒剂，其中化学防晒剂 25 种，物理防晒剂 2 种。防晒剂常用在配方中作为防晒及晒后修复产品的增效成分，防晒剂表见表 7-4。

表7-4　　　　　　　　　防晒剂表

序号	中文名称	化妆品使用时的最大允许浓度	标签上必须标印的使用条件和注意事项
1	3-亚苄基樟脑	2%	
2	4-甲基苄亚基樟脑	4%	
3	二苯酮-3	10%	含二苯酮-3
4	二苯酮-4 二苯酮-5	总量5%（以酸计）	
5	亚苄基樟脑磺酸及其盐类	总量6%（以酸计）	
6	双-乙基己氧苯酚甲氧苯基三嗪	10%	
7	丁基甲氧基二苯甲酰基甲烷	5%	
8	樟脑苯扎铵甲基硫酸盐	6%	
9	二乙氨羟苯甲酰基苯甲酸己酯	10%	
10	二乙基己基丁酰胺基三嗪酮	10%	
11	苯基二苯并咪唑四磺酸酯二钠	10%（以酸计）	
12	甲酚曲唑三硅氧烷	15%	
13	二甲基PABA乙基己酯	8%	
14	甲氧基肉桂酸乙基己酯	10%	
15	水杨酸乙基己酯	5%	
16	乙基己基三嗪酮	5%	
17	胡莫柳酯	10%	
18	对甲氧基肉桂酸异戊酯	10%	
19	亚甲基双-苯并三唑基四甲基丁基酚	10%	
20	奥克立林	10%（以酸计）	
21	PEG-25对氨基苯甲酸	10%	
22	苯基苯并咪唑磺酸及其钾、钠和三乙醇胺盐	总量8%（以酸计）	
23	聚丙烯酰胺甲基亚苄基樟脑	6%	
24	聚硅氧烷-15	10%	
25	对苯二亚甲基二樟脑磺酸及其盐类	总量10%（以酸计）	
26	二氧化钛	25%	
27	氧化锌	25%	

注：其中2021年中国食品药品检定研究院发布了一份《关于征集化妆品禁用原料目录等意见的通知》，将3-亚苄基樟脑列为禁用物质。《化妆品安全技术规范》2022征求意见稿也将3-亚苄基樟脑列禁用物质。因此，目前能使用的化学防晒剂只有24种。

（1）紫外线屏蔽剂。紫外线屏蔽剂通过反射及散射紫外线，从而对皮肤起保护作用，主要成分为无机矿物质，因此也称物理防晒剂或无机防晒剂，常见的紫外线屏蔽剂有二氧化钛、氧化锌、高岭土、滑石粉等。其中，二氧化钛和氧化锌已经被美国食品药品管理局（FDA）列为批准使用的第一类防晒剂，最高配方用量可高达25%（质量分数）。这类防晒剂安全性高、稳定性好，不易发生光毒反应或光变态反应，缺点是易产生光催化活性而刺激皮肤，容易在皮肤表面沉积成厚的白色层，影响皮脂腺和汗腺的分泌。

紫外线屏蔽剂通常是一些不溶性颗粒，该颗粒的直径大小直接影响其紫外线屏蔽作用。二氧化钛是以抵御UVB辐射为主的物理防晒剂，具有安全无毒、化学性质稳定、紫外线屏蔽效率高、良好的耐受性、优异的分散性和透明性以及适宜的粒径范围等特性，在化妆品防晒配方中广泛使用。氧化锌是抵御以UVA辐射为主的物理防晒剂。

（2）紫外线吸收剂。紫外线吸收剂能够吸收紫外线，将吸收的能量转化为无害的热能等形式释放出去，也称化学防晒剂或有机防晒剂，常见紫外线吸收剂包括以下几种类型。

①水杨酸酯类。水杨酸酯类是使用较早的一类紫外线吸收剂。它本身对紫外线吸收能力很低，而且吸收的波长范围极窄（小于340 nm），但在吸收一定能量后，由于发生分子重排，形成了防紫外线能力强的二苯甲酮结构，从而产生较强的光稳定作用。水杨酸酯类对皮肤相对安全，而且在产品体系中复配性好，具有稳定、润滑、不溶于水等性能，水溶性的水杨酸盐类对于皮肤的亲和性较好，对防晒品的SPF值具有增强作用，并可用于护发用产品的防晒中。

②二苯酮类。二苯酮类对整个紫外线区域都有较强的吸收作用，是一类广谱型紫外线吸收剂，但吸收率较低。这类防晒剂具有很高的热和光稳定性，但易被氧化，故在配制化妆品时，配方中必须加入抗氧化剂。该类化合物有2-羟基-4-甲氧基苯酮、2,2′-二羟基-4,4′-二甲氧基苯酮等，其中使用最广泛的就是羟甲氧苯酮。

二苯酮类在产品中的应用存在一些问题，第一，二苯酮类是芳香酮类，产生的副产物无法在体内新陈代谢；第二，二苯酮类在化妆品的添加中比较难以处理和增溶；第三，虽然二苯酮类具有吸收UVA的能力，但是较弱，特别是在不同的溶剂中表现出不同的吸收能力，在产品配伍方面要求较高；第四，二苯酮类会干扰人体内分泌，因此虽然使用安全，但不建议多用，在防晒产品中尽可能地只是作为辅助防晒剂使用。

二苯酮类及其衍生物多为白色或淡黄色油溶性结晶体或粉末，溶于乙醇，部分型号二苯酮不溶于水，需要完全溶解后才可以加入化妆品中，一般化妆品中使用量为5%~10%（质量分数）。水杨酸酯类可以提高二苯酮类的溶解度，因此通常配合二苯酮类一起使用；二苯酮衍生物羟苯甲酮在使用时一般会考虑光毒性的问题，而且要在含有羟苯甲酮的产品外包装上标注提醒用语。总的来说，由于吸收紫外线光谱宽，二苯酮类及其衍生物在国内外均为常用防晒剂。

③甲氧基肉桂酸酯类。甲氧基肉桂酸酯类能吸收280~310 nm的紫外线，且吸收率高，因此应用比较广泛。甲氧基肉桂酸辛酯（4-甲氧基肉桂酸-2-乙基己酯）是目前世界上最常用的紫外线吸收剂，不溶于水，列入美国Ⅰ类可安全使用的防晒剂，最高用量为10%

（质量分数）。甲氧基肉桂酸辛酯自身两个分子会在紫外线照射下发生加成反应，与丁基甲氧基二苯甲酰基甲烷复配也会发生不可逆的环化加成反应，导致两者防护UVA的能力大幅减弱。

④甲烷衍生物。甲烷衍生物具有高效UVA紫外线吸收能力，适合制备高SPF值的防晒剂。这类防晒剂为微黄色晶粒，具有香气。主要功能为防晒黑，λmax为357 nm，紫外线吸收带为332～385 nm，SPF值与其用量有递增关系，可达9～10。化学防晒剂Parsol 1789，学名为4-甲基-4-乙氧基苯甲酰甲烷，防晒黑效果非常好，缺点是光稳定性差，紫外线照射易分解。

（3）植物源防晒增效成分。植物源防晒增效成分是指具有良好防晒效果的天然植物提取物或天然植物成分。所谓天然防晒剂，就是对紫外线（UVA、UVB）有吸收表征值（SPF、PA）的动植物提取物。目前，植物源防晒成分虽然没收载于《化妆品安全技术规范》的准用防晒剂列表中，但这并不影响它们的防晒效果。天然防晒剂除了防晒还有抗氧化及清除自由基、抗炎、增加免疫力等作用。因此，天然防晒剂具有广阔的应用前景，但是天然防晒剂存在颜色深、溶解性差、防晒效果不高的缺陷，限制了它的应用。

对紫外线具有抵抗作用的天然物质种类有以下几种：蒽醌类化合物、多酚类化合物、黄酮类化合物、维生素、蛋白质、多肽类、油脂等。获取方式包括溶剂提取、物理破碎、基因工程、生物技术等。目前研究表明，黄芩、虎杖、款冬花、黄连、槐米、牡丹皮、地榆、肉桂、大黄、羌活、皂角刺、吴茱萸、菊花、丹参、淡竹叶、素馨花、苍术、茜草、覆盆子、蛇床子、布渣叶等30种中草药对UVB具有比较好的防护效果，黄芩、丁香、红花、橘皮、甘草等对UVA吸收效果比较好。

2. 防晒剂的发展方向

化学防晒剂属于限用物质，无论对人体还是环境均有一定的负面影响。因此，寻找安全、生物可降解的天然防晒剂一直是研究的热点。研究表明，许多天然产物（如杜仲绿原酸、木犀草素、水溶性黄芩苷、阿魏酸和水黄皮籽油等）具备与化学防晒剂相当的UV吸收峰值。虽然这些单一天然产物尚难以达到高防晒系数，但将多种天然产物进行复配，或将天然产物与有机防晒剂、无机防晒剂进行复配时，已展现出可以显著减少有机防晒剂和无机防晒剂使用量的潜力，从而降低它们的潜在危害，加强对肌肤的防护和修护功能，并有利于环境保护。

（三）防晒乳配方的设计

防晒乳配方的基质与一般乳液的大致相似。由于防晒剂是一种功能性添加剂，基质的一些组分有相互作用或影响，在设计配方时需要特别考虑。

防晒乳配方的基质对产品的性能有着重要的影响。一般含醇基质在皮肤上形成的膜较薄，光易透过，本身的紫外线防护作用差；乳液在皮肤上蒸发后成膜，一些残留组分会散射通过膜的光，减弱入射光的强度，从而增加了整个产品的防晒能力。由于配方的差异，其基质自身的防护作用及对防晒剂性能发挥的影响是不同的。

1. 防晒乳的基质选择

（1）油相原料。通常油相原料会对防晒剂在皮肤上的涂展与渗透产生影响，选择铺展性好的油脂作为防晒剂的载体，可有助于防晒剂在皮肤上均匀分散，而使用渗透性强的油脂与防晒剂相溶，可以使防晒剂固定在上皮层。以上两点均有助于产品防晒能力的提高。对散射型防晒剂来说，选择适宜的基质，同样重要。

无机粉体的折射率与光的散射有很大关系，因此在使用二氧化钛、氧化锌等无机散射剂的同时，需要考虑在配方中选用折射率小的基质原料。聚硅氧烷是一种良好的亲脂性载体，也是无机散射剂的分散助剂，其在皮肤上形成的膜牢固度高，抗水性强，可较好地提高配方的 SPF 值。

（2）乳化剂。乳化剂的选择和使用是形成稳定乳液体系的关键，对乳液的结构与性质具有重要影响，而乳液的成膜强度、均匀性、铺展性、耐水性、渗透性等性质都直接影响产品的防晒性能。在选择乳化剂时，还应考虑以下几点：

①优先选择非离子型乳化剂，因为选用安全性较高的非离子型乳化剂，可提高整个防晒产品的皮肤安全性；

②使用最少量的乳化剂，既可以增加产品的安全性，降低成本，又可以防止有水存在下发生过乳化作用而造成防晒剂的损失；

③聚氧乙烯型乳化剂在阳光和氧气的存在下发生自氧化作用，产生对皮肤有害的自由基，所以配方中应少用此类型的乳化剂；

④减少高 HLB 值乳化剂，以提高产品的抗水性。

（3）成膜剂。为了获得较高 SPF 值，防晒产品必须沉积在皮肤表面，并形成一层均匀的、厚的耐水防晒剂层。一些成膜剂有助于达到这个目的，包括 PVP/二十烯共聚物、丙烯酸盐/叔辛基丙烯酰胺共聚物和亲油性的季铵化十二烷基纤维素醚等。丙烯酸盐/叔辛基丙烯酰胺共聚物为疏水性，是有效封闭剂，可减少水分透过皮肤的损失，有调理作用和定香作用，最适用于防水性防晒产品，特别适合于以二氧化钛为基质的防晒霜。

二、防晒产品的功效评价方法

（一）防晒效果人体测试方法

1. 志愿者的要求

（1）选 18~60 岁健康志愿受试者，男女均可。

（2）参加 SPF 值测试的受试者皮肤类型为 Ⅰ、Ⅱ、Ⅲ 型，即对日光或紫外线照射反应敏感，照射后易出现晒伤而不易出现色素沉着者。参加防晒化妆品长波紫外线防护指数（PFA）试验的受试者皮肤类型为 Ⅲ、Ⅳ 型，即皮肤经紫外线照射后出现不同程度色素沉着者。

（3）既往无光感性疾病史，近期内未使用影响光感性的药物；受试部位的皮肤应无色素沉着、炎症、瘢痕、色素痣、多毛等；妊娠、哺乳、口服或外用类固醇皮质激素等抗炎药物，或近一个月内曾接受过类似试验者应排除在受试者之外。

（4）试验前应由经过培训的科研人员或技术员对每个受试者进行检查筛选，保证受试者健康安全；为了保证受试者参加一次试验后所引起的皮肤晒黑或色素沉着有足够的时间消退，受试者参加两次 SPF 值试验的间隔时间应为 2 个月以上。所有受试者均应签署知情同意书。

2. 受试者人数

每种防晒化妆品的测试人数最少 10 例，最大 25 例。

3. 光源要求

必须是氙弧灯日光模拟器并配有过滤系统。

4. 操作过程

（1）受试者体位：照射后背，可采取前倾位或俯卧位。

（2）样品涂布面积不小于 30 cm^2。

（3）样品用量及涂布方法：按 2 mg/cm^2 的用量称取样品，使用乳胶指套将样品均匀涂布于试验区内，等待 15 min。

（4）需要同时测定防晒标准品作为对照；皮肤至少应分 3 区：第一区直接用紫外线照射，第二区涂抹测试样品后进行照射，第三区涂抹标准对照品后进行照射。

（5）单个光斑的最小辐照面积不应小于 0.5 cm^2。

（6）照射时紫外线的剂量依次递增，增幅最大不超过 25%。增幅越小，所测的 PFA 值、SPF 值越准确。

5. SPF 值测定方法

测定受试者紫外线最小红斑量（MED）：应在测试产品 24 h 以前完成。在受试者背部皮肤选择一块照射区域，取 5 个点用不同剂量的紫外线照射，16~24 h 后观察结果。在试验当日需同时测定下列三种情况下的 MED 值。

（1）测定受试者未防护皮肤的 MED 值。

（2）测定在产品防护情况下受试者皮肤的 MED 值。

（3）测定标准样品防护下受试者皮肤的 MED 值。

SPF 值的计算：计算样品防护全部受试者 SPF 值的算术平均数，取其整数部分即为该测定样品的 SPF 值（以受试者 20 人计）。

$$个体 SPF_i = 涂防晒化妆品的 MED / 不涂防晒化妆品的 MED \tag{7-1}$$

$$产品\ SPF = \sum SPF_i / 20 \tag{7-2}$$

6. PFA 值测定方法

检验前 24 h 预测受试者皮肤对紫外线照射的最小黑化量（MPPD 值），根据预测结果调整紫外线照射量，用于检验样品。其他步骤和流程参考 SPF 值测定方法。2~4 h 后观察结果，分别记录三种情况下的 MPPD 值。

PFA 值计算公式：

$$PFA = MPPD_p / MPPD_u \tag{7-3}$$

式中　$MPPD_p$——测试产品所保护皮肤的 $MPPD$ 值；
　　　$MPPD_u$——未保护皮肤的 $MPPD$ 值。

PFA 值的计算：计算样品防护全部受试者 PFA 值的算术平均数，取其整数部分即为该测定样品的 PFA 值。

（二）化妆品防水性能人体测试

1. 一般抗水性的测试

若产品宣称具有抗水性，则所标识的 SPF 值应当是该产品经过下列 40 min 的抗水性试验后测定的 SPF 值（前后测定值相差不超过 50%）。

（1）在皮肤受试部位涂抹防晒品，等待 15 min 或按标签说明书要求进行；
（2）受试者在水中中等量活动或水流以中等程度旋转 20 min；
（3）出水休息 20 min（勿用毛巾擦试验部位）；
（4）入水再中等量活动 20 min；
（5）结束水中活动，等待皮肤干燥（勿用毛巾擦试验部位）；
（6）按前面规定的 SPF 值测定方法进行紫外线照射和测定。

2. 优越抗水性的测试

若产品宣称具有优越抗水性，则所标识的 SPF 值应当是该产品经过下列 80 min 的抗水性试验后测定的 SPF 值（前后测定值相差不超 50%）。

（1）在皮肤受试部位涂抹防晒品，等待 15 min 或按标签说明书要求进行；
（2）受试者在水中中等量活动或水流以中等程度旋转 20 min；
（3）出水休息 20 min（勿用毛巾擦试验部位）；
（4）入水再中等量活动 20 min；
（5）步骤（3）-（4）-（3）-（4）再循环两次；
（6）结束水中活动，等待皮肤干燥（勿用毛巾擦试验部位）；
（7）按规定的 SPF 值测定方法进行紫外照射和测定。

3. 结果判定示例

防晒类化妆品防水性能测定结果判定：

被测物防水测定前标识的 SPF 值为＊＊，人体测定结果显示，所检样品的洗浴后 SPF 值为＊＊，洗浴后测定的数值减少小于（超过）50%，则该样品可（不得）标识具有一般防水性用途。

对照标准品：8% 胡莫柳酯（水杨酸三甲环己酯），SPF 值为 4.47 ± 1.297。

（三）化妆品防晒效果评价（仪器测定）

1. 实验原理

根据紫外线吸收剂和屏蔽剂可以阻挡紫外线的性质，将防晒剂或防晒化妆品涂在透气胶带、人造皮肤或特殊底物上，利用紫外分光光度计法测定样品在不同波长的 UVB、UVA 照射下的吸光度值或紫外吸收曲线，依据测定结果粗略估计其防晒效果。

Labsphere UV-1000S 紫外透射率分析仪比紫外分光光度计更进一步，增加了软件程序，不仅考虑了样品对紫外线的吸收因素，还综合了不同纬度下的日光光谱辐射及日光光谱红斑效应等影响，可将测定结果及其他实验因素转换成 SPF 值直接显示。

2. 紫外分光光度法

UVB 区检测波长为 285 nm、290 nm、295 nm、300 nm、305 nm、310 nm、315 nm 和 320 nm。

将制备好的比色皿样品放到 35 ℃ 干燥箱中，干燥 30 min。

分别测定 UVB 区设定波长的紫外吸光度值，然后取各测定数值的算术平均数，依次测定五个平行样品，得出五个样品的均值，再计算五个样品均值的算术平均数，即为该测试样品的吸光度 $A_{样}$。

测试结果评价：

（1）若 $A_{样} < 1.0 \pm 0.1$，表示该样品无防晒效果。

（2）若 $A_{样} = 1.0 \pm 0.1$，表示该样品具有低级防晒效果，适用于冬日、春秋早晚和阴雨天。

（3）若 $1.0 < A_{样} < 2.0 \pm 0.2$，表示该样品具有中级防晒效果，适用于中等强度阳光照射。

（4）若 $A_{样} > 2.0$，表示该样品具有高级防晒效果，适用于夏日光照或户外活动、旅游等。

3. SPF 分析仪测定法

（1）将 3M 胶带固定于特制的石英玻璃板（8.0 cm×7.7 cm）上。

（2）精确称取待测样品，以 2 mg/cm^2 用量将样品均匀涂抹在石英板的 3M 胶带上。

（3）将制备好的样品置 37 ℃ 干燥箱中，放置 10 min。

（4）接通电源，预热仪器，测定样品的 SPF 值。每样品板测定点不得少于 6 个点。

（5）SPF 标准品测定过程同（1）~（4）。通过软件分析后直接显示 SPF 值。

4. 仪器法的特点

优点：具有烦琐费时的人体功效评价方法无法比拟的优点，简单快捷、费用低微且不对人体造成损伤，适用于需要反复测量产品 SPF 值的研发工作中。

缺点：不同仪器测定的 SPF 值之间或者仪器测定值与人体测定值之间有时差别很大，给监管带来困难。

仪器法违背了 SPF 值的基本概念，忽略了应用防晒化妆品后皮肤的反应，只检测了样品中紫外线吸收剂单一因素，没有考虑其他成分的影响，无法对防晒化妆品的防晒效果进行科学合理的综合评价。

三、设备

真空乳化机。

四、工艺

同乳液类化妆品工艺。

五、产品的质量评价指标

(一) 感官指标表 (见表7-5)

表7-5　　　　　　　　　　　　感官指标表

项目	指标
外观	均匀一致
香气	符合规定香型

(二) 理化指标表 (见表7-6)

表7-6　　　　　　　　　　　　理化指标表

项目	指标
pH值 (25 ℃)	4.0~8.5 (pH值在上述范围内的产品按企业标准执行)
耐热	(40±1)℃保持24 h, 恢复至室温后无分层现象
耐寒	(−8±2)℃保持24 h, 恢复至室温后无分层现象

(三) 微生物指标表 (见表7-7)

表7-7　　　　　　　　　　　　微生物指标表

项目	指标
菌落总数/(CFU/g 或 CFU/mL)	≤1 000
霉菌和酵母菌总数/(CFU/g 或 CFU/mL)	≤100

(四) 加速试验表 (见表7-8)

表7-8　　　　　　　　　　　　加速试验表

项目	指标
耐热稳定性试验	(40±1)℃保持7~30天, 恢复至室温后, 观察膏体外观、油水分离现象等
耐寒稳定性试验	(−8±2)℃保持7~30天, 恢复至室温后, 观察膏体外观、油水分离现象等
耐热耐寒循环试验	(40±1)℃保持7天, 恢复至室温后, (−8±2)℃保持7天, 恢复至室温后, 观察膏体外观、油水分离现象等

(五) 感官评价表 (见表7-9)

表7-9　　　　　　　　　　　　感官评价表

项目	指标	结果
"看"色泽	色泽均匀, 柔和与肤色配合融洽度好	
"闻"气味	气味纯正, 与标样香型一致	

续表

项目	指标	结果
比较外质地	具有一定的流动性且表面光滑、乳化均匀、无杂质、无乳化体粒子过粗或油水分层现象	
使用感	护肤产品在使用过程中的感官效果一般指使用感（如滑爽、润滑、黏稠、干燥或油腻）、延展性（是否容易涂敷，涂布层均匀度）、清爽度、渗透性、防水性等	

六、常见配方工艺问题及其原因解析

（一）出油

可能原因：乳化剂和油脂的选择、搭配、用量不合理，如配方体系中含有大量油脂及防晒剂却使用了硅油包水的乳化剂，或者乳化剂的量过多或者过少都会引起配方体系的出油现；油相各原料的相容性，如配方中使用了大量的彼此之间相容性并不好的硅油以及防晒剂，却未添加适量对两者均具有良好相容性的油脂，如异壬酸异壬酯等；增稠悬浮成分（如增稠悬浮剂）的添加量不够，易造成粉类的沉降，从而导致配方体系的出油现象。

措施：改进配方。

（二）破乳

可能原因：乳化剂的添加量过少，会使得分散相和连续相的界面膜较薄，引起分散相的聚集等，从而导致破乳；低温测试下破乳。

措施：通过添加适量的无机盐及多元醇，帮助在分散相及连续相的界面形成双电子层，并且降低水相的冰点来改善；生产工艺中如果均质乳化的时间及强度不够，易导致破乳；通过在乳化的时候增大乳化强度，以及增加乳化时间来改善。

（三）粉体聚集

可能原因：配方中使用油脂与粉体表面处理剂不相容时，也会导致粉体的聚集。

措施：改善粉体的分散工艺，如使用胶体磨、碾磨机等使得粉体在配方的油相中分散完全；尽可能选用同粉体表面处理剂相容性好的油脂。

（四）防水性差

可能原因：成膜性差；配方中亲水性的乳化剂太多。

措施：添加适量的防水成膜剂，调整合适亲水性的乳化剂用量，采用油包水乳化体系。

》任务实施

一、设计的配方及工艺（参考附表3 配方设计记录表）

二、打样

（一）打样前准备

1. 按实训室6S做好打样前准备。

2. 准备原料和仪器。

3. 设备仪器的清洁消毒。

4. 原料进行预处理。

（二）打样的过程

填打样记录。打样记录表参考附表4。

1. 仪器与原料

（1）仪器：烧杯、玻璃试管、温度计、电炉、搅拌器、玻璃棒、电子天平、pH 计、离心管、恒温烘箱、冰箱、高速均质机、旋转黏度计。

（2）原料：乳化剂 TGI、乳化剂 P-135、油性纳米级二氧化钛（NT200B）、异壬酸异壬酯（INO）、鲸蜡醇乙基己酸酯（EHO）、GTCC、硬脂酸镁、Parsol 1789、Parsol MCX、Escalol 567、羟苯丙酯、纯化水、甘油、丙二醇、硫酸镁、羟苯甲酯、环五聚二甲基硅氧烷（CM5）、苯氧乙醇、香精等。

2. 配方及操作步骤

（1）配方表。防晒乳配方表见表 7 – 10。

表 7 – 10　　　　　　　　　　防晒乳配方表

项目	序号	原料商品名	作用	质量分数/%	备注
A 相	1	乳化剂 TGI	乳化	3.0	
	2	乳化剂 P-135	乳化	2.0	
	3	NT200B	防晒	10	
	4	INO	润肤	6	
	5	EHO	润肤	3	
	6	GTCC	润肤	2	
	7	硬脂酸镁	稳定	0.5	
	8	Parsol 1789	防晒	1.5	
	9	Parsol MCX	防晒	3.0	
	10	Escalol 567	防晒	2.5	
	11	羟苯丙酯	防腐	0.1	
B 相	12	纯化水	稀释	51.85	
	13	甘油	保湿	5	
	14	丙二醇	保湿	5	
	15	硫酸镁	防腐	1	
	16	羟苯甲酯	防腐	0.15	
C	17	CM5	润肤	3	
D	18	苯氧乙醇	防腐	0.3	
	19	香精	芳香	0.1	

（2）操作步骤：

①准确称取 B 相（水相）于烧杯中，温度控制在 80~85 ℃，加热搅拌溶解，降温；

②准确称取 A 相（油相）于烧杯中，温度控制在 80~85 ℃，加热搅拌溶解，均质 2~3 min（4 000~5 000 r/min）；

③油相、水相降温至 60 ℃，将 B 加入 A 搅拌溶解，均质 2~3 min；

④将水相缓慢倒入油相中，搅拌乳化 3~5 min，均质 3~5 min（4 000~5 000 r/min）；

⑤搅拌冷却至 50 ℃以下，加入 C 相，搅拌均匀；

⑥搅拌冷却至 45 ℃以下，加入 D 相，搅拌均匀，再均质 2~3 min（4 000~5 000 r/min）；

⑦继续搅拌冷却至常温，即可出料。

【操作提示】

1. 操作过程要加 1%~2%（质量分数）的补充水。

2. 注意水相加入油相时要缓慢加入，快速搅拌。

3. 香精、液体状防腐剂和活性物质要低温加入，防止香精挥发或活性成分降解。

三、质量评价及配方改进

（一）打样样品的质量评价

对打样样品进行质量评价，填写防晒乳质量评价表见表 7-11。

表 7-11　　　　　　　　　防晒乳液质量评价表

产品名称			生产日期		生产批号	
项目			指标		结果	
外观			膏体应细腻，均匀一致（添加不溶性颗粒或不溶粉末的产品除外）			
香气			符合规定香型			
pH 值（25 ℃）			—			
耐热			(40±1)℃保持 24 h，恢复至室温后渗油率≤3%			
耐寒			(-8±2)℃保持 24 h，恢复室温后与试验前无明显性状差异			
菌落总数/(CFU/g 或 CFU/mL)			≤1 000			
霉菌和酵母菌总数/(CFU/g 或 CFU/mL)			≤100			
稳定性试验		耐热稳定性试验	(40±1)℃保持 7~30 天，恢复至室温后，观察膏体外观、油水分离现象、渗油率等			
		耐寒稳定性试验	(-8±2)℃保持 7~30 天，恢复至室温后，观察膏体外观、油水分离现象等			
		耐热耐寒循环试验	(40±1)℃保持 7 天，恢复至室温后，(-8±2)℃保持 7 天，恢复至室温后，观察膏体外观、油水分离现象、渗油率等			

（二）打样样品感官评价

对打样样品进行感官评价，填写感官评价表7-9。

（三）配方改进

根据打样质量评估结果进行分析，确定改进措施和方法。

》任务测评

任务结束后填写设计任务测评表，见表7-12。

表7-12　　　　　　　　　　设计任务测评表

序号	考核内容	考核标准	配分	得分
1	配方设计项目	能准确选用防晒乳原料设计配方	40	
2	配方打样项目	能按操作规程进行防晒乳打样	40	
3	6S管理	遵守6S管理	20	
		合计	100	

任务三　总结与归档

》学习目标

【知识目标】能配合生产部门解决大规模工业化生产出现的偏差。

【技能目标】能评价生产产品的质量；能核对订单任务；审核打版记录；提供检验报告；对产品审核放行；对产品留样及质量追溯管理；总结与归档。

【素养目标】通过对防晒乳配方的设计与生产实践，引导学生理解持之以恒、精益求精、开拓创新的企业文化的相关内容。

》任务引入

接上一任务。

》任务分析

上一任务已了解课题设计任务，进一步对设计结果进行统计、分析、总结归档。

》任务实施

参考模块二——课题一——任务四的步骤。

》任务测评

任务结束后填写任务测评表，见表7-13。

表 7-13　　　　　　　　　　　　任务测评表

序号	考核内容	考核标准	配分	得分
1	素质考核	课堂出勤率、学习态度、行为规范	30	
2	课堂表现	课堂互动、团队协作、创新建议	30	
3	专业知识	防晒乳配方设计能力	40	
	合计		100	

思考与练习

一、单项选择题

1. 防止紫外线对皮肤的伤害的防护机制不包括（　　　）。
   A. 对紫外线的反射　　　　　　　　B. 对紫外线的散射
   C. 对紫外线的吸收　　　　　　　　D. 对紫外线的激发

2. 紫外线导致皮肤黑化，又称"黑光区"是（　　　）。
   A. 短波紫外线（UVC）　　　　　　B. 可见光区
   C. 中波紫外线（UVB）　　　　　　D. 长波紫外线（UVA）

3. 下属于物理防晒剂的是（　　　）。
   A. 甲氧基肉桂酸乙基己酯　　　　　B. 聚硅氧烷-15
   C. 胡莫柳酯　　　　　　　　　　　D. 纳米二氧化钛

二、简答题

1. 防晒乳的配方设计要考虑哪些因素？
2. 紫外线对皮肤的伤害包括哪些？
3. 如何评价防晒产品的功效？

课题二　美白霜配方设计

俗话说"一白遮百丑"，在我国女性消费者中，对肌肤白皙的追求是她们使用化妆品的重要诉求之一，因此美白类化妆品在中国乃至亚洲深受消费者欢迎。化妆品企业也十分看好这一市场，纷纷推出自己的美白产品。对黄皮肤及黑皮肤的人来说，美白产品的主要作用是使皮肤颜色变浅或变白，同时使色调均匀；而白皮肤的人则期望美白产品能遮盖雀斑、晒斑等烦恼。本课题将介绍美白霜的配方设计。

任务一　接受任务订单

》学习目标

【知识目标】能识读任务书；了解美白化妆品的类型。

【技能目标】能初步评估订单的可行性（包括生产范围、生产能力、法规符合性等）；掌握美白化妆品的设计原则。

【素养目标】在对美白化妆品的配方设计与生产实践的过程中，引导学生掌握实践和认识的辩证关系原理；引导学生理解"实践是检验真理的唯一标准"的相关内容，发挥主观能动性，主动参与实践，在不断实践中，研发出更符合消费者需求的美白化妆品。

》任务引入

×× 化妆品公司接到 A 公司的美白霜 OEM 订单。生产 ×××牌美白霜 10 万瓶。

》任务分析

本次 OEM 订单任务为首次业务，需要 A 公司提交配方工艺资料，取得特殊化妆品注册批件，公司研发部按客户提供的需求进行打版，经客户确认后，采购物料投入生产，在供货期内完成产品加工、检验合格。订单内容包括订单品牌、规格、数量、销售的国家或地区（涉及原料和产品的要求）、配方工艺、质量指标美白祛斑功效评价、成本核算、交货日期、储运条件等。

美白化妆品一般是指有助于减轻或减缓皮肤色素沉着，达到皮肤美白、增白效果的化妆品。由于此类产品风险程度相对较高，《化妆品监督管理条例》明确其属于特殊化妆品范畴并实行注册管理。

从配方角度，除了以物理遮盖方式达到美白、增白效果外，目前美白化妆品的生理机理主要包括抑制黑色素的生成、阻断黑色素的转运、还原黑色素、促进表皮黑色素的脱落等。根据配方中所用具体美白剂不同，产品的美白作用通常是通过其中一种或多种机理及原料组合来体现的。

在我国及日本、韩国化妆品中常用的美白剂包括熊果苷、烟酰胺、光甘草定、苯乙基间苯二酚、抗坏血酸（即维生素 C）、抗坏血酸葡糖苷、3-邻-乙基抗坏血酸、抗坏血酸磷酸酯镁、氨甲环酸、甲氧基水杨酸钾、红没药醇等。其中，美白植物成分主要包括油溶性甘草提取物、构树叶提取物、母菊花提取物等。二氧化钛、氧化锌、云母、滑石粉等原料是常用的物理美白成分。

在我国通过物理遮盖形式达到皮肤美白、增白效果的产品归于祛斑美白类化妆品管理，不过这类产品数量相对较少，许可批件上的产品类别处印有"祛斑美白类（仅具有物理遮盖作用）"字样，在此类产品标签上也需要明确标注"仅具有物理遮盖作用"以示区分。这类产品仅仅是起临时的遮盖性美白作用，并不会真正使原有皮肤颜色变白，因此在设计和选购祛斑美白化妆品时要特别注意这两类产品的区别。

由于产品拟在国内销售，产品和所用原料符合《化妆品安全技术规范》（2015 年版）和《已使用化妆品原料目录（2021 年版）》的规定，产品符合行业标准《润肤膏霜》（QB/T 1857—2013）。根据《化妆品功效宣称评价规范》规定，自 2022 年 1 月 1 日起，新申请注册的防晒类化妆品，应当由化妆品注册和备案检验机构按照强制性国家标准、技术规范的要求开展人体功效评价试验，并出具报告。由化妆品注册人、备案人在国家药品监督管理局指定的专门网站上传产品功效宣称依据的摘要。同时，自 2022 年 5 月 1 日起施行的《化妆品标签管理办法》规定，化妆品中文标签应当标注全成分，化妆品配方中存在含量不超过 0.1%（质量分数）的成分的，所有不超 0.1%（质量分数）的成分应当以"其他微量成分"作为引导语引出另行标注，可以不按照成分含量的降序列出。

》相关知识

一、美白霜的质量指标

美白霜的质量指标见表 7-14。

表 7-14　　　　　　　　　　　美白霜的质量指标

	项目	水包油型（O/W）	油包水型（W/O）
感官指标	外观	膏体应细腻，均匀一致（添加不溶性颗粒或不溶粉末的产品除外）	
	香气	符合规定香型	
理化指标	pH 值（25 ℃）	4.0 ~ 8.5（pH 值在上述范围内的产品按企业标准执行）	—
	耐热	(40±1)℃保持 24 h，恢复至室温后膏体无油水分离现象	(40±1)℃保持 24 h，恢复至室温后渗油率≤3%
	耐寒	(-8±2)℃保持 24 h，恢复室温后与试验前无明显性状差异	—
微生物学指标	菌落总数/(CFU/g 或 CFU/mL)	≤1 000	
	霉菌和酵母菌总数/(CFU/g 或 CFU/mL)	≤100	
	耐热大肠菌群/(g 或 mL)	不得检出	
	金黄色葡萄球菌/(g 或 mL)	不得检出	
	铜绿假单胞菌/(g 或 mL)	不得检出	
有害物质	汞/(mg/kg)	≤1	
	铅/(mg/kg)	≤2	
	砷/(mg/kg)	≤10	
	镉/(mg/kg)	≤5	

注：部分美白剂需测定配方中美白剂成分的含量，如苯乙基间苯二酚。熊果苷颗粒还需测定有效物质氢醌的残留量等。

二、皮肤美白的原理

在皮肤代谢循环过程中,存在于黑素细胞组织中的酪氨酸在酪氨酸酶、多巴色素互变酶、二羟吲哚羧酸(DHICA)氧化酶作用下经多巴、多巴胺、多巴色素、二羟基吲哚等中间体逐步转化成为真黑素。目前,常用的美白剂主要通过抑制黑素细胞增殖、抑制酪氨酸酶、加速角质层脱落等方式,最终起到干预黑色素的形成与代谢来发挥美白功效。这种途径虽然能够达到一定的美白效果,但在美白的同时也存在一定的风险。在保证黑色素对皮肤的保护作用的条件下,寻找新型、安全美白活性物质。通过改善皮肤肤色、促使色素分布均匀、促进血液循环、促进皮肤的新陈代谢、抑制炎性因子释放、改善胶原蛋白分布等多种途径达到美白的效果。既能达到肌肤美白的功效,又可以保持皮肤健康。

美白原料的作用机理包括以下几种。

(一)还原黑色素

此类原料可将氧化状态的黑色素还原成为无色的还原型黑色素。此类原料一般具有抗氧化作用,如维生素C类及其衍生物。另外,谷胱甘肽、光甘草定、茶多酚、桑白皮提取物等都有这种效果。这类原料非常安全、温和,但在停用后无色还原状态的黑色素会自行缓慢氧化为正常的黑色素。

(二)抑制酪氨酸酶

大多数美白剂的作用机理是抑制酪氨酸酶的活性。这个机理又可以细分为以下几类:

1. 美白剂与铜离子发生螯合作用,将酪氨酸酶加以凝结,使其失去活性。
2. 竞争性抑制酪氨酸酶。
3. 抑制酪氨酸酶、多巴色素互转酶、DHICA氧化酶的活性。常见的原料有苯二酚的衍生物、曲酸及其衍生物、壬二酸等。

(三)阻止黑色素聚集或转移抑制剂

烟酰胺可以抑制黑色素转移到角质形成细胞中,以达到美白效果。传明酸可抑制酪氨酸酶和黑素细胞的活性,并且防止黑色素聚集,如维生素A酸。

(四)角质剥脱剂–剥离黑色素

皮肤老化时表皮新陈代谢的速度减慢,角质层常不能及时脱落,从而使皮肤表面粗糙。使用温和的角质剥脱剂可促进老化角质层中细胞间的键合力减弱,加速细胞更新速度和促进死亡细胞脱离等来达到改善皮肤状态的目的,有使皮肤表面光滑、细腻、柔软的效果,对皮肤具有除皱、抗衰老作用。化妆品成分中常用的角质剥脱剂有 α-羟基酸(AHA)和 β-羟基酸(BHA)。

≫ 任务实施

对合同订单进行分析评价:根据合作方资质、提供资源、法规要求、质量标准、生产范围、生产能力等做出任务分析评估报告。

任务分析评价报告参考附表1。

任务测评

任务结束后填写任务测评表,见表 7-15。

表 7-15　任务测评表

序号	考核内容	考核标准	配分	得分
1	素质考核	课堂出勤率、学习态度、行为规范	30	
2	课堂表现	课堂互动、团队协作、创新建议	30	
3	专业知识	美白霜的质量指标、皮肤美白的原理	40	
		合计	100	

任务二　配方设计、打版与产品质量分析

学习目标

【知识目标】了解美白霜配方结构和配方设计原则。

【技能目标】掌握美白霜配方的设计、工艺步骤操作和质量评价。

【素养目标】在对美白霜进行配方设计与生产的同时,通过"大国工匠·匠心报国"楷模的事迹案例分享的方式,引导学生学习楷模精神,引导学生理解"爱岗敬业"中所包含的社会需求与实现个人价值的有机统一,并运用到自身的实践中。

任务引入

打版工作流程参考附表 2。

任务分析

在开发美白霜时需要根据产品特点进行配方设计。美白产品是发展较快的化妆品之一,市售美白产品有各种各样的剂型,如膏霜、乳液、微乳液、凝胶、喷雾剂等美白产品,在功效方面,除美白作用外,兼有抗衰老、遮瑕、保湿、润肤及防晒作用。美白产品配方主要由美白剂和基质配方构成。美白剂的选择是美白化妆品配方的核心所在,对美白产品的性能具有决定性的影响。近年来,美白剂复配使用已成为配方研究的重点,包括不同作用机理化学美白剂之间的复配,也包括物理遮盖作用美白剂的复配。

相关知识

一、美白霜的配方设计

在设计美白化妆品配方时,可以考虑加入防止黑色素的生成类物质、促进渗透剂、保湿

类物质等。配方基质参考膏霜的配方工艺。

(一) 美白剂的选择

各国化妆品法规都列出允许使用的美白剂的清单及其最高允许含量。不同国家和地区销售的产品,在选择美白剂时首先考虑这个问题。美白剂常用在配方中作为美白及晒后修复产品的增效成分,美白剂的作用及功效见表7-16。

表7-16 美白剂的作用及功效

分类	原料名称	INCI中文名称	作用及功效
酪氨酸酶活性抑制剂	熊果苷	熊果苷	在不具备黑素细胞毒性的浓度范围内抑制酪氨酸酶的活性,阻断多巴及多巴醌的合成,从而抑制黑素的生成
	曲酸	曲酸	曲酸与酪氨酸酶中的铜离子螯合,使铜离子失去作用,进而使缺少铜离子的酪氨酸酶失去催化活性,最终达到抑制黑色素生成、皮肤美白的效果
	甘草提取物	甘草提取物	抑制酪氨酸酶、多巴色素异构酶活性,阻碍5,6-二羟基吲哚聚合
	壬二酸	壬二酸	抑制酪氨酸酶活性,对黑素细胞具有抗增殖和毒性作用
	红景天提取物	红景天提取物	具有很强的抗氧化作用,能抑制酪氨酸酶活性,阻止黑色素形成
黑色素运输阻断剂	维生素A酸	—	对酪氨酸羟化酶、多巴氧化酶、二羟吲哚氧化酶都有抑制作用,对酪氨酸酶活性和黑色素成分无影响
还原剂	维生素C及其衍生物	抗坏血酸	抗坏血酸不仅能还原黑色素,还能参与体内酪氨酸代谢,减少黑色素生成以及与黑色素作用,淡化、减少黑色素沉积,达到美白功效
	维生素E及其衍生物	生育酚(维生素E)	抗氧自由基;还原黑色素
化学剥脱剂	果酸	熊果酸等	软化角质层、促进含有黑色素的角质形成细胞脱落
内皮素拮抗剂	洋甘菊提取物	洋甘菊提取物	阻止内皮素与黑素细胞膜受体结合,抑制黑素细胞分化、增殖;间接抑制酪氨酸酶活性,干扰黑色素形成
其他化合物	烟酰胺	维生素B_3	具有抑制黑色素转移到角质层形成细胞的作用,从而实现美白效果
	氨甲环酸	传明酸	是一种蛋白酶抑制剂,能抑制蛋白酶对肽键的水解作用,可抑制色素沉着

注:国家药品监督管理局发布的《美白祛斑类化妆品中有哪几类功能性成分?》和《浅谈美白化妆品与美白剂》专题,均对美白原料进行了介绍。

1. 抑制黑色素生成的美白剂

黑色素是影响皮肤白皙最主要的一类色素,抑制黑色素的生成就是美白产品的一个终极目的。黑色素是在黑素细胞内生成的,而黑素细胞存在于皮肤表皮的基底层,所以这类功能性成分必须渗透入皮肤，到达基底层才可发挥其功效，这是一个比较难解决的问题，因为角质层的天然屏障是很难透过的，因此这也是许多美白化妆品作用不理想的一个很重要的原因。目前，市场上常用的抑制黑色素生成的美白剂主要有熊果苷及其衍生物、曲酸及其衍生物、维生素C及其衍生物、内皮素拮抗剂、甘草黄酮、花青素，以及绿茶、杜鹃花、葡萄籽、红景天等植物提取物。

2. 阻断黑色素转运的美白剂

黑色素在黑素细胞内生成后，黑素体会沿黑素细胞的树枝状突起转运到周围的角质形成细胞，影响皮肤颜色。黑素运输阻断剂能够降低黑素体向角质形成细胞的传递速度，减少各表皮细胞层的黑素含量，达到美白作用，如烟酰胺、壬二酸、绿茶提取物等。

3. 剥脱剂

此类物质通过软化角质层，加速角质层死亡细胞脱落，促进表皮新陈代谢，使进入表皮中的黑素体在代谢过程中随表皮的快速更新而脱落，以减轻其对皮肤颜色的影响，如果酸、溶角蛋白酶等。其中，果酸化学性的剥脱作用刺激性较强，用量不能过大，而溶角蛋白酶属于生物性的剥脱剂，作用温和，一般不会产生刺激。

上述三类物质都是针对黑色素产生作用的美白剂，第一类是从源头抓起，抑制黑色素的产生；第二类和第三类是针对黑色素已经生成的情况，其中第二类是针对黑素细胞内还没有转运出来的黑色素，第三类是针对已经从黑素细胞内转运出来到达周围角质形成细胞中的黑素体。所以，这三类美白剂是针对黑色素从无到有、到脱离人体的三个不同阶段而产生不同的作用。

祛斑的机制与美白类似，只是祛斑产品针对的是已经产生的色斑，主要是通过添加剥脱剂的方式达到淡化或消除色斑的目的。祛斑化妆品在我国属于特殊用途化妆品，由于美白产品中添加的功能性原料与其相似，所以现在我国也把美白产品作为特殊用途化妆品进行监管。另外，无论是美白还是祛斑，都必须做好日常防晒护理，防止由于紫外线辐射而引起色素沉着的皮肤黑化现象。

不合格的美白祛斑化妆品容易出现汞超标。汞是化妆品中明确规定禁止加入的原料，在《化妆品安全技术规范》（2015年版）中明确指出，化妆品中汞含量≤1mg/kg。氯化氨基汞能够干扰黑色素的生成，美白效果迅速，而且其价格比其他美白原料便宜。因此，一些不正规企业为了满足消费者追求快速美白的心理，添加了这种禁用物质，从而出现汞超标现象。另外，氢醌也是我国禁止使用的美白原料，如果化妆品中有一种特殊的类似医院病房消毒水的气味，就有可能加入了较高浓度的氢醌。氢醌会导致皮肤过敏甚至出现永久性白斑，如白癜风。

（二）美白霜化妆品的功效评估

1. 酪氨酸酶抑制实验

测定离体培养的黑素细胞中酪氨酸酶的活性可以评价美白化妆品的功效。通过测定美白化妆品中有效成分抑制酪氨酸酶的能力评测美白效果，抑制率越高，美白效果越好。L-酪氨酸酶可以从蘑菇中得到，也可以从B16黑色瘤细胞或动物皮肤中得到。L-酪氨酸酶与其底物

L-酪氨酸可以发生催化反应。当在实验体系中添加了有 L-酪氨酸酶活性抑制作用的试剂后，对催化反应可以产生抑制作用，通过测定添加试剂前后于 475 nm 处的吸光度，来评价试剂对 L-酪氨酸酶活性的抑制率。

2. 人体评价方法

可以通过三色分析法的 Lab 色度分析（其中的 L、a、b 分别表示颜色的亮度、红绿色度和黄蓝色度），考察样品对肤色的整体改变。三色分析法是通过检测皮肤表层结构上的紫外可见反射光，采用三维颜色空间分量的定量，来模拟并还原描述人肉眼所看到的物体的颜色，经过计算皮肤亮度的评价指标 ITA 值，来综合评价皮肤的色度，皮肤色素沉着越严重，测量计算得到的 ITA 值越小，详细介绍见国家药品监督管理局发布的《关于将化妆品中防腐剂检验方法等 7 项检验方法纳入化妆品安全技术规范（2015 年版）的通告》（2021 年第 17 号）。

皮肤黑红色素测试仪 MexameterMX18/MPA-9，基于光谱吸收的三原色原理（RGB），通过测定特定波长的光照在人体皮肤上后的反射量来确定皮肤中黑色素和血红素的含量。人体皮肤的颜色主要取决于皮肤中黑色素和血红素（红色素）的含量，经皮肤黑红色素测试仪测试，可提供客观严谨的皮肤黑色素和血红素的含量数据，判断皮肤颜色变化。

二、设备

真空乳化机。

三、工艺

与乳液类工艺流程相似。

四、产品的质量评价指标

（一）感官指标参考表 2-12。

（二）理化指标参考表 2-13。

（三）微生物指标参考表 2-14。

（四）加速试验参考表 2-15。

（五）感官评价参考表 2-16。

五、常见配方工艺问题及其原因解析

护肤膏霜、乳液类化妆品是主要的护肤品类型，常见的质量问题有失水干缩、颜色泛黄、膏体泛粗、黏度异常等。

（一）失水干缩

膏霜乳液为 O/W 型乳化体，外相为水相，保质期内造成此类膏体失水干缩的可能原因包括包装容器密封不好、长时间地放置于高温或者寒冷低湿度环境。另外，膏霜中缺少保湿剂时，也会导致失水干缩。

（二）颜色泛黄

香精或活性成分不稳定、油脂加热温度过高引起颜色泛黄。香精或活性含有易变色成分，如醛类、酚类等，这些成分日久氧化、日光照射或与其他原料作用后色泽泛黄，因此无香精的基体及加入香精的基体须进行平行对照稳定性测试，依此判断是否为香精引起的变化。

变色如果是基体中的成分导致的，可能是选用的原料不稳定，易被空气、日光、水分氧化。当存在铜、铁等金属离子时，变色过程加速，故生产应采用纯化水和不锈钢设备。对于不稳定原料可以改用更为稳定的原料，也可从配方、工艺、包材几个方面减少或抑制变色的因素。

（三）膏体泛粗

膏体泛粗有可能是乳化剂使用不当、乳化剂质量问题、乳化均质力度不够、原料溶解不充分导致。如高级脂肪酸等固态油性原料受温度波动影响，发生再次溶解析出，也可能导致膏体外观变粗。

（四）黏度异常

黏度过大或过小，与增稠剂或固体油相原料有关。过大时，降低增稠剂或固态油相原料的用量；若过小，则反之。

（五）分层（析水、析油）

分层是严重的乳化体破坏现象，多数是由于配方中乳化剂、增稠剂选择不适当所致。可能是乳化剂不耐离子，当膏霜中含有较多电解质时，乳化剂会被盐析，乳化体必然被破坏。另外，生产工艺也可引起分层，如加料方法和顺序、乳化温度、搅拌时间、冷却速度等不同也会引起膏霜不稳定，所以每批产品的生产应严格按照同样的操作工艺进行。

（六）微生物污染

化妆品中微生物的污染按其来源分为一次污染和二次污染。一次污染包括原料污染、容器污染和生产环境污染，如用水不达标、加热灭菌时间短、出料湿度过高，反应容器及盛料、装瓶容器未彻底清洁，原料被污染，包装放置于环境潮湿、尘多的地方。二次污染是指产品在运输、贮藏、销售以及消费使用过程中，被微生物污染，如储存空间未经紫外线灯的消毒杀菌，使用时不注意卫生、使用后未盖紧盖子等。降低产品微生物污染风险，首先要为配方选择合适的防腐体系并通过防腐效力验证，其次要控制好导致污染的因素，特别要做好对用水、原料、包材、生产环节及半成品的微生物检测。

（七）皮肤不良反应

化妆品产生皮肤不良反应表现为使用后皮肤刺激、皮肤过敏等。可能原因为原料质量特别是美白剂不合格、超量超标，产品 pH 值太大或太小，生产运输储存过程中发生微生物污染，不法生产者为追求使用效果而超限度使用限用物质或非法添加激素等药物，消费者未按照说明书指示使用，适用人群、使用部位或使用量不当都有可能导致皮肤不良反应。质量合格的产品由于使用者皮肤条件的差异，也是有可能会发生不良反应的。因此，不能认为发生了不良反应就一定是产品质量存在问题。

（八）活性成分降低

产品的活性成分被氧化、降解。

任务实施

一、设计的配方及工艺（参考附表3 配方设计记录表）

二、打样

（一）打样前准备
1. 按实训室6S做好打样前准备。
2. 准备原料和仪器。
3. 设备仪器的清洁消毒。
4. 原料进行预处理。

（二）打样的过程
填打样记录。打样记录表参考附表4。

1. 仪器与原料

（1）仪器：烧杯、玻璃试管、温度计、电炉、搅拌器、玻璃棒、电子天平、pH计、离心管、恒温烘箱、冰箱、高速均质机、旋转黏度计。

（2）原料：纯化水、甘油、丙二醇、羟苯甲酯、EDTA-二钠、棕榈酸异丙酯（IPP）、辛酸/癸酸甘油三酯（GTCC）、三山嵛精PEG-20酯类（Emulium 22MB）、鲸蜡硬脂醇、聚二甲基硅氧烷（DM100）、羟苯丙酯、熊果苷、氨甲环酸、烟酰胺、苯氧乙醇、香精等。

2. 配方及操作步骤

（1）配方表。美白霜配方表见表7-17。

表7-17　　　　　美白霜配方表

项目	序号	原料商品名	作用	质量分数/%	备注
A油相	1	棕榈酸异丙酯	润肤	6.0	
	2	辛酸/癸酸甘油三酯	润肤	5.0	
	3	三山嵛精PEG-20酯类	乳化	4.0	
	4	鲸蜡硬脂醇	增稠	2.0	
	5	聚二甲基硅氧烷	润肤	1.0	
	6	羟苯丙酯	防腐	0.08	
B水相	7	纯化水	稀释	68.27	
	8	甘油	保湿	5.0	
	9	丙二醇	保湿	3.0	
	10	EDTA-二钠	螯合	0.1	
	11	羟苯甲酯	防腐	0.15	

续表

项目	序号	原料商品名	作用	质量分数/%	备注
C	12	熊果苷	美白祛斑	2.5	
	13	氨甲环酸	美白祛斑	1.5	
	14	烟酰胺	美白祛斑	1.0	
D	15	苯氧乙醇	防腐	0.3	
	16	香精	芳香	0.1	

（2）操作步骤：

①准确称取 B 相（水相）于烧杯中，温度控制在 80~85 ℃，加热搅拌溶解，降温；
②准确称取 A 相（油相）于烧杯中，温度控制在 80~85 ℃，加热搅拌溶解；
③将油相缓慢倒入水相中，搅拌乳化 3~5 min，均质 3~5 min（4 000~5 000 r/min）；
④搅拌冷却至 50 ℃以下，加入 C 相，搅拌均匀；
⑤搅拌冷却至 45 ℃以下，加入 D 相，搅拌均匀；
⑥继续搅拌冷却至常温，即可出料。

【操作提示】

1. 操作过程要加 1%~2%（质量分数）的补充水。
2. 注意水相、油相时要溶解完全。
3. 香精、液体状防腐剂和活性物质要低温加入，防止香精挥发或活性成分降解。

三、质量评价及配方改进

（一）打样样品的质量评价

对打样样品进行质量评价，填写美白霜质量评价表见表 7-18。

表 7-18 美白霜质量评价表

项目		指标	结果
感官指标	外观	膏体应细腻，均匀一致（添加不溶性颗粒或不溶粉末的产品除外）	
	香气	符合规定香型	
理化指标	pH 值（25 ℃）	4.0~8.5（pH 值在上述范围内的产品按企业标准执行）	
	耐热	(40±1)℃保持 24 h，恢复至室温后膏体无油水分离现象	
	耐寒	(-8±2)℃保持 24 h，恢复室温后与试验前无明显性状差异	
微生物标准	菌落总数/(CFU/g 或 CFU/mL)	≤1 000	
	霉菌和酵母菌总数/(CFU/g 或 CFU/mL)	≤100	

续表

项目		指标	结果
稳定性试验	耐热稳定性试验	（40±1）℃保持7～30天，恢复至室温后，观察膏体外观、油水分离现象等	
	耐寒稳定性试验	（-8±2）℃保持7～30天，恢复至室温后，观察膏体外观、油水分离现象等	
	耐热耐寒循环试验	（40±1）℃保持7天，恢复至室温后，（-8±2）℃保持7天，恢复至室温后，观察膏体外观、油水分离现象等	

（二）打样样品感官评价

对打样样品进行感官评价，填感官评价参考表2-16。

（三）配方改进

根据打样质量评估结果进行分析，确定改进措施和方法。

任务测评

任务结束后填写设计任务测评表，见表7-19。

表7-19　　　　　　　　　设计任务测评表

序号	考核内容	考核标准	配分	得分
1	配方设计项目	能准确选用美白霜原料设计配方	40	
2	配方打样项目	能按操作规程进行美白霜打样	40	
3	6S管理	遵守6S管理	20	
		合计	100	

任务三　总结与归档

学习目标

【知识目标】能配合生产部门解决大规模工业化生产出现的偏差。

【技能目标】能评价生产产品的质量；能核对订单任务；审核打版记录；提供检验报告；对产品审核放行；对产品留样及质量追溯管理；总结与归档。

【素养目标】结合任务一、二中已达成的素养目标，指导学生学习中国高技能人才楷模的先进事迹与精神品质，引导学生树立争当技能工匠的意识，努力实现自身价值，并运用到化妆品专业的学习与实践中。

任务引入

接上一任务。

任务分析

上一任务已了解课题设计任务,进一步对设计结果进行统计、分析、总结归档。

任务实施

参考模块二——课题一——任务四的步骤。

任务测评

任务结束后填写任务测评表,见表 7 – 20。

表 7 – 20　　　　　　　　　　　任务测评表

序号	考核内容	考核标准	配分	得分
1	素质考核	课堂出勤率、学习态度、行为规范	30	
2	课堂表现	课堂互动、团队协作、创新建议	30	
3	专业知识	美白霜配方设计能力	40	
		合计	100	

思考与练习

一、单项选择题

1. 下列属于抑制酪氨酸酶的美白剂是（　　）。
   A. 熊果苷　　　　　　　　　　B. 传明酸
   C. α-羟基酸（AHA）　　　　　D. 抗坏血酸
2. 列属于角质剥脱剂美白剂的是（　　）。
   A. 壬二酸　　　　　　　　　　B. 果酸
   C. 生素 C 类　　　　　　　　　D. 红景天提取物

二、简答题

1. 简述美白原料的作用机理。
2. 为什么美白霜类容易出现不良反应,如何降低风险?

课题三　染发膏配方设计

染烫发类化妆品是染发类化妆品和烫发类化妆品的一个合并说明,因为两者的生产管理和使用有很多共同点,因此经常合并在一起。本课题将介绍染发膏为代表的配方设计。

使用染发制品的主要目的是保持头发天然青春的色彩,现代人不管年龄大小、头发天然是何种颜色,都希望头发的颜色与其衣服、妆容和首饰一样最大程度地增加个人魅力,典型例子是淡金黄色头发、充满活力的棕色和老人家均匀的灰发等。

任务一　接受任务订单

▶ 学习目标

【知识目标】能识读任务书;了解染烫化妆品的类型。

【技能目标】能初步评估订单的可行性(包括生产范围、生产能力、法规符合性等);掌握染烫化妆品的设计原则。

【素养目标】在进行染烫化妆品的配方设计与生产过程中,引导学生树立持之以恒、精益求精的意识,潜心产品的设计与生产,并运用到未来的生产实践中,努力使自己成为中华民族伟大复兴中国梦的践行者。

▶ 任务引入

××化妆品公司接到A公司的染发膏OEM订单。生产×××牌染发膏10万瓶。

▶ 任务分析

本次OEM订单任务为首次业务,需要A公司提交配方工艺资料,取得特殊化妆品注册批件,公司研发部按客户提供的需求进行打版,经客户确认后,采购物料投入生产,在供货期内完成产品加工、检验合格。订单内容包括订单品牌、规格、数量、销售的国家或地区(涉及原料和产品的要求)、配方工艺、质量指标、染发功效评价、成本核算、交货日期、储运条件等。

染发化妆品在我国属于特殊用途化妆品,其活性成分是染发剂。不同类型的染发剂所达到的染发效果自然也不一样。根据染发效果可将染发剂分为暂时性染发剂、半永久性染发剂和永久性染发剂三类。暂时性染发剂染后色泽持续时间最短,只能维持7~10天,一经洗发就会褪色,只能作为临时性修饰;半永久性染发剂染后色泽可维持3~4周;永久性染发剂染后色泽持续时间最长,可维持1~3个月,永久性染发剂是目前最常用、最重要的一类染发剂。

由于产品拟在国内销售,产品和所用原料符合《化妆品安全技术规范》(2015年版)和《已使用化妆品原料目录(2021年版)》的规定,产品符合国家标准《润肤膏霜》(QB/T 1857—2013)。根据《化妆品功效宣称评价规范》规定,自2022年1月1日起,新申请注册的染发类化妆品,应当由化妆品注册和备案检验机构按照强制性国家标准、技术规范的要求开展人体功效评价试验,并出具报告。由化妆品注册人、备案人在国家药品监督管理局指定的专门网站上传产品功效宣称依据的摘要。同时,自2022年5月1日起施行的《化妆品标签管理办法》规定,化妆品中文标签应当标示全成分,化妆品配方中存在含量不超过0.1%(质量分数)的成分的,所有不超0.1%(质量分数)的成分应当以"其他微量成分"作为引导语引出另行标注,可以不按照成分含量的降序列出。

》相关知识

一、染发膏的质量指标

染发膏的质量指标见表7-21。

表7-21　　　　　　　　　　　染发膏的质量指标

项目		水包油型(O/W)	油包水型(W/O)
感官指标	外观	膏体应细腻,均匀一致(添加不溶性颗粒或不溶粉末的产品除外)	
	香气	符合规定香型	
理化指标	pH值(25 ℃)	4.0~8.5(pH值在上述范围内的产品按企业标准执行)	—
	耐热	(40±1)℃保持24 h,恢复至室温后膏体无油水分离现象	(40±1)℃保持24 h,恢复至室温后渗油率≤3%
	耐寒	(-8±2)℃保持24 h,恢复室温后与试验前无明显性状差异	—
微生物学指标	菌落总数/(CFU/g或CFU/mL)	≤1 000	
	霉菌和酵母菌总数/(CFU/g或CFU/mL)	≤100	
	耐热大肠菌群/(g或mL)	不得检出	
	金黄色葡萄球菌/(g或mL)	不得检出	
	铜绿假单胞菌/(g或mL)	不得检出	
有害物质	汞/(mg/kg)	≤1	
	铅/(mg/kg)	≤2	
	砷/(mg/kg)	≤10	
	镉/(mg/kg)	≤5	

注:部分染发剂需测定配方染发剂成分的含量。

二、毛发染发原理

（一）染发剂分类

根据染发后头发颜色可能经受洗发的次数（即耐久性），可将染发剂分为暂时性染发剂、半永久性染发剂和永久性染发剂。近年来，出现了准永久性染发剂和头发漂白剂（或称淡化剂）。按照剂型，染发剂可分为乳膏型、凝胶型、摩丝、粉剂、染发条、喷雾剂、染发香波或润丝等。

暂时性染发剂目的是稍微改变或改善头发天然色泽，它是一种只需用普通香波洗涤一次就可以除去的在头发上着色的染发剂。如果不洗涤可持续几小时或几天。用这种方法，可以改善或校正现有头发色调的深浅，使其添加微色调或使天然色调更亮泽。

半永久性染发剂一般只能耐受 6~12 次香波洗涤（有的制造商定为 4~6 次香波洗涤），然后逐渐褪色，并且不需要过氧化氢作为显色氧化剂的染发剂。半永久性染发剂涂于头发上，停留 20~30 min 后用水冲洗，可使头发染色。其作用机理是相对分子质量较小的染料分子渗透进入头发表皮，部分进入皮质，使得它比暂时性染发剂更耐香波的清洗。半永久性染发剂用于覆盖初生白发，赋予天然色调。

永久性染发剂目的是使头发天然色泽发生真正的改变，如覆盖白头发，使头发变浅或变深，或首先漂白、然后染色。永久性染发剂对普通香波洗涤是稳定的，但由于头发每月约生长 1 cm，染发一段时间后，发根部分新长出的头发仍然是原有的颜色。

（二）染发剂机理

1. 暂时性染发剂染发机理

染发时，色素或色素中间体只能以物理作用沉积于毛小皮表面的染发剂称为暂时性染发剂。暂时性染发剂的牢固度较差，不耐洗涤，这种染发剂常用相对分子质量较大的染料，只能以黏附或沉淀形式附着在头发表面而不会渗透到头发内部，经一次洗涤即可全部除去。

2. 半永久性染发剂染发机理

染发时，色素或色素中间体通过渗透作用穿过毛小皮，而后能进入毛皮质中的粗原纤维或细原纤维的染发剂称为半永久性染发剂。半永久性染发剂作用机理是相对分子质量较小的染料分子渗透进入头发表皮，部分进入皮质，使得它比暂时性染发剂更耐香波的清洗。

3. 永久性染发剂染发机理

永久性染发剂含有染料中间体和偶合剂或改性剂，这些中间体可以渗入头发内部毛髓中，通过氧化、偶合和缩合反应，形成稳定、较大的染料分子，被封闭在头发纤维内，从而起到持久的染发作用。由于染料中间体和偶合剂的种类不同，含量比例也有差别，故产生色调不同的反应产物，各种色调产物合成不同的色调，使头发染上不同的颜色。由于染料大分子是在头发纤维内通过毛发纤维的孔径被冲洗除去，所以头发的色调有较长的持久性。

影响染发过程的因素很多，如 pH 值对反应速率的影响、头发角蛋白的存在对反应定位的影响、反应混合物的复杂性、中间产物可能发生水解等。

头发色调的形成是通过一系列氧化作用和偶合反应完成的。色调形成的机理可分为三个阶段：二亚胺或醌亚胺的形成、二苯胺的形成、颜色的形成。机理可简述为：小分子染料显色剂→渗入发质内部→经氧化剂氧化→与偶合剂进行缩合反应生成大分子染料→锁紧在发质内部→形成持久染色。

▶ 任务实施

对合同订单进行分析评价：根据合作方资质、提供资源、法规要求、质量标准、生产范围、生产能力等做出任务分析评估报告。

任务分析评价报告参考附表1。

▶ 任务测评

任务结束后填写任务测评表，见表7-22。

表7-22　　　　　　　　　任务测评表

序号	考核内容	考核标准	配分	得分
1	素质考核	课堂出勤率、学习态度、行为规范	30	
2	课堂表现	课堂互动、团队协作、创新建议	30	
3	专业知识	染发膏的质量指标、毛发染发原理	40	
	合计		100	

任务二　配方设计、打版与产品质量分析

▶ 学习目标

【知识目标】了解染发膏配方结构和配方设计原则。

【技能目标】掌握染发膏类原料的选择；配方设计、工艺步骤操作和质量评价。

【素养目标】在进行染发膏配方设计和生产的过程中，引导学生努力为形成"讲合作、守契约、重诚信、促和谐，分工合作、协作共赢、完美向上"的学习氛围；通过典型成功案例，引导学生理解我国在走中国特色新型工业化道路进程中的相关举措。

▶ 任务引入

打版工作流程表参考附表2。

▶ 任务分析

在开发染发膏时需要根据产品特点进行配方设计。

相关知识

一、染发化妆品配方设计

（一）染发原料

染发剂原料（着色剂）分类表见表7-23。

表7-23　　　　　　　　　染发剂原料（着色剂）分类表

分类	原料类别	原料举例
暂时性发用着色剂	有机或无机合成颜料	无机颜料：炭黑、氧化铁 有机颜料：云母、珠光粉
	酸性/碱性颜料	酸性紫43号（CI 60730）
半永久性发用着色剂	碱性染料	碱性橙31号、碱性黄87号
	HC染料	HC红3号、HC黄2号
	酸性染料	酸性紫43号（CI 60730）
永久性发用着色剂	染料中间体	对苯二胺、2,5-二氨基甲苯、对氨基苯酚
	偶合剂	间苯二酚、间氨基苯酚、邻氨基苯酚、1-萘酚

1. 暂时性染发剂原料

这种染发剂常用相对分子质量较大的染料，常采用有机合成颜料有碱性染料（如偶氮类）、酸性染料（如蒽醌类）、分散性染料（如三苯甲烷类等）；使用的天然植物染料有苏木精、甘菊兰、散沫花色素、高粱红色素、何首乌提取物、生姜提取物、薄荷提取物、鼠尾草提取物、番红花苷、槟榔色素、桃叶珊瑚苷、黄连（黄粟）提取物、姜黄素、儿茶素、日柏醇、槐米提取物、甜辣椒色素、栀子提取物、可可色素等，将其制成液体、棒状或喷雾单组分剂型染发产品。染发后，色素附着在头发表面，其染发功效只维持7~10天，着色牢固度差，清洗1次就可除去。因其只暂时黏附在头发表面，对头发的损伤小，产品较安全。暂时性染发剂的染料来自大自然，因此是一种高安全性染发剂。

2. 半永久性染发剂原料

半永久性染发剂所用的染料多数是直接染料，主要原料有金属盐染料、酸性染料、碱性染料等。例如：酸性紫43号（CI 60730）、碱性橙31号、碱性红51号、碱性红76号（CI 12245）、碱性黄87号等。为了增加染料往头发皮质里的渗透，可添加一些增效剂。增效剂主要包括一些溶剂和溶剂的混合物，如聚氧乙烯酚醚类、N-取代甲酰胺、苯氧基乙醇、乙二醇乙酸酯、N,N-二甲基酰胺、C_5~C_9单羧酸酯、N,N,N',N'-四甲基酰胺、C_9~C_{19}二羧酸酯、二聚油酸、烷基乙二醇醚、苄醇和低碳羧酸酯或环己醇、尿素和苄醇及N-烷基吡咯烷酮等。将其制成液体、凝胶、膏霜单组分剂型染发产品。染发后，色素依靠渗透剂的作用浸入发质，其染发功效可维持3~4周。

3. 永久性染发剂原料

永久性染发化妆品所使用的染发剂可分为天然植物、金属盐和合成氧化型染料。其中以合成氧化型染料最为重要，以它为原料配制的染发制品染色效果好、色调变化宽广、持续时间长。虽然苯胺类物质存在一定毒性和致敏作用，但自20世纪末直至现在，苯胺类的氧化染料在染发化妆品中一直占有重要地位。对苯二胺与适量的酚类、胺类、醚类偶合剂复配使用，则可氧化染色成金、黄、绿、红、红棕、蓝、黑等所需颜色。生产中常用的氧化剂有过氧化氢、过硼酸钠、过氧化尿素、过碳酸钠等。将氧化染料、碱剂、氧化剂等制成二剂型粉状、液状、膏霜染发产品。

（二）永久性染发膏配方设计

永久性染发剂一般为双剂型，一种为氧化性染料基，另一种为氧化剂。氧化性染料基可以为膏体、凝胶、香波、粉末或气雾剂。氧化剂基质可以是溶液、膏体或粉末。

氧化剂其主要功能成分是过氧化氢。它可配制成水溶液，也可配制成膏状基质。单剂型永久性染发剂一般采用一水过硼酸钠作为氧化剂。永久性染发化妆品染料基质的配方结构表见表7-24。

表7-24　　永久性染发化妆品染料基质的配方结构表

组成	原料举例	作用及性质	质量分数/%
染料中间体和偶合剂胶	对苯二胺、邻氨基酚	显色剂	0.4~4.0
凝剂和增稠剂	油醇、乙氧基化脂肪醇、镁蒙脱土和羟乙基纤维素	形成凝胶或形成一定黏度的膏体，起增稠、加溶和稳泡的作用	0.5~5.0
表面活性剂	月桂醇硫酸酯钠盐、烷基醇酰胺、乙氧基化脂肪胺、乙氧基化脂肪胺油酸盐等阴离子、阳离子或非离子表面活性剂，以及它们的复配组合物	起到分散、渗透、偶合、发泡及调理的作用，若是染发香波剂型，则表面活性剂还将作为清洁剂	2.0~10.0
脂肪酸	油酸、油酸铵	它们用作染料中间体、偶合剂和基质组分中其他原料的溶剂和分散剂，以及基质的缓冲剂	2.0~5.0
碱化剂	氨水、氨甲基丙醇、三乙醇胺	pH调节剂	1.0~5.0
溶剂	乙醇、异丙醇、乙二醇、乙二醇醚、甘油、丙二醇、山梨醇	使染料中间体和染料基质中与水不混溶的其他组分加溶，匀染剂	2.0~10.0
调理剂	羊毛脂及其衍生物、硅油及其衍生物、水解角蛋白和聚乙烯吡咯烷酮等，还添加成膜剂，如PVP、PVP/VA、丙烯酸树脂等	减少头发的损伤，加强对头发的保护作用	4.0~10.0
抗氧剂及抑制剂	亚硫酸钠、BHA、BHT、维生素C衍生物等	阻止抗氧剂作用是阻滞染料的自身氧化；抑制剂的作用是防止氧化作用太快	0.1~0.5

续表

组成	原料举例	作用及性质	质量分数/%
匀染剂	丙二醇	使染料均匀分散在毛发上，并被均匀吸收	1.0~5.0
助渗剂	氮酮	帮助和促进染料等成分渗透进入皮肤的物质	0.5~2.0
氧化延迟剂	多羟基酚	控制氧化反应过程，抗氧化剂、氧化延迟剂和颜色改进剂的作用	微量
金属螯合剂	EDTA盐	增加基质稳定	0.1~0.5
防腐剂	卡松	防止体系细菌污染赋香	0.05~0.1
香精	耐碱香精	溶剂	适量
溶剂	纯化水	帮助和促进染料等成分渗透进入皮肤的物质	加至100

永久性染发化妆品氧化剂基质的配方结构表见表7-25。

表7-25　永久性染发化妆品氧化剂基质的配方结构表

结构组分	代表性原料	主要功能	质量分数/%
氧化剂	H_2O_2（质量分数30%）或一水合过硼酸钠	氧化作用	13~20 9~12
赋形剂	鲸蜡硬脂醇、鲸蜡醇	赋形剂	2~8
乳化剂	鲸蜡硬脂醇醚-6、鲸蜡硬脂醇醚-25	乳化作用	3~6
稳定剂	8-羟基喹啉硫酸盐	稳定作用	0.1~0.3
酸度调节剂	磷酸	调节pH值	3.6±0.1
螯合剂	EDTA盐	螯合金属离子	0.1~0.3
水	纯化水	溶剂	加至100

二、设备

真空乳化机。

三、工艺

与膏霜乳液类工艺流程相似。

四、产品的质量评价指标

（一）感官指标参考表2-12。

（二）理化指标参考表2-13。

（三）微生物指标参考表2-14。

（四）加速试验参考表2-15。

（五）感官评价参考表 2-16。

五、常见配方工艺问题及其原因解析

乳化型永久性染发剂生产工艺控制不当，有以下常见质量问题。

（一）香味异常

刚配制的成品香型在存放一段时间后发生明显差异性变化，甚至致使膏体外观颜色的变化。

可能原因：香精加入温度偏高，导致挥发或者香精变味；配方中油脂加热过度，在体系中稳定性不行，造成氧化、酸败、水解等，从而造成膏体的味道改变。

措施：严格控制香精的加料温度，以及控制油相油脂的加热温度和时长。

（二）染发剂膏体颜色偏深、露于空气中变色快

刚做出来的成品膏体外观颜色偏深或染膏露于空气中变色过快，导致进行正常的取样化验和灌装包装都难以进行。

可能原因：抗氧化剂添加量过少，可能是染色剂加热溶解时间过长导致抗氧化剂消耗较多，或者抗氧化剂漏加；抗氧化剂添加量过少，膏体露于空气中变色快，影响灌装、染色操作等各个环节；抗氧化剂添加过多，影响染色上色。

措施：染色剂相溶解时间控制好，并准确称量配方中各种原料的量；生产工艺控制没有控制好。如果是一个成熟的生产配方，生产中偶尔出现这一问题，应该就是工艺控制问题，包括使用了已变质的染色剂、抗氧剂，用料投量不准确，乳化工序没控制好致使膏体气泡过多，染色剂、抗氧剂添加温度过高且搅拌时间过长等这些都是可能因素。

（三）双氧奶涨瓶

双氧奶在存储过程中，其包装瓶子会膨胀，甚至冒出内料，导致无法进行正常的存储、运输、销售。

可能原因：生产过程和工艺控制没有控制好，如使用的原料由于交叉污染含有灰尘或杂质、使用的包装瓶含有明显灰尘，这些杂质或灰尘会导致过氧化氢稳定性下降；过氧化氢投料温度过高、水质严重不达标、生产卫生没控制好，产生交叉污染或过程污染等都会导致过氧化氢稳定性下降。

措施：严格遵守工艺、控制质量。做好原料、包材的存储保管，做好设备的清洗和生产卫生控制，严格遵守每一步操作工序；纯化水电导率偏高。电导率偏高表明水中重金属离子含量偏高，易导致双氧水分解加快，并导致双氧奶涨瓶。

（四）过氧化氢原料加料温度偏高

可能原因：过氧化氢在高温条件下分解加速，分解的氧气混入料体中，灌装后，持续分解的氧气会增加包装内压力，导致涨瓶。

措施：严格按照操作工艺节点加入过氧化氢，夏天环境温度高，乳化时料体降温慢，需要考虑引入冷水机降温，确保在规定的时间内料体降低至规定温度。

（五）染膏铝管穿孔

染膏在存储中出现铝管表面有小泡眼的腐蚀穿孔现象。

可能原因：产品 pH 值偏高。体系碱性过强有可能导致铝管对这一配方体系不耐受，从而产生腐蚀穿孔现象。

措施：确保制备过程中氨水的抽入量准确，严格控制 pH 值。

（六）染发色不对版

在染发完成后发生所染头发颜色与毛板的颜色（预期的颜色）产生较大偏差。

可能原因：配方中染色剂含量不足或者个别超过配方添加量。配方中染色剂不足可能原因是染色剂称量不准，染色剂在生产过程中严重氧化消耗，导致用量不足；染色剂生产过程中溶解不完全，导致染色剂有效用量不足等。染色剂用量超过配方用量，也会导致染色不对版。

措施：严格按照生产操作工艺执行，抽真空操作要到位，确保生产过程中氧化较少，灌装过程中要注意防止氧化。称料环节要建立并执行称量与复核分开机制，准确称量染色剂，确保按配方准确称量。

（七）染发剂 1 剂中有颗粒物质

可能原因：染色剂溶解不完全，导致部分染色剂以颗粒形式存在染膏中，出现明显的颗粒状物质。

措施：严格按照生产操作工艺执行，染色剂相加入乳化料体中之前，确保溶解完全。

（八）染发剂 1、2 剂料体稠度稀

可能原因：冷却时间较长，导致搅拌时间过长；染色剂相加入时乳化混合相稠度不够；染色剂相加入速度过快；2 剂加入过氧化氢时，料体偏稀。

措施：严格按照生产操作工艺执行，加入可能影响料体稠度的原料时，要确定料体稠度合适后才加入；夏天温度过高时，冷却水效率偏低，可考虑用冰水降温，加快降温速度。

》任务实施

一、设计的配方及工艺（参考附表 3 配方设计记录表）

二、打样

（一）打样前准备

1. 按实训室 6S 做好打样前准备。
2. 准备原料和仪器。
3. 设备仪器的清洁消毒。
4. 原料进行预处理。

（二）打样的过程

填打样记录。打样记录表参考附表 4。

1. 仪器与原料

（1）仪器：烧杯、玻璃试管、温度计、电炉、搅拌器、玻璃棒、电子天平、pH 计、离心管、恒温烘箱、冰箱、高速均质机、旋转黏度计。

（2）原料：对苯二胺、2,4-二氨基苯甲醚、1,5-二羟基萘、对氨基二苯基胺、对氨基二苯基胺、4-硝基邻苯二胺、油酸、氮酮、鲸蜡硬脂醇醚-6（乳化剂A6）、鲸蜡硬脂醇醚-25（乳化剂A25）、丙二醇、鲸蜡醇、异丙醇、水溶性硅油、氨水、亚硫酸钠、EDTA-四钠、纯化水等。

2. 配方及操作步骤

（1）配方表。染发剂配方表第1剂见表7-26，染发剂配方表第2剂见表7-27。

表7-26　　　　　　　　　　染发剂配方表第1剂

项目	序号	原料商品名	作用	质量分数/%	备注
A 油相	1	对苯二胺	着色	4.0	
	2	2,4-二氨基苯甲醚	着色	1.25	
	3	1,5-二羟基萘	着色	0.1	
	4	对氨基二苯基胺	着色	0.07	
	5	4-硝基邻苯二胺	着色	0.1	
	6	油酸	分散	20.0	
	7	氮酮	渗透	1.0	
B 水相	8	乳化剂A6	乳化	4.0	
	9	乳化剂A25	乳化	4.0	
	10	丙二醇	保湿	8.0	
	11	鲸蜡醇	增稠	4.0	
	12	异丙醇	稀释	8.0	
	13	水溶性硅油	润肤	2.0	
	14	氨水	碱化	10.0	
	15	亚硫酸钠	抗氧化	适量	
	16	EDTA-四钠	螯合	适量	
	17	纯化水	稀释	38.73	

表7-27　　　　　　　　　　染发剂配方表第2剂

项目	序号	原料商品名	作用	质量分数/%	备注
A 油相	1	过氧化氢（28%）	氧化	17.0	
	2	十六醇	增稠	10.0	
	3	甘油	保湿	5	
	4	聚氧乙烯硬脂酸酯	乳化	2.5	
	5	磷酸（调pH值至3.5~4.0）	调节pH值	适量	
	6	纯化水	稀释	65.5	

（2）操作步骤：

①将 A 相和 B 相组分分别混合，并分别加热 70~75 ℃，均质 5 min；

②将 A 相加入 B 相中充分冷却至 40 ℃，出料。

（3）操作步骤：

①将 A 相中 2、3、4、6 组分混合，并分别加热 70~75 ℃，均质 5 min；

②降温至 45 ℃加入 1 搅拌均匀后再用 5 调 pH 值；

③继续搅拌冷却至 40 ℃，即可出料。

【操作提示】

1. 操作过程要加 1%~2%（质量分数）的补充水。

2. 注意水相、油相时要溶解完全。

三、质量评价及配方改进

（一）打样样品的质量评价

对打样样品进行质量评价，填写质量评价表，参考表 7-18 质量评价表（O/W）。

（二）打样样品感官评价

对打样样品进行感官评价，填感官评价参考表 2-16。

（三）配方改进

根据打样质量评估结果进行分析，确定改进措施和方法。

》任务测评

任务结束后填写设计任务测评表，见表 7-28。

表 7-28　　　　　　　　　设计任务测评表

序号	考核内容	考核标准	配分	得分
1	配方设计项目	能准确选用染发膏原料设计配方	40	
2	配方打样项目	能按操作规程进行染发膏打样	40	
3	6S 管理	遵守 6S 管理	20	
		合计	100	

任务三　总结与归档

》学习目标

【知识目标】能配合生产部门解决大规模工业化生产出现的偏差。

【技能目标】能评价生产产品的质量；能核对订单任务；审核打版记录；提供检验报告；对产品审核放行；对产品留样及质量追溯管理；总结与归档。

【素养目标】在进行染发膏的配方设计与生产中,引导学生掌握"工匠精神"中"专注、标准、精准、创新、完美、人本"六个维度具体要求;培养学生形成理性思维,崇尚真知,勇于创新实践。

任务引入

接上一任务。

任务分析

上一任务已了解课题设计任务,进一步对设计结果进行统计、分析、总结归档。

任务实施

参考模块二——课题一——任务四的步骤。

任务测评

任务结束后填写任务测评表,见表7-29。

表7-29 任务测评表

序号	考核内容	考核标准	配分	得分
1	素质考核	课堂出勤率、学习态度、行为规范	30	
2	课堂表现	课堂互动、团队协作、创新建议	30	
3	专业知识	染发膏配方设计能力	40	
		合计	100	

思考与练习

一、单项选择题

1. 下列属于永久性染发剂原料的是(   )。
A. 碱性橙31号   B. 间苯二酚   C. 碱性黄87号   D. 云母
2. 下列属于半永久性染发剂原料的是(   )。
A. 间氨基苯酚   B. 对氨基苯酚   C. HC红3号   D. 氧化铁

二、简答题

1. 简述染发剂的配方结构。
2. 分析染发剂1剂中有颗粒物质出现的可能原因,采取何种控制措施。

模块八

化妆品质量安全与功效评价

根据国家药品监督管理局发布的《化妆品注册备案管理办法》《化妆品安全评估技术导则》(2021年版)和《化妆品功效宣称评价规范》,化妆品注册人、备案人应当依照法律、行政法规、强制性国家标准、技术规范和注册备案管理等规定,开展化妆品研制、安全评估、注册备案检验等工作,并按照化妆品注册备案资料规范要求提交注册备案资料。已经取得注册或者完成备案的化妆品,注册人、备案人应当在规定时限内补充提供产品配方中全部原料的安全相关信息。

课程思政小学堂

始终坚持以人民为中心的根本立场,强化质量安全意识
——以《化妆品功效宣称评价规范》等新政法规的颁布实施为例

"坚持以人民为中心的发展思想"是党的二十大报告中明确了前进道路上必须牢牢把握的五个原则之一。中国共产党领导人民打江山、守江山,守的是人民的心。群众安全感、获得感、幸福感更有保障、更加充实、更可持续。

对化妆品的购买与使用直观体现了人们对"美"的追求,体现人们对美好生活品质的向往,化妆品生产商、供应商、销售商为消费者提供称心满意优质化妆品的这一行为,与"以人民为中心的发展思想"是完全吻合的。

"十四五"规划明确提出,我国的化妆品必须提高"自主品牌竞争力"和"自主品牌影响力",以进一步扩大中国化妆品的竞争力。近年来,我国化妆品市场已成为全球第二大化妆品市场,为避免我国化妆品市场在快速发展的过程中出现行业乱象,2021年国家药品监督管理局先后出台了一批配套的化妆品管理规定,并颁布实施了一系列新的化妆品监督管理条例。我国化妆品行业的政策法规正日渐完善。

模块八 化妆品质量安全与功效评价

近年来，我国化妆品功效宣称的政策法规也在日益完善。2021年4月，国家药品监督管理局发布了《化妆品功效宣称评价规范》，对化妆品功效宣称与安全性做出了明确规定，为化妆品及原料提供了其功效性评价方法的要求和规范；并要求做到杜绝虚假宣传，建立评价标准，规范化地对产品功效宣称提出具体要求，切实保障消费者的利益，始终坚持以人民为中心。这类贴合行业的政策法规有助于同学们在学习后，不断增强自身的质量安全意识，提升自身的职业素养。新《化妆品监督管理条例》第二十二条规定，化妆品的功效宣称应当有充分的科学依据；化妆品注册人、备案人应当在国务院药品监督管理部门规定的专门网站公布功效宣称所依据的文献资料、研究数据或者产品功效评价资料的摘要，接受社会监督。

课题一 抗坏血酸的安全评估实战

化妆品注册人、备案人的首要职责就是确保化妆品所用成分及其终产品在正常和可预见的条件下使用时是安全的，对化妆品原料及其终产品的安全性评价是保证化妆品安全性的关键措施和核心内容。通过毒理学试验方法、人体安全性评价方法，按化妆品安全评价程序进行资料收集、分析评价和报告。

化妆品的安全是由原料的安全性决定的，既要考虑原料的含量和浓度，也要考虑化妆品的类别、使用方法、使用量、使用频率、人体接触部位和皮肤面积等，抗坏血酸是化妆品比较常用的美白剂和抗氧化剂，本课题根据《化妆品安全评估技术导则》（2021年版）对原料分别进行安全评估实例分析。

任务一 接受任务订单

>> **学习目标**

【知识目标】能识读任务书；了解化妆品安全评估的法规。
【技能目标】能解读法规及标准；能掌握化妆品安全评估的要求和程序。
【素养目标】通过对课程思政小学堂中关于化妆品的政策法规的学习，培养学生形成以人为本的理念，尊重、维护人的尊严和价值；培养学生强化底线意识，在实践中严把安全质量关。

>> **任务引入**

××化妆品安全评价公司接到A化妆品原料公司委托进行抗坏血酸原料的安全评估报

· 267 ·

告服务。

》任务分析

抗坏血酸是常用的抗氧化剂和美白剂,收载于《已使用化妆品原料目录(2021年版)》中。但《已使用化妆品原料目录(2021年版)》中没有抗坏血酸的淋洗类产品最高历史使用量和驻留类产品最高历史使用量,因此使用时前需要进行风险评估,确认使用量范围的安全性。

》任务实施

对合同订单进行分析评价:根据合作方资质、提供资源、法规要求、生产范围、生产能力等做出任务分析评估报告。

任务分析评价报告参考附表13。

》任务测评

任务结束后填写任务测评表,见表8-1。

表8-1　　　　　　　　　　任务测评表

序号	考核内容	考核标准	配分	得分
1	素质考核	课堂出勤率、学习态度、行为规范	30	
2	课堂表现	课堂互动、团队协作、创新建议	30	
3	专业知识	抗坏血酸的知识	40	
		合计	100	

任务二　原料的安全评估

》学习目标

【知识目标】熟悉化妆品毒理学测试和人体安全测试的主要方法和评价标准。

【技能目标】能以抗坏血酸实战了解原料风险评估的基本程序。

【素养目标】在进行原料的安全评估的实践中,培养学生形成并强化质量安全意识,从对产品使用者的安全负责的角度出发,引导学生树立"以人民为中心的根本立场"。

》任务引入

评估工作流程表见表8-2。

表 8-2　　　　　　　　　　　　评估工作流程表

序号	工作步骤	要求	备注
1	索取原料的安全资料	索取原料的特征描述资料、原料的检验报告（COA）、资料附件14，并对资料进行存档登记管理	—
2	风险评估	危害识别、剂量-反应关系评估、暴露评估、风险表征描述	—
3	风险评估结果分析	毒理数据相对完整、可靠	—
4	风险控制措施或建议	根据风险情况，在产品标签说明书。标注警示语，以保障使用者的安全	—
5	原料风险评估结论	风险评估得出的安全使用范围下的在正常使用和风险控制措施下，不会出现对消费者健康产生影响	—
6	总结归档	存档管理	—

任务分析

原料的安全评估必须了解风险评估程序，原料毒理学测试和人体安全测试的主要方法及评价标准等知识。

相关知识

一、风险评估程序

化妆品原料和风险物质的风险评估程序分为以下四个步骤。

（一）危害识别

基于毒理学试验、临床研究、不良反应监测和人群流行病学研究等的结果，从原料和/或风险物质的物理、化学和毒作用特征来确定其是否对人体健康存在潜在危害。

1. 健康危害效应

根据产品的使用方法、暴露途径等，确认原料和/或风险物质可能存在的健康危害效应，主要包括以下几方面。

（1）急性毒性：包括经口和/或经皮接触后产生的急性毒性效应。

（2）刺激性/腐蚀性：包括皮肤刺激性/腐蚀性和眼刺激性/腐蚀性效应。

（3）致敏性：主要为皮肤致敏性。

（4）光毒性：紫外线照射后产生的光刺激性。

（5）光变态反应：重复接触并在紫外线照射下引起的反应。

（6）遗传毒性：包括基因突变和染色体畸变效应等。

（7）重复剂量毒性：连续暴露后对组织和靶器官所产生的功能性和/或器质性改变。

（8）生殖发育毒性：对亲代的生殖功能、妊娠母体机能、胚胎发育、胎儿出生前、围产期和出生后结构及功能的有害作用。

（9）慢性毒性/致癌性：正常生命周期大部分时间暴露后所产生的毒性效应及引起肿瘤

的可能性。

（10）其他：有吸入暴露可能时，需考虑吸入暴露引起的健康危害效应。

2. 不同情况下的危害识别

（1）按照《化妆品安全技术规范》（2015年版）或国际上通用的毒理学试验结果的判定原则对化妆品原料和/或风险物质的急性毒性、皮肤刺激性/腐蚀性、眼刺激性/腐蚀性、致敏性、光毒性、光变态反应、遗传毒性、重复剂量毒性、生殖发育毒性、慢性毒性/致癌性等毒性特征进行判定，确定原料和/或风险物质的主要毒性特征及程度。

（2）如有原料和/或风险物质的人群流行病学调查、人群监测以及不良反应事件报告等相关资料，应根据所提供的资料判定该原料和/或风险物质可能对人体产生的健康危害效应。

（3）在进行危害识别时，还应考虑原料的纯度和稳定性、其可能与产品中其他原料发生的反应以及透皮吸收的能力等，同时还应考虑到原料和生产过程中不可避免带入的风险物质的健康危害效应等。

（4）对可能有吸入暴露风险的产品，应评估其吸入暴露对人体可能产生的健康危害效应。

（5）对于复配原料，应对复配原料本身和/或每种组分的危害效应进行识别。

（二）剂量反应关系评估

用于确定原料和/或风险物质的毒性反应与暴露剂量之间的关系。对有阈值的毒性效应，需获得未观察到有害作用的剂量（NOAEL）或基准剂量（BMD）。对于无阈值的致癌效应，用实验动物的某部位有发生肿瘤的剂量（T_{25}）或BMD来确定。对于具有致敏风险的原料和/或风险物质，还需通过预期无诱导致敏剂量（NESIL）来评估其致敏性。

1. 对原料和/或风险物质的有阈值毒性效应的剂量反应关系评估，需确定原料的NOAEL或BMD。

当选择NOAEL计算安全系数时，应选择来自系统毒性试验的数据，如亚慢性重复剂量毒性试验、慢性毒性/致癌试验、生殖发育毒性试验、致畸试验等，还应该考虑该值获得的试验条件与被评估物质使用条件和品种敏感度的相关性。如果选择28天重复剂量毒性试验数据时，应增加相应的不确定因子（UF，一般为3倍）。如果不能得到NOAEL或BMD的，则采用其观察到有害作用的最低剂量（LOAEL），但用LOAEL值计算安全边界值（MoS）时，应增加相应的不确定因子（UF，一般为3倍）。

2. 对于原料和/或风险物质的无阈值致癌效应，可通过剂量描述参数T_{25}或BMD等来进行剂量反应关系评估。

3. 对于存在致敏风险的原料和/或风险物质，可通过NESIL进行剂量反应关系评估。

（三）暴露评估

暴露评估是指通过对化妆品原料和/或风险物质暴露于人体的部位、浓度、频率以及持续时间等的评估，确定其暴露水平。

1. 进行暴露评估时，应考虑含该原料和/或风险物质产品的使用部位、使用量、浓度、使用频率以及持续时间等因素，具体包括以下几方面。

(1) 用于化妆品中的类别。

(2) 暴露部位或途径：皮肤、黏膜暴露，以及可能的吞咽或吸入暴露。

(3) 暴露频率：包括间隔使用或每天使用的次数等。

(4) 暴露持续时间：包括驻留或用后清洗等。

(5) 暴露量：包括每次使用量及每日使用总量等。

(6) 浓度：在产品中的浓度。

(7) 透皮吸收率。

(8) 暴露对象的特殊性：如儿童、孕妇、哺乳期妇女等。

2. 全身暴露量（SED）的计算。

(1) 如果暴露量是以每次使用经皮吸收 $\mu g/cm^2$ 时，根据使用面积，按式（8-1）计算：

$$SED = \frac{DA_a \times SSA \times F}{BW} \times 10^{-3} \tag{8-1}$$

式中 SED——全身暴露量，$mg/(kg \cdot bw)/day$；

DA_a——经皮吸收量，$\mu g/cm^2$，每平方厘米所吸收的原料和/或风险物质的量，测试条件应该和产品的实际使用条件一致；

SSA——暴露于化妆品的皮肤表面积，cm^2；

F——产品的日使用次数，day^{-1}；

BW——默认的人体体重，60 kg。

(2) 如果经皮吸收率是以百分比形式给予时，根据使用量，按式（8-2）计算：

$$SED = A \times C \times DA_p \tag{8-2}$$

式中 SED——全身暴露量，$mg/(kg \cdot bw)/day$；

A——以单位体重计的化妆品每天使用量，$mg/(kg \cdot bw)/day$；

C——在产品中的浓度，%；

DA_p——经皮吸收率，%。

全身暴露量计算时还应考虑其他暴露途径的可能性（如吸入、吞入等）；必要时应考虑除化妆品外其他可能来源（如食品和环境等）的暴露情况。

（四）风险特征描述

风险特征描述是指化妆品原料和/或风险物质对人体健康造成损害的可能性和损害程度的描述。可通过计算安全边界值、终生致癌风险（LCR）、可接受暴露水平与实际暴露量的比较，分别对化妆品原料和/或风险物质对人体引起有阈值毒性效应、无阈值致癌效应和致敏效应进行风险特征描述。

1. 原料和/或风险物质的有阈值毒性效应风险特征描述

对于化合物的有阈值毒性效应，通过计算其安全边界值进行评估，按式（8-3）计算：

$$MoS = \frac{NOAEL(BMD)}{SED} \tag{8-3}$$

式中　　MoS——安全边界值；

$NOAEL$——未观察到有害作用的剂量；

BMD——基准剂量；

SED——全身暴露量，mg/kg·bw/day。

在通常情况下，当 $MoS \geqslant 100$ 时，可以判定是安全的。在评估致敏性风险时，其增加至300，对于局部刺激效应，应根据相应的刺激指数进行判定。如果毒理学数据质量存在缺陷，MoS 值应适当增加。

当 $MoS < 100$ 时，则认为其具有一定的风险性，原则上不允许使用，应结合毒代动力学数据进一步评估。对于特殊使用方式的原料（如染发剂），当 MoS 值小于 100 时，需进一步进行评估。

2. 原料和/或风险物质无阈值致癌效应的风险特征描述

对于原料和/或风险物质的无阈值致癌效应，可通过计算其终生致癌风险（LCR）进行风险评估。

(1) 首先按式（8-4）将动物试验获得的 T_{25} 转换成人（HT_{25}）：

$$HT_{25} = \frac{T_{25}}{[BW(人)/BW(动物)]^{0.25}} \tag{8-4}$$

式中　　T_{25}——对自发肿瘤发生率进行校正后，25% 的实验动物的某部位发生肿瘤的剂量；

HT_{25}——由动物试验获得的 T_{25} 转换的人 T_{25}；

BW（人）——体重 kg（默认的成人体重为 60 kg）；

BW（动物）——试验动物的体重 kg。

(2) 根据计算得出的 HT_{25} 以及全身暴露量按式（8-5）计算终生致癌风险：

$$LCR = \frac{SED}{4 \times HT_{25}} \tag{8-5}$$

式中　　LCR——终生致癌风险；

SED——终生每日暴露平均剂量，mg/kg·bw/day。

如果该原料和/或风险物质的终生致癌风险 $< 10^{-5}$，则认为其引起癌症的风险性较低，可以安全使用。

如果该原料和/或风险物质的终生致癌风险 $\geqslant 10^{-5}$，则认为其引起癌症的风险性较高，应对其使用的安全性予以关注。

3. 致敏性风险特征描述

对于潜在致敏风险的原料和/或风险物质，可按式（8-6）通过预期无诱导致敏剂量计算得出可接受暴露水平（AEL）。

$$AEL = \frac{NESIL}{SAF} \tag{8-6}$$

式中　　AEL——可接受暴露水平，μg/cm²；

$NESIL$——预期无诱导致敏剂量，μg/cm²；

SAF——致敏评估因子，根据个体差异、产品类型、使用部位、使用频率/持续时间等，确定恰当的致敏评估因子。

当 AEL 低于全身暴露量时，认为其引起致敏性的风险较高，应对其使用的安全性予以关注。

二、毒理学研究

通过一系列毒理学研究，测定化妆品原料和/或风险物质的毒理学特征，将其作为危害识别的一部分，也是化妆品安全评估的基础。毒理学研究一般应当按照《化妆品安全技术规范》（2015 年版）规定的毒理学试验方法开展。选用其他国内外权威机构发布的《化妆品安全技术规范》（2015 年版）未收录的毒理学试验方法或标准时，应当在评估报告中载明方法的来源、识别毒理学危害的原理，并分析结果的科学性和准确性和可靠性。

（一）急性毒性
包括急性经口和/或经皮试验等。

（二）刺激性/腐蚀性
包括皮肤和/或眼睛的刺激性/腐蚀性试验。

（三）致敏性
皮肤变态反应试验。

（四）光毒性
皮肤光毒性试验。

（五）光变态反应
皮肤光变态反应试验。

（六）遗传毒性
至少应包括一项基因突变试验和一项染色体畸变试验。

（七）重复剂量毒性
包括 28 天经口和/或经皮毒性试验、亚慢性经口和/或经皮毒性试验。

（八）生殖发育毒性
生殖发育毒性检测。

（九）慢性毒性/致癌性
慢性毒性试验是使动物长期地以一定方式接触受试物而引起毒性反应的试验。当某种化学物质经短期筛选试验（如遗传毒性试验）预测具有潜在致癌性，或其化学结构与某种已知致癌剂相近时，需用致癌性试验进一步验证。

（十）毒代动力学
毒代动力学试验。

（十一）透皮吸收
原料和/或风险物质的透皮吸收试验。

（十二）其他毒理学试验资料

有经呼吸道吸收可能时，需提供吸入毒性试验资料；必要时可提供其他有助于表明原料和/或风险物质毒性的毒理学试验资料。

（十三）人群安全性试验资料

包括人体安全性试验资料和人群流行病学资料。

》任务实施

按化妆品原料的安全评估报告模板完成评估报告。

一、摘要

抗坏血酸原料（CAS 号：50-81-7），应用于防晒霜产品中，用作抗氧化剂，相关毒理学终点有 $NOAEL$（未观察到有害作用剂量）值为 8 100 mg/(kg/d)，全身暴露量为 30 mg/(kg/d)，经计算得出 MoS 值为 270，可知在防晒霜中维生素 C 含量 10% 以下时 MoS 的值大于 100，正常使用后不会对人体健康造成危害。抗坏血酸原料中可能含有的风险物质为甲醇（60 ppm）和乙醇（120 ppm），甲醇的 $NOAEL$ 值为 500 mg/(kg·bw/d)，经计算得出 MoS 值为 277 777；乙醇的 $NOAEL$ 值为 500 mg/(kg·bw/d)，经计算得出 MoS 值为 555 555，甲醇和乙醇的 MoS 值远远大于 100，因此防晒霜中所含在抗坏血酸原料用量 10% 以下是安全的。

二、原料理化性质

（一）名称

INCI 中文名称：抗坏血酸。

通用名：维生素 C。

CAS 号：50-81-7。

EINCES 号：200-06602。

（二）物理状态

白色无臭的片状晶体。

（三）分子结构式和相对分子质量

分子式：$C_6H_8O_6$。

分子结构式：

相对分子质量为 176.13。

（四）化学特性和纯度

无臭，味酸；久置色渐变微黄；水溶液显酸性，在酸性环境中稳定，遇空气中氧气、热、光、碱性物质等，特别是氧化酶、痕量铜、铁等金属离子存在时，可促使其氧化被破坏。

抗坏血酸的纯度不少于99.0%。

（五）杂质/残留物

含有杂质甲醇（60 ppm）和乙醇（120 ppm）。

（六）溶解度

在水中易溶（333 g/L，20 ℃时），在乙醇中略溶，不溶于有机溶剂。

（七）分配系数

分配系数 $LogPow = -2.41$

（八）稳定性

遇空气和加热都易引起变质，在碱性溶液中易于氧化而失效。在空气条件下，在水溶液中迅速变质，是强还原剂。

在干燥空气中比较稳定，和许多天然产品能被空气和光线氧化，其水溶液不稳定，很快氧化成脱氢抗坏血酸，尤其是在中性或碱性溶液中很快被氧化，遇光、热、铁和铜等金属离子均会加速氧化，能形成稳定的金属盐。为相对强的还原剂，储存日久色变深，成不同程度的浅黄色。

（九）异构体组成

抗坏血酸共有4种异构体（L-抗坏血酸、L-异抗坏血酸、D-抗坏血酸、D-异抗坏血酸），通常所说的维生素C是指L-抗坏血酸。

（十）其他相关理化指标

熔点：190~192 ℃，熔融时同时分解。

比旋度：20.5°~21.5°（10%水溶液）。

（十一）功能和用途

用作抗氧化剂。

（十二）其他

如为矿物、动物、植物来源的原料或香精、香料，按照《化妆品安全评估技术导则》（2021年版）中的要求进行原料特性描述。

抗坏血酸广泛存在于绿色植物中，但高纯度的抗坏血酸还是源于化学合成。

三、评估过程

（一）危害识别

1. 健康危害效应

（1）急性毒性。$LD_{50} = 11\ 900$ mg/kg（人鼠经口）。

（2）刺激性/腐蚀性：包括皮肤刺激性/腐蚀性、无刺激（兔）、眼睛刺激性/腐蚀性、轻微刺激（兔）。

（3）致敏性。

(4) 光毒性。
(5) 光变态反应。
(6) 遗传毒性。
(7) 重复剂量毒性。
(8) 生殖发育毒性。
(9) 慢性毒性/致癌性。
(10) 毒代动力学。
(11) 人群安全资料。
(12) 其他。

2. 危害识别

抗坏血酸在化妆品配方中被用作抗氧化剂。抗坏血酸是通过把山梨糖氧化成古洛糖酸，然后重新排列成人工合成的抗坏血酸。产物经过筛选挑出需要的粒子大小：90%粒子的直径大于 150 μm。

欧洲食品安全局（EFSA）和美国化妆品原料评价委员会（CIR）的专家研究认为，抗坏血酸不会对人体健康造成威胁。抗坏血酸是一种美国公认安全使用物质（GRAS 认证），在食品中用作化学防腐剂，也用作营养物质和/或膳食补充剂。美国成年人的维生素 C 饮食摄入量中位数预计为每天 120 mg。根据美国国家科学院，成年人可以接受的摄入量上限是每天 2 g。

（二）剂量反应关系评估

为了描述抗坏血酸的系统性风险，采用 $NOAEL$（未观察到有害作用剂量）值为 8 100 mg/(kg·d)，这是经过连续 13 周的慢性试验确定的。

（三）暴露评估

暴露评估按式（8-7）计算：

$$SED = (A \times C/100) \times (DA_p/100) \times 1\,000/60 \qquad (8-7)$$

式中　DA_p——经皮吸收率,%，对于真皮吸收，默认数值是 100%，选取最坏的情形；
　　　A——使用的化妆品的每日接触量，g/d，SCCS 指引中规定的数值；
　　　SED——系统接触剂量，mg/(kg·d)。

对志愿者进行的耐受性研究表明，抗坏血酸稀释到 10% 这种刺激性和过敏性。

（四）风险特征描述

1. 防晒霜中的抗坏血酸

对于成人，在使用抗坏血酸含量 10% 的防晒霜情况下，抗坏血酸的安全边界值远远高于 100。

假设原料用于防晒霜产品，根据 SCCS 指南，防晒霜 A（g/d）为 18，则根据式（8-3）和式（8-7）可得：

$$SED = (A \times C/100) \times (DA_p/100) \times 1\,000/60$$
$$= 18 \times 10\% \times 100\% \times 1\,000/60 = 30\ [\text{mg}/(\text{kg}\cdot\text{d})]$$
$$MoS = 8\,100/30 = 270 > 100$$

2. 防晒霜中抗坏血酸可能含有的风险物质为甲醇或乙醇

安全边界值根据式（8-3）和式（8-7）可分别得到甲醇和乙醇的安全边界值。

（1）甲醇。防晒霜由于抗坏血酸带入的风险物质为甲醇（60 ppm），甲醇的 $NOAEL$ 值为 500 mg/(kg·bw/d)

$$C = 10\% \times 60 \text{ ppm} = 10\% \times 60 \times 10^{-6}$$

则根据式（8-3）和式（8-7）可得：

$$SED = (A \times C/100) \times (DA_p/100) \times 1\,000/60$$
$$= 18 \times 10\% \times 60 \times 10^{-6} \times 100\% \times 1\,000/60$$
$$= 0.001\,8 \text{ [mg/(kg·d)]}$$
$$MoS = 500/0.001\,8 = 27\,777.778$$

（2）乙醇。防晒霜由于抗坏血酸带入的风险物质为乙醇（120 ppm），乙醇的 $NOAEL$ 值为 500 mg/(kg·bw/d)

$$C = 10\% \times 120 \text{ ppm} = 10\% \times 120 \times 10^{-6}$$

则根据式（8-3）和式（8-7）可得：

$$SED = (A \times C/100) \times (DA_p/100) \times 1\,000/60$$
$$= 18 \times 10\% \times 120 \times 10^{-6} \times 100\% \times 1\,000/60$$
$$= 0.003\,6 \text{ [mg/(kg·d)]}$$
$$MoS = 500/0.003\,6 = 555\,555.556$$

四、评估结果分析

考虑到耐受性数据，该原料具有良好的皮肤和眼睛耐受性，不存在致敏性、光毒性，基因毒性和致突变，抗坏血酸本身的安全边界值大于100，另外抗坏血酸可能含有风险物质的甲醇和乙醇的安全边界值均远远大于100，因此抗坏血酸含量10%（质量分数）在防晒霜中使用的安全性可接受。

五、风险控制措施或建议

目前暂未发现严重不良反应，今后还需关注抗坏血酸的不良反应信息，发现有新的严重不良反应，应及时采取预防和纠正措施。

六、安全评估结论

经过上述原料数据分析，根据目前掌握的知识和数据，认为质量分数为10%的抗坏血酸在使用之后没有对人体造成有害作用的风险。

七、安全评估人员签名

略。

八、安全评估人员简历

略。

九、参考文献

略。

十、附录

包括检测报告、涉及的原料规格证明等。若存在风险物质,应提供风险物质评估结论和资料,或风险物质检验报告。

» 任务测评

任务结束后填写安全评估任务测评表 8 - 3。

表 8 - 3　　　　　　　　　安全评估任务测评表

序号	考核内容	考核标准	配分	得分
1	素质考核	课堂出勤率、学习态度、行为规范	30	
2	课堂表现	课堂互动、团队协作、创新建议	30	
3	专业知识	化妆品原料和风险物质的风险评估程序	40	
		合计	100	

任务三　总结与归档

» 学习目标

【知识目标】对原料安全评价资料进行归档。

【技能目标】会根据评价报告判断数据的完整性,确定报告是符合需求;对结果进行归档管理。

【素养目标】在原料安全性评估的实践中,引导学生树立风险意识,从严、从紧、从实、从细做好安全生产工作;从产品使用者的安全利益出发,培养学生形成"人民就是江山,江山就是人民"的使命担当意识,并学以致用。

» 任务引入

接上一任务。

任务分析

上一任务已了解课题实战任务,进一步对实战结果进行统计、分析、总结归档。

任务实施

一、原料安全评估资料的确认移交

1. 资料的完整性。
2. 签名盖章。
3. 注册平台的申报及反馈意见。

二、总结与归档

1. 将任务实施过程做出总结。
2. 将资料数据整理归档。

任务测评

任务结束后填写任务测评表,见表8-4。

表8-4 任务测评表

序号	考核内容	考核标准	配分	得分
1	素质考核	课堂出勤率、学习态度、行为规范	30	
2	课堂表现	课堂互动、团队协作、创新建议	30	
3	专业知识	安全评估的统计、分析、总结归档	40	
		合计	100	

思考与练习

1. 化妆品原料和风险物质的风险评估程序分为哪四个步骤?
2. 简述暴露评估的定义。

课题二 某品牌化妆水的安全评估实战

化妆品的安全除了要考虑原料的含量、浓度和原料所含的风险物质,也要考虑化妆品的类别、使用方法、使用量、使用频率、人体接触部位和皮肤面积等。化妆水是比较常用的保湿护肤类化妆品，本课题根据《化妆品安全评估技术导则》（2021 年版）对化妆品产品进行安全评估实例分析。

任务一　接受任务订单

学习目标

【知识目标】能识读任务书。
【技能目标】能解读化妆品安全评估法规及标准。
【素养目标】在对某品牌化妆品的安全评估实战过程中，培养学生树立与强化安全意识，自尊自立，勇于承担社会责任，结合马克思主义基本原理的内容，引导学生理解"人民性是马克思主义最鲜明的品格"，在生产与实践中坚持做到"以人为本"。

任务引入

××化妆品安全评价公司接到 A 化妆品原料公司委托进行某品牌化妆水的安全评估报告服务。

任务分析

某品牌化妆水属于普通化妆品，也注册时需要进行风险评估，确认正常使用该产品后是安全的。

任务实施

对合同订单进行分析评价：根据合作方资质、提供资源、法规要求、业务范围、实施可行性等做出任务分析评估报告。

任务测评

任务结束后填写任务测评表，见表 8-5。

表 8-5　　　　　　　　　任务测评表

序号	考核内容	考核标准	配分	得分
1	素质考核	课堂出勤率、学习态度、行为规范	30	
2	课堂表现	课堂互动、团队协作、创新建议	30	
3	专业知识	化妆水安全评估服务的计划	40	
		合计	100	

任务二　产品的安全评估

学习目标

【知识目标】熟悉化妆品原料和产品毒理学测试和人体安全测试的主要方法和评价标准。

【技能目标】了解产品风险评估的基本程序。

【素养目标】在对产品进行风险评估的实践中，引导学生居安思危，自觉地树立新的国家安全观，提高国家安全意识，以新的国家安全观来引导自己的思想行为。

任务引入

评估工作流程见表8-6。

表8-6　　　　　　　　　　评估工作流程

序号	工作步骤	要求	备注
1	索取配方所用原料的安全资料	索取原料的特征描述资料、原料的检验报告（COA）、资料附件14，并对资料进行存档登记管理	—
2	风险评估	危害识别、剂量-反应关系评估、暴露评估、风险表征描述	—
3	风险评估结果分析	毒理数据相对完整、可靠	—
4	风险控制措施或建议	根据风险情况，在产品标签说明书。标注警示语，以保障使用者的安全	—
5	原料风险评估结论	风险评估得出的安全使用范围下的在正常使用和风险控制措施下，不会出现对消费者健康产生影响	—
6	总结归档	存档管理	—

任务分析

化妆品的安全评估必须按风险评估程序，有化妆品所用原料的毒理学相关数据，必要时需测试和人体安全测试，产品上市后在规定时间完成产品评估报告。

相关知识

一、化妆品产品的安全评估

（一）评估原则

1. 化妆品产品的安全评估应以暴露为导向，结合产品的使用方式、使用部位、使用量、残留等暴露水平，对化妆品产品进行安全评估，以确保产品安全性。

2. 按照风险评估程序对化妆品中的各原料和/或风险物质进行风险评估。使用《化妆品安全技术规范》（2015 年版）中的限用组分、准用防腐剂、准用防晒剂、准用着色剂和准用染发剂列表中的原料、有限制要求的风险物质应满足《化妆品安全技术规范》（2015 年版）要求；国外权威机构已建立相关限量值或已有相关评估结论的原料和/或风险物质，可采用其风险评估结论，如不同的权威机构的限量值或评估结果不一致时，根据数据的可靠性和相关性，科学合理地采用相关评估结论。

3. 完成产品的安全评估后，需要排除产品皮肤不良反应的，在满足伦理要求的前提下可以进行人体皮肤斑贴试验或人体试用试验。

4. 产品配方除着色剂或香料的种类或含量不同外，基础配方成分含量、种类相同，且系列名称相同的产品，可以参考已有的资料和数据，只对调整组分进行评估，并确保产品安全。

5. 如果产品配方中有两种或两种以上的原料，其可能产生系统毒性的作用机制相同，必要时应考虑原料的累积暴露，并进行个案分析。

6. 如果产品中所含原料存在于除该类化妆品外的其他产品的显著暴露来源时，如其他化妆品、食品、环境等，在计算安全边界值时应考虑其他来源的暴露，并进行具体分析。

7. 应针对每个产品编写安全评估报告，妥善保存，及时补充上市后的安全资料。

（二）产品理化稳定性评价

1. 应结合产品的具体情况评价相关理化指标以确定产品的稳定性，保障每批次上市化妆品的质量稳定，一般包括以下参数：

（1）物理状态；

（2）剂型（乳液、粉等）；

（3）感官特性（颜色、气味等）；

（4）pH 值（在何种温度条件下）；

（5）黏度（在何种温度条件下）；

（6）根据具体需要的其他方面。

2. 确认原料之间是否存在化学和/或生物学相互作用，并考虑相互作用产生的潜在安全风险。如存在潜在安全风险的，应当结合相关文献研究资料或理化实验数据，进行评估。

3. 对与内容物直接接触的容器或载体的理化稳定性及其与产品的相容性进行评估。

可参考包装或载体供应商的安全资料或安全声明等资料，对容器的稳定性进行评估。

4. 对配方体系近似、包装材质相同的化妆品，可根据已有的资料和实验数据对理化稳定性开展评估工作，但需阐明理由，说明情况。

（三）产品微生物学评估

1. 化妆品微生物污染通常来源于原料带入、产品配制和灌装过程，以及消费者使用环节。儿童化妆品、眼部/口唇化妆品，应当对微生物污染予以特别关注。

2. 对处于研发阶段的化妆品，可参考国际通用的标准或方法对其防腐体系的有效性进行评价。

3. 对于防腐体系相同且配方近似的产品，可参考已有的资料和实验数据进行产品安全性评价。根据产品特性，属于不易受微生物污染的产品，即非含水产品，有机溶剂为主的产品，含水产品中如水活度＜0.7、乙醇含量＞20%（体积）、高/低 pH 值（≥10 或 ≤3）、灌装温度高于 65 ℃ 的产品、一次性或包装不能开启等类型的产品等，可不进行防腐效能评价，但化妆品安全性评估人员应就相关情况予以说明。

（四）产品上市后的安全监测

1. 对上市后产品的安全性进行监测、记录和归档。包括正常使用时发生的不良反应，消费者投诉以及后续随访等。

2. 如上市产品出现下列情况，需重新评估产品的安全性：

（1）上市产品所用原料在毒理学上有新的发现，且会影响现有评估结果的；

（2）上市产品的原料质量规格发生足以引起现有安全评估结果变化的；

（3）上市产品正常使用引起的不良反应率呈明显增加趋势，或正常使用产品导致严重不良反应的；

（4）其他影响产品质量安全的情况。

（五）儿童化妆品评估要求

1. 进行儿童化妆品评估时，在危害识别、暴露量计算等方面，应结合儿童生理特点。

2. 应明确其配方设计的原则，并对配方使用原料的必要性进行说明，特别是香料、着色剂、防腐剂及表面活性剂等原料。

3. 原则上不允许使用以祛斑美白、祛痘、脱毛、除臭、去屑、防脱发、染发、烫发为目的的原料，如因其他目的使用可能具有上述功效的原料时，需对使用的必要性及针对儿童化妆品使用的安全性进行评价。

4. 应选用有较长期安全使用历史的化妆品原料，不鼓励使用基因技术、纳米技术等新技术制备的原料，如无替代原料必须使用时，需说明原因，并针对儿童化妆品使用的安全性进行评价。

二、安全评估报告

（一）化妆品原料的安全评估报告

化妆品原料的安全评估报告通常包括摘要、原料理化性质、评估过程、评估结果分析、风险控制措施或建议、安全评估结论、安全评估人员签名及简历、参考文献和附录等内容。

（二）化妆品产品的安全评估报告

化妆品产品的安全评估报告通常包括摘要、产品简介、产品配方、配方设计原则（仅针对儿童化妆品）、配方中各成分的安全评估、可能存在的风险物质评估、风险控制措施或建议、安全评估结论、安全评估人员签名及简历、参考文献和附录等内容。

1. 化妆品产品安全评估报告（简化版）可采用的证据

按照以下顺序依次选择至少一种证据进行评估以确定其安全性。

（1）《化妆品安全技术规范》（2015年版）中的限用组分、准用防腐剂、准用防晒剂、准用着色剂和准用染发剂列表中的原料，必须符合其使用要求。

（2）国内外权威机构，如世界卫生组织（WHO）、联合国粮农组织（FAO）、欧盟消费者安全科学委员会（SCCS）、美国化妆品原料评价委员会（CIR）等已公布的安全限量或结论如化妆品安全使用结论、每日允许摄入量、每日耐受剂量、参考剂量、一般认为安全物质（GRAS）等，国际日用香料协会（IFRA）已发布的香料原料标准等，如有限制条件（如刺激性要求等），在符合其限制条件下，结合原料历史使用浓度、产品或原料毒理学测试或人体临床测试结果，可采用其限量或结论；只有系统毒性评估结论的，结合原料历史使用浓度、产品或原料毒理学测试结果或人体临床测试结果，对产品刺激性等局部毒性进行评估后，可采用其限量或结论。

（3）原料在本企业已上市（至少3年）的相同使用方法产品中的浓度（即本企业的历史使用浓度）作为评估的证据。使用部位和使用方法相同产品配方中原料使用浓度原则上应不高于原料在本企业的历史使用浓度，如高于历史使用浓度，应按照《化妆品安全评估技术导则》（2021年版）进行安全评估证明其安全性；原料历史使用浓度可相互参考，暴露量高和接触时间长的产品，可用于暴露量低和接触时间短的产品评估，但需要从目标人群、使用部位和使用方式等方面充分分析说明其合理性。

使用本企业的历史使用浓度应提供的证明文件包括以下内容：国产特殊产品和进口产品的注册或备案配方（须与申报时提交配方一致），产品注册证书或备案凭证，产品上市证明文件；国产普通产品的带原料含量或可计算原料含量的生产记录、工艺单、配料单、备案凭证，产品上市证明文件；不良反应监测情况说明；其他证明文件。

（4）以上三种证据类型均不能评估时，化妆品监管部门公布的原料最高历史使用量可为评估提供参考。需评估产品中原料使用浓度原则上不应高于化妆品监管部门发布的原料最高历史使用量。

（5）对于无法使用上述任一证据类型的原料和/或风险物质，应按照《化妆品安全评估技术导则》（2021年版）要求的评估程序进行评估证明其安全性。

2. 其他

《化妆品安全评估技术导则》（2021年版）所列条款为化妆品安全评估中所涉及的全部内容，实际进行产品评估时，评估人员需按照《化妆品安全评估技术导则》（2021年版）结合产品的具体情况进行评估。

任务实施

按某品牌化妆水的安全评估报告模板完成评估报告（简化版）。

一、摘要

某品牌化妆水为驻留型化妆品，适用于面部，可每日使用，依据《化妆品安全评估技术导则》（2021年版），对产品中的水、甘油、丙二醇、库拉索芦荟、叶汁、三乙醇胺、卡波姆、丁二醇、羟苯甲酯、双（羟甲基）咪唑烷基脲、芍药、根提取物、苯氧乙醇、透明质酸钠、紫花地丁、提取物、欧蒲公英、根茎/根提取物、母菊、花提取物、1,2-己二醇、忍冬、花提取物、欧锦葵、花提取物、乙基己基甘油、碘丙炔醇丁基氨甲酸酯，以及可能存在的（二甘醇、二噁烷、农药残留、二乙醇胺、亚硝胺、苯酚）风险物质进行评估。结果显示，该产品在正常、合理及可预见的使用情况下不会对人体健康造成危害。

二、产品简介

（一）产品名称：某品牌化妆水。

（二）产品使用方法：本产品可涂抹于面部。

（三）日均使用量（g/d）：2.99。

（四）产品驻留因子：1.00。

（五）暴露剂量（SED）= 日均使用量$^×$ × 驻留因子 × 成分在配方中百分比 × 经皮吸收率 ÷ 体重$^\#$。

注：日均使用量$^×$参考欧盟消费者安全科学委员会SCCS发布第12版《化妆品成分测试和安全评估指南》。

体重$^\#$一般为默认的成人体重（60 kg）；经皮吸收率以100%计。

三、产品配方

本配方中所使用的成分均已列入《已使用化妆品原料目录（2021年版）》或《化妆品安全技术规范》（2015年版）中，产品配方表见表8-7。

表8-7　　　　　　　　　　产品配方表

序号	中文名称	《国际原料目录》（INCI）中的英文名称	使用目的	在《已使用原料目录》中的序号	备注
1	水	AQUA	稀释	06259	
2	甘油	GLYCERIN	保湿	02421	
3	丙二醇	PROPYLENE GLYCOL	保湿	01383	
4	丙二醇	PROPYLENE GLYCOL	皮肤调理	01383	
	库拉索芦荟叶汁	ALOE BARBADENSIS LEAF JUICE		04173	
	苯氧乙醇	PHENOXYETHANOL		01294	
	乙基己基甘油	ETHYLHEXYLGLYCERIN		07706	
5	水	AQUA	皮肤调理	06259	
	甘油	GLYCERIN		02421	
	母菊花提取物	CHAMOMILLA RECUTITA (MATRICARIA) FLOWER EXTRACT		04739	
	欧蒲公英根茎/根提取物	TARAXACUM OFFICINALE (DANDELION) RHIZOME/ROOT EXTRACT		04940	

续表

序号	中文名称	《国际原料目录》(INCI) 中的英文名称	使用目的	在《已使用原料目录》中的序号	备注
5	紫花地丁提取物	VIOLA YEDOENSIS EXTRACT	皮肤调理	08663	
	芍药根提取物	PAEONIA ALBIFLORA ROOT EXTRACT		05973	
	欧锦葵花提取物	MALVA SYLVESTRIS (MALLOW) FLOWER EXTRACT		04933	
	忍冬花提取物	LONICERA JAPONICA (HONEYSUCKLE) FLOWER EXTRACT		05525	
	库拉索芦荟叶汁	ALOE BARBADENSIS LEAF JUICE		04173	
	苯氧乙醇	PHENOXYETHANOL		01294	
	乙基己基甘油	ETHYLHEXYLGLYCERIN		07706	
6	水	AQUA		06259	
	丁二醇	BUTYLENE GLYCOL		01946	
	1,2-己二醇	1,2 - HEXANEDIOL		00004	
	芍药根提取物	PAEONIA ALBIFLORA ROOT EXTRACT		05973	
7	丙二醇	PROPYLENE GLYCOL	防腐	01383	
	双(羟甲基)咪唑烷基脲	DIAZOLIDINYL UREA		06204	
	碘丙炔醇丁基氨甲酸酯	IODOPROPYNYL BUTYLCARBAMATE		01929	
8	卡波姆	CARBOMER	增稠	04079	
9	三乙醇胺	TRIETHANOLAMINE	调节pH值	05819	
10	羟苯甲酯	METHYLPARABEN	防腐	05214	
11	透明质酸钠	SODIUM HYALURONATE	保湿	06722	

注：本配方仅为示例，非实际配方。产品配方应提供全部原料，并按照含量递减顺序排列。

四、配方中各成分的安全评估

配方中各成分的安全评估见表8-8。

表8-8　　　　　各成分的安全评估

序号	中文名称	含量/%	《化妆品安全技术规范》(2015年版)要求	权威机构评估结论	本企业原料历史使用量/%	最高历史使用量/%	评估结论
1	水	89.608					本产品使用的水符合国家饮用水标准，无安全风险

续表

序号	中文名称	含量/%	《化妆品安全技术规范》(2015年版)要求	权威机构评估结论	本企业原料历史使用量/%	最高历史使用量/%	评估结论
2	甘油	5.45		CIR评估结果显示，驻留类化妆品浓度为78.5%时，在化妆品中的使用是安全的			本配方中添加量在安全用量以内
3	丙二醇	3.298		CIR评估结论认为，该原料在化妆品中的使用安全的。CIR报告其最高用量为驻留类79.2%，淋洗类99.4%			该原料使用浓度低于已获批准驻留型化妆品中最高历史曾用量，可安全使用
4	库拉索芦荟叶汁	2.851				1.0	该原料使用浓度低于已获批准驻留型化妆品中最高历史曾用量，可安全使用
5	三乙醇胺	0.1	符合《化妆品安全技术规范》(2015年版)限用物质(表3)规定				该原料使用浓度低于已获批准驻留型化妆品中最高历史曾用量，可安全使用
6	卡波姆	0.1	—			15	该原料使用浓度低于已获批准驻留型化妆品中最高历史曾用量，可安全使用
7	丁二醇	0.16		CIR评估结论认为，该原料在化妆品中的使用是安全的。CIR报告其最高用量为89%		5	该原料使用浓度低于已获批准驻留型化妆品中最高历史曾用量，可安全使用
8	羟苯甲酯	0.15	符合《化妆品安全技术规范》(2015年版)化妆品准用防腐剂(表4)规定	单一酯0.4%(以酸计)；混合酯总量0.8%(以酸计)；且其丙酯及其盐类、丁酯及其盐类之和分别不得超过0.14%(以酸计)			该原料使用浓度低于已获批准驻留型化妆品中最高历史曾用量，可安全使用
9	双(羟甲基)咪唑烷基脲	0.12	符合《化妆品安全技术规范》(2015年版)化妆品准用防腐剂(表4)规定	0.5%			该原料使用浓度低于已获批准驻留型化妆品中最高历史曾用量，可安全使用

续表

序号	中文名称	含量/%	《化妆品安全技术规范》（2015年版）要求	权威机构评估结论	本企业原料历史使用量/%	最高历史使用量/%	评估结论
10	芍药根提取物	0.05					该原料使用浓度低于已获批准驻留型化妆品中最高历史曾用量，可安全使用
11	苯氧乙醇	0.032	符合《化妆品安全技术规范》（2015年版）化妆品准用防腐剂规定		1.0%		该原料使用浓度低于已获批准驻留型化妆品中最高历史曾用量，可安全使用
12	透明质酸钠	0.03					该原料使用浓度低于已获批准驻留型化妆品中最高历史曾用量，可安全使用
13	紫花地丁提取物	0.01					该原料使用浓度低于已获批准驻留型化妆品中最高历史曾用量，可安全使用
14	欧蒲公英根茎/根提取物	0.01					该原料使用浓度低于已获批准驻留型化妆品中最高历史曾用量，可安全使用
15	母菊花提取物	0.01					该原料使用浓度低于已获批准驻留型化妆品中最高历史曾用量，可安全使用
16	1,2-己二醇			CIR评估结论认为，该原料在化妆品中的使用是安全的			该原料使用浓度低于已获批准驻留型化妆品中最高历史曾用量，可安全使用
17	忍冬花提取物						该原料使用浓度低于已获批准驻留型化妆品中最高历史曾用量，可安全使用

模块八 化妆品质量安全与功效评价

续表

序号	中文名称	含量/%	《化妆品安全技术规范》（2015年版）要求	权威机构评估结论	本企业原料历史使用量/%	最高历史使用量/%	评估结论
18	欧锦葵花提取物	0.005					该原料使用浓度低于已获批准驻留型化妆品中最高历史曾用量，可安全使用
19	乙基己基甘油	0.004					
20	碘丙炔醇丁基氨甲酸酯	0.002	符合《化妆品安全技术规范》（2015年版）化妆品准用防腐剂规定	（1）淋洗类产品0.02% （2）驻留型产品0.01% （3）除臭产品和抑汗产品0.0075%			

五、可能存在的风险物质的安全评估

本产品按照《化妆品安全评估技术导则》的要求，基于当前科学认知水平，对可能由化妆品原料带入、生产过程中产生或带入的风险物质进行评估，结果表明：本产品的生产符合国家相关法律法规，对生产过程和产品包装材料进行严格的管理和控制。

产品中可能存在的安全性风险物质是技术上无法避免，由原料带入的杂质。残留的微量杂质在正常合理使用条件下不会对人体健康造成危害。产品安全性风险物质危害识别表见表8-9。

表8-9 化妆品中安全性风险物质危害识别表

序号	标准中文名称	可能含有的风险物质	备注
1	水	无	—
2	甘油	二甘醇	欧洲消费者安全科学委员会（SCCS）关于二甘醇杂质的意见中，浓度不超过0.1%时，其在化妆品中的存在是安全的。终产品二甘醇的检验报告附后。符合《关于印发化妆品用乙醇等3种原料要求的通知》中附件3"化妆品用甘油原料"二甘醇含量小于0.1%的要求，所以本产品是安全的
3	丙二醇	二甘醇	符合《关于印发化妆品用乙醇等3种原料要求的通知》中附件3"化妆品用甘油原料"二甘醇含量小于0.1%的要求，所以本产品是安全的
4	库拉索芦荟（ALOE BARBADENSIS）叶汁	农药残留	根据原料制造商提供的产品农残报告显示，该成分无残留农药

续表

序号	标准中文名称	可能含有的风险物质	备注
5	苯氧乙醇	苯酚、二噁烷	二噁烷：化妆品终产品中二噁烷的残留浓度应符合《化妆品安全技术规范》（2015年版）第一章中表2"化妆品中有害物质限值"的要求，即二噁烷的残留浓度应小于30 mg/kg。本产品中二噁烷的残留浓度符合该要求。 苯酚：根据日本化妆品标准允许使用的防腐剂中，苯酚在化妆品中的限量为0.1 g/100 g，本产品中苯酚含量为0.002 g/100 g，因此，本原料不具有安全性风险，不会对人体健康造成潜在的危害
6	乙基己基甘油	无	—
7	母菊花提取物	农药残留	根据原料制造商提供的产品农残报告显示，该成分无残留农药
8	欧蒲公英根茎/根提取物	农药残留	根据原料制造商提供的产品农残报告显示，该成分无残留农药
9	紫花地丁提取物	农药残留	根据原料制造商提供的产品农残报告显示，该成分无残留农药
10	芍药根提取物	农药残留	根据原料制造商提供的产品农残报告显示，该成分无残留农药
11	欧锦葵花提取物	农药残留	根据原料制造商提供的产品农残报告显示，该成分无残留农药
12	忍冬花提取物	农药残留	根据原料制造商提供的产品农残报告显示，该成分无残留农药
13	丁二醇	二甘醇	符合《关于印发化妆品用乙醇等3种原料要求的通知》中附件3"化妆品用甘油原料"二甘醇含量小于0.1%的要求，所以本产品是安全的
14	1,2-己二醇	无	—
15	芍药根提取物	农药残留	根据原料制造商提供的产品农残报告显示，该成分无残留农药
16	双（羟甲基）咪唑烷基脲	无	—
17	碘丙炔醇丁基氨甲酸酯	无	根据《化妆品安全技术规范》（2015年版）的规定，淋洗类产品使用时的最大允许浓度为0.02%，不得用于三岁以下儿童使用的产品中（沐浴类产品和香波除外），禁止用于唇部产品；驻留类产品使用时的最大允许浓度为0.01%，不得用于三岁以下儿童使用的产品中，禁用于唇部用品，禁用于体霜和体乳。风险物质在产品中的实际含量小于在化妆品中允许最大浓度，所以本产品是安全的
18	卡波姆	无	—
19	三乙醇胺	亚硝胺、仲链烷胺	符合《化妆品安全技术规范》（2015年版）化妆品限用组分（表3）中对三链烷胺，三链烷醇胺及它们的盐类的相关要求：原料中仲链烷胺最大含量0.5%，产品中亚硝胺最大含量50μg/kg。该物质在驻留类产品中使用时的最大允许浓度为2.5%。风险物质在产品中的实际含量小于在化妆品中允许最大浓度，所以本产品是安全的
20	羟苯甲酯	无	—
21	透明质酸钠	无	—

此外，该产品的检验报告显示其铅、汞、砷、镉、甲醇、二噁烷检验结果符合《化妆品安全技术规范》（2015 年版）中表 2《化妆品中有害物质限值》的要求。

六、风险控制措施或建议

本产品为面霜，涂抹于面部，可每日使用。
本产品无须标注警示用语。

七、安全评估结论

本产品为面霜（驻留类化妆品），可每日使用，涂抹于面部。主要暴露方式为经皮吸收，根据产品的特性，对本产品的暴露评估仅考虑经皮途径。

通过以下各方面对产品进行综合评估。

（一）各成分的安全评估结果显示，所有成分在本产品浓度下不会对人体健康产生危害。

（二）可能存在的安全性风险物质检测及评估结果显示，不会对人体健康产生危害。

（三）微生物检验结果显示，该产品微生物符合《化妆品安全技术规范》（2015 年版）有关要求。

（四）有害物质检测结果显示，该产品有害物质含量符合《化妆品安全技术规范》（2015 年版）有关要求。

（五）配方中各成分之间未预见发生有害的相互作用。

综上，认为该产品在正常及合理、可预见的使用条件下，不会对人体健康产生危害。

八、安全评估人员的签名

评估人：
日期：　　　年　　　月　　　日
地址：

评估人：
日期：　　　年　　　月　　　日
地址：

九、安全评估人员简历

略。

十、参考文献

格式举例：
略。

十一、附录

（一）原料供应商提供的毒理学报告。
（二）使用备案号为×××的化妆水资料。
（三）产品中二甘醇、苯酚、农药残留等检测报告。
（四）香精的 IFRA 证书。

注：附录所提供的资料仅针对该示例报告，还可根据产品实际情况提供原料供应商提供的符合要求的证明文件，根据原料供应商提供的材料推算出的风险物质浓度，原料供应商提供的其他香精证明文件或符合国家标准《日用香精》（GB/T 22731—2017）等其他证明文件。

任务测评

任务结束后填写安全评估任务测评表见表 8 - 10。

表 8 - 10　　　　　　　　　安全评估任务测评表

序号	考核内容	考核标准	配分	得分
1	素质考核	课堂出勤率、学习态度、行为规范	30	
2	课堂表现	课堂互动、团队协作、创新建议	30	
3	专业知识	化妆品产品的安全评估知识和过程	40	
		合计	100	

任务三　总结与归档

学习目标

【知识目标】对原料安全评价资料进行归档。
【技能目标】会根据评价报告判断数据的完整性，确定报告是符合需求；对结果进行归档管理。
【素养目标】在对原料安全评价报告进行分析、判断和归档的实践中，培养学生的责任担当意识，崇尚自由平等，能维护社会公平正义；培养学生明辨是非的能力，形成规则与法治意识。

任务引入

接上一任务。

任务分析

上一任务已了解课题实战任务，进一步对实战结果进行统计、分析、总结归档。

任务实施

一、原料安全评估资料的确认移交

（一）资料的完整性。

（二）签名盖章。

（三）注册平台的申报及反馈意见。

二、总结与归档

（一）将任务实施过程做出总结。

（二）将资料数据整理归档。

任务测评

任务结束后填写任务测评表，见表8-11。

表8-11　　　　　　　　　任务测评表

序号	考核内容	考核标准	配分	得分
1	素质考核	课堂出勤率、学习态度、行为规范	30	
2	课堂表现	课堂互动、团队协作、创新建议	30	
3	专业知识	安全评估的统计、分析、总结归档	40	
		合计	100	

思考与练习

1. 安全评估报告包括哪些内容？
2. 简述儿童化妆品的评估要求。

课题三　某品牌身体乳的功效评价实战

根据《化妆品监督管理条例》《化妆品注册备案管理办法》《化妆品功效宣称评价规范》有关法律法规要求，取得注册或者完成备案的化妆品，化妆品的注册人、备案人在规定的时限内对化妆品的功效宣称进行评价，并上传产品功效宣称依据的摘要。以下是某品牌身体乳的功效评价实战。

任务一　接受任务订单

》学习目标

【知识目标】能识读任务书；了解化妆品功效宣称评价规范的内容要求。
【技能目标】能解读法规及标准。
【素养目标】在对化妆品配方的分析过程中，引导学生理解质量互变规律中"量变是质变的必要准备""质变是量变的必然结果"在本课程学习中的实际运用，明确任何成分的用量都应该依照配方用量执行，否则将影响产品的质量与使用效果；引导学生思考提升人民群众获得感、幸福感、安全感的方法与途径。

》任务引入

××化妆品安全评价公司接到A化妆品公司委托进行某品牌身体乳的功效评价服务。

》任务分析

某品牌身体乳属于普通化妆品，需要进行风险评估，备案后需提交产品功效宣称依据的摘要，是正常使用该产品后有效性的重要依据。

》任务实施

对合同订单进行分析评价：根据合作方资质、提供资源、法规要求、业务范围、实施可行性等做出任务分析评估报告。

》任务测评

任务结束后填写任务测评表，见表8-12。

表8-12　　　　　　　　　　任务测评表

序号	考核内容	考核标准	配分	得分
1	素质考核	课堂出勤率、学习态度、行为规范	30	
2	课堂表现	课堂互动、团队协作、创新建议	30	
3	专业知识	身体乳功效评估的计划	40	
		合计	100	

模块八　化妆品质量安全与功效评价

任务二　产品功效评价

▶ 学习目标

【知识目标】了解掌握化妆品功效宣称评价规范。

【技能目标】掌握化妆品功效宣称评价内容程序；学会化妆品产品功效宣称依据的摘要的撰写。

【素养目标】在进行化妆品功效评价材料的撰写过程中，培养学生的创新精神和实践能力，促进个人价值实现，推动社会发展进步；鼓励学生积极参与到产品功效的评价试验实践中，培养社会参与意识，实现人生价值，努力使自己成为有理想信念、敢于担当的人。

▶ 任务引入

功效评价工作流程见表8-13。

表8-13　　　　　　　　　　功效评价工作流程

序号	工作步骤	要求	备注
1	查阅配方所用原料的功效文献资料，索要功效试验结果报告	索取原料的特定功效有效文献资料、功效试验结果，并对资料进行存档登记管理	
2	功效评价结果分析	数据相对完整、可靠，有效	
3	产品功效宣称摘要	产品功效宣称内容对应的文献、试验项目，人体功效评价试验简述，消费者使用测试简述，实验室试验简述，文献资料及研究数据简述，得出功效评价结论	
4	总结归档	存档管理	

▶ 任务分析

化妆品的功效宣称必须符合《化妆品功效宣称评价规范》的原则，产品上市后在规定时间完成产品功效宣称报告，功效宣称评价方法必须按照《化妆品功效宣称评价规范》中的化妆品功效宣称评价试验技术导则。

▶ 相关知识

一、功效宣称评价方法

（一）化妆品功效宣称评价试验包括人体功效评价试验、消费者使用测试和实验室试验。

（二）文献资料是指通过检索等手段获得的公开发表的科学研究、调查、评估报告和著

· 295 ·

作等,包括国内外现行有效的法律法规、技术文献等。文献资料应当标明出处,确保有效溯源,相关结论应当充分支持产品的功效宣称。

(三)研究数据是指通过科学研究等手段获得的尚未公开发表的与产品功效宣称相关的研究结果。研究数据应当准确、可靠,相关研究结果能够充分支持产品的功效宣称。

二、功效宣称评价报告包含内容

功效宣称评价报告应当信息完整、格式规范、结论明确,并由评价机构签章确认。报告一般应当包括以下内容:

(一)化妆品注册人、备案人或境内责任人名称、地址等相关信息;
(二)功效宣称评价机构名称、地址等相关信息;
(三)产品名称、数量及规格、生产日期或批号、颜色和物态等相关信息;
(四)试验项目和依据、试验的开始与完成日期、材料和方法、试验结果、试验结论等相关信息。

三、化妆品功效宣称依据的摘要内容

化妆品功效宣称依据的摘要应当简明扼要地列出产品功效宣称依据的内容,至少包括以下信息:

(一)产品基本信息;
(二)功效宣称评价项目及评价机构;
(三)评价方法与结果简述;
(四)功效宣称评价结论,应当阐明产品的功效宣称与评价方法与结果之间的关联性。化妆品功效宣称评价详见附录2化妆品功效宣称评价试验技术导则。

》任务实施

按某品牌身体乳的产品功效宣称依据的摘要示例见表8-14。

表8-14 化妆品功效宣称依据的摘要示例

产品中文名称	××身体乳	产品分类编码	11 保湿 03 躯干部位 08 手、足 01 膏霜乳 03 普通人群 02 驻留
注册人/备案人基本信息	备案人:××化妆品有限公司 地址:汕头市××大厦×× 联系人:××× 联系电话:×××××		
是否专为中国消费者设计	□是 ■否	使用方式	□淋洗 ■驻留
产品性状	白色膏体	使用部位	躯干部位、手、足
产品功效宣称	11 保湿		

续表

功效宣称评价项目	■文献资料　□研究数据　□人体功效评价试验 □消费者使用测试　□实验室试验				
评价机构名称和地址	备案人：×××化妆品有限公司 地址：汕头市××大厦×××				
人体功效评价试验简述	方法名称				
	方法来源				
	功效判定指标				
	试验起止日期	自　年　月　日至　年　月　日，共计　日。			
	试验结果简述：				
消费者使用测试简述	方法名称				
	方法来源				
	测试方式	□调查　□面谈 □其他（应具体说明）	数据收集形式	□问卷　□视频 □其他（应具体说明）	
	测试起止日期	自　年　月　日至　年　月　日，共计　日。			
	测试结果简述：				
实验室试验简述	方法名称				
	方法来源				
	检测项目				
	试验起止日期	自　年　月　日至　年　月　日，共计　日。			
	试验结果简述：				
文献资料及研究数据简述	1. 文献名称：硅油的开发及其在化妆品中的应用，表面活性剂工业，2000年第2期，作者：汪多仁 该文指出，硅油主要分为两类：一类是线性聚二甲基硅氧烷（PDMS）；另一类是低相对分子质量的环状挥发性甲基硅氧烷（VMS）。硅油的保湿功效主要是通过在皮肤表面形成可透气油膜来实现的，该油膜允许皮肤表面蒸发的水分通过，且能防止皮肤水分过多蒸发。汪多仁研究发现：硅油对皮肤、头发、腋下有良好效果，可防止皮肤干燥、皱裂，特别适用于干性皮肤的人使用。 2. 文献名称：常用保湿剂吸湿和保湿性能评价来源信息，上海医药，2018年第39卷第11期，作者：刘恕 该文探讨了8种保湿剂对改善皮肤干燥和皮肤屏障受损引起的皮肤疾病的效果。通过测定与水结合的能力，对8种保湿剂进行吸湿以及保湿能力的测试，结果显示：当相对湿度（RH）分别为80%和30%时，各保湿剂的吸湿率均随着时间的增长逐渐增加，其中甘油的吸湿率增加幅度明显最大，分别为159.4±0.53%和127.2±0.11%。保湿率为30.8±0.36%。由此认为，甘油具有优良的吸湿和保湿性能，可促进角质层对水分的吸收，提高含水量，并且其性价比高，一般可作为保湿剂的首选。 3. 文献名称：3种保湿剂对皮肤性能影响研究，日用化学工业，2013年4月第43卷第2期，作者：余慧等				

续表

文献资料及研究数据简述	该文对比了 3 种保湿剂对皮肤性能影响的研究表明：甘油在涂抹 6h 内对皮肤水分含量有明显改善作用；在涂抹 6h 能有效降低皮肤经表皮失水率（TEWL）。 4. 文献名称：化妆品保湿功效评价研究，第八届中国化妆品学术研讨会论文集，2010 年第 10 期，作者：王昌涛等 该文研究用 2%、4%、6%、8% 四种不同浓度的甘油，制成乳液和啫喱剂型，分别测定不同时点的皮肤水分含量（MMV）和经皮水分散失率（TEWL），结果表明：在乳液和啫喱配方添加甘油可以增加皮肤的水分含量，且随着甘油的比例增加而增加，差异较显著。涂抹不同甘油含量的乳液和啫喱，受试区域水分散失量逐渐降低，且随着甘油的比例增加，其水分散失量也随之减少。

功效评价结论：

本品添加了 4% 的甘油和 1.5% 的聚二甲基硅氧烷，根据上述文献资料，这些原料具有保湿效果，故宣称本品具有一定的保湿功效。

化妆品注册人/备案人（签章）
20××年××月××日

说明：
1. 除必须使用外文或其他字符的情形外，化妆品功效宣称依据的摘要应当使用规范汉字。
2. 化妆品功效宣称依据的摘要应当简明扼要地列出产品功效宣称依据的内容，至少包括产品基本信息、功效宣称评价项目及评价机构、评价方法与结果、评价结论等相关信息。使用多个评价方法的，应当依次逐个列明。
3. 功效评价依据与评价结论相互间应当具有关联性，且不超越产品的功效宣称范围。
4. 评价方法简述的相关内容应尽量全面、准确、客观，确保能够根据所提供的信息反映产品功效宣称评价的情况。

任务测评

任务结束后填写功效评价任务测评表 8 – 15。

表 8 – 15　　　　　　　　功效评价任务测评表

序号	考核内容	考核标准	配分	得分
1	素质考核	课堂出勤率、学习态度、行为规范	30	
2	课堂表现	课堂互动、团队协作、创新建议	30	
3	专业知识	身体乳的功效评估知识和过程	40	
		合计	100	

任务三　总结与归档

学习目标

【知识目标】对产品功效宣称评价资料进行归档。

【技能目标】会根据评价报告判断数据的完整性，确定报告是符合需求；对结果进行归档管理。

【素养目标】在进行产品功效宣称评价资料的撰写过程中，培养学生形成科学精神，能大胆尝试，积极寻求有效的问题解决方法；培养学生形成勇于探究的意识，不畏困难，有坚持不懈的探索精神。

》任务引入

接上一任务。

》任务分析

上一任务已了解课题实战任务,进一步对实战结果进行统计、分析、总结归档。

》任务实施

一、原料安全评估资料的确认移交

(一)资料的完整性。
(二)签名盖章。
(三)注册平台的申报及反馈意见。

二、总结与归档

(一)将任务实施过程做出总结。
(二)将资料数据整理归档。

》任务测评

任务结束后填写任务测评表,见表8-16。

表8-16　　　　　　　　任务测评表

序号	考核内容	考核标准	配分	得分
1	素质考核	课堂出勤率、学习态度、行为规范	30	
2	课堂表现	课堂互动、团队协作、创新建议	30	
3	专业知识	功效评估的统计、分析、总结归档	40	
		合计	100	

思考与练习

1. 简述化妆品产品的功效评价的原则。
2. 化妆品功效宣称依据的摘要有哪些要求?

附 录

附表1　　　　　　　　　任务分析评价报告

文件编号：
客户名称：　　　　接单日期：　　年　月　日　时　提交评审日期：　　年　月　日

序号	产品编号	产品名称	规格/型号	订单数量	交货期	具体要求

评审方式		□首次生产订单评审　　□常规（已生产过）订单评审 ☑新产品订单评审　　□客户订单变更评审
参审部门		评审意见
OEM业务部（客户相关资料提供情况）		□订单合同　□营业执照　□企业信誉　□质量管理体系 □样版　□配方生产工艺 　　　　　　　　　　　　　　　　　　签名：
技术部（评审产品技术资料及标准等）		□产品质量标准　□产品配方　□产品工艺　□产品备案号 　　　　　　　　　　　　　　　　　　签名：
设计部（评审产品设计资料如图纸、包装说明等）		标签包装合规性和完整性：□符合　□不符合 　　　　　　　　　　　　　　　　　　签名：

续表

参审部门		评审意见
品管部（评审产品检验标准及品质保障能力等）		□产品检验标准：□有 □无 □检验能力：□符合 □不符合 签名：
采购部（评审物料供应能力等）		□货源充足 □质量符合要求 □货期有保证 签名：
生产部（评审生产能力及物料储放能力等）		□生产能力 □储存能力 □工艺操作性 签名：
销售部（审核产品交货期）		产品交货期：□按期供货 □延期 □无法供货 签名：
初步判定（销售部经理）		□接受；□不接受；□待定（请说明）：
最终判定（质量负责人）		□接受；□不接受；□待定（请说明）：

附表2　　　　　　　　　　打版工作流程

序号	工作步骤	要求	备注
1	索取样版和原料样品	索取样版质量指标、按配方原料规格向供应商索取样品，并对样品进行编号登记	
2	基础知识	原料的性质和用途，清洁类化妆品的配方结构，了解《化妆品安全评估技术导则》（2021年版）《化妆品功效宣称评价规范》《化妆品注册备案管理办法》《化妆品注册备案管理办法》的要求	
3	样版分析和原料辨识和检验及配方设计	分析样版的类别、剂型和质量情况，辨识所用原料的性质和用途	
4	打版	按6S实训做好，安全检查、物料准备、打样、清场清洁，样品标识	
5	样版比对及测试	通过外观、性状、使用效果比对和稳定性的测试	
6	样版确认	与客户共同确认打样样版	
7	制定生产工艺及操作	以确认样版的配方，以实际生产设备的参数，制定生产工艺规程和操作规程，移交生产部	
8	总结归档	—	

附表3　　　　　　　　　　　　　配方设计记录表

文件编号：

产品名称				规格	
序号	名称	作用	用量/%	理论用量/g	实际用量/g
操作工艺					
操作者		复核者		设计者		审核人		批准人	

附表 4　　　　　　　　　　　　　打样记录表

文件编号：

产品名称			打样数量		
批号			温度/℃		
打样品日期			湿度/%		
序号	名称	作用	用量/%	折算用量/g	备注
操作工艺					
异常情况处理					
操作人		复核人			

参考文献

[1] 杨梅，李忠军，傅中．化妆品安全性与有效性评价［M］．北京：化学工业出版社，2021．

[2] 刘纲勇．化妆品原料［M］．2版．北京：化学工业出版社，2021．

[3] 刘纲勇．化妆品配方设计与生产工艺［M］．北京：化学工业出版社，2020．

[4] 裘炳毅，高志红．现代化妆品科学技术（上中下册）［M］．北京：中国轻工出版社，2016．

[5] 李丽，董银卯，郑立波．化妆品配方设计与制备工艺［M］．北京：化学工业出版社，2018．

[6] 董银卯，李丽，孟宏，等．化妆品配方设计7步［M］．北京：化学工业出版社，2016．

[7] 何秋星．化妆品配方与工艺学实验［M］．北京：科学出版社，2017．

[8] 中国就业培训技术指导中心．化妆品配方师（基础知识）［M］．北京：中国劳动社会保障出版社，2013．

[9] 中国就业培训技术指导中心．化妆品配方师（国家职业资格三级）［M］．北京：中国劳动社会保障出版社，2013．

[10] 中国就业培训技术指导中心．化妆品配方师（国家职业资格二级）［M］．北京：中国劳动社会保障出版社，2013．

[11] 王钢力，邢书霞．化妆品安全性评价方法及实例［M］．北京：中国医药科技出版社，2020．

[12] 郑民．化妆品化学［M］．北京：中国轻工业出版社，2017．

[13] 胡芳，林跃华．化妆品生产质量管理［M］．北京：化学工业出版社，2019．

[14] ［韩］W.钱·金，［美］勒妮·莫博涅．蓝海战略［M］．吉宓，译．北京：商务

印书馆，2016.

［15］人力资源和社会保障部教材办公室．职业道德［M］．4版．北京：中国劳动社会保障出版社，2018.

［16］王君平．遵循规律，让中医药根深叶茂［N］．人民日报，2019-11-28（05）．

［17］奚旦立，徐淑红，高春梅．清洁生产与循环经济［M］．2版．北京：化学工业出版社，2014.

［18］马嘉．舒肤佳卖香水"嗅觉经济"有望成新起点［N］．中国商报，2022-09-14（006）．